微反应心理学全集

人际交往中的心理策略

WEI FAN YING XIN LI XUE

陈璐 编著

中央编译出版社
CCTP Central Compilation & Translation Press

图书在版编目(CIP)数据

微反应心理学全集/陈璐编著.
—北京:中央编译出版社,2013.7(2017.4 重印)
ISBN 978-7-5117-1717-7

Ⅰ.①微…
Ⅱ.①陈…
Ⅲ.①理学－文集
Ⅳ.①B84－53

中国版本图书馆 CIP 数据核字(2013)第 172936 号

微反应心理学全集

出 版 人	葛海彦
责任编辑	陈 琼
出版发行	中央编译出版社
地　　址	北京西城区车公庄大街乙 5 号鸿儒大厦 B 座(100044)
电　　话	(010)52612345(总编室)　　　(010)52612352(编辑室)
	(010)66161011(团购部)　　　(010)52612317(网络销售)
	(010)66130345(发行部)　　　(010)55626985(读者服务部)
网　　址	www.cctpbook.com
经　　销	全国新华书店
印　　刷	北京嘉业印刷厂
开　　本	710 毫米×1000 毫米　1/16
字　　数	320 千字
印　　张	25.5
版　　次	2017 年 3 月第 1 版第 9 次印刷
定　　价	39.80 元

凡有印装质量问题,本社负责调换,电话(010)55626985

前言
PREFACE

　　人心，可能是这世界上最变幻莫测的东西。他人的表情和动作是可以看见的，却很少有人能够轻易地看穿他人的心理。就像是变色龙拥有能够躲避敌人的保护色，枯叶蝶长着能够迷惑敌人的翅膀一样，人类也很喜欢把自己的心伪装起来，藏在深处，不轻易地表露真实的一面。

　　员工在看见老板时，都表现得兢兢业业、任劳任怨，但平时是否也是这样，却不好判断；销售人员在面对客户时，笑脸相迎，极尽吹嘘之能事，但产品究竟是好是坏，根本无从分辨；男女在热恋时，总是爱说些海枯石烂不变心的誓言，但究竟是否真心，只有他们自己才知道。

　　在高速发展的今天，有些人为了追求利益、满足自己的欲望，总是尔虞我诈、勾心斗角。想要在这个社会上立足，如果不懂得看人心，那么必然会遭受欺骗、中伤或是背叛，被人践踏到最底层。

　　因此，我们真正需要的，是一种能够在短时间内发掘到他人心中真正想法的"魔法"，它就是读心术！

　　读心术起源于古老而神秘的吉普赛人，据说吉普赛人的巫师通过一个小小水晶球，就可以感应到对面那个人心里真正的想法，无论他怎样的阴险狡诈、口吐莲花。

　　这种说法听起来带有些迷信的色彩，但事实上，现实中真的存在一种神奇的读心术，它隶属于心理学，却比常规的心理学更有实效。运用这种读心术，我们能够通过对他人外表、神态、言行举止的观察，来分析判断对方内心真正的想法，甚至于他的性格与品行。

　　陈娇原本是一家贸易公司的人事部经理，在做了全职家庭主妇之后，经常陪老公去一些大场合见客户。

　　这一天，陈娇陪老公及老公的一位大客户刘总去打网球。几个人玩得也十分尽兴，但是在中途休息的时候，陈娇却觉察到刘总的脸上显露出一丝倦态。

在陈娇的提醒下，老公善意地询问刘总的身体状况，刘总笑着说没什么，只是由于最近工作太忙，所以有些疲惫。很快，几个人又重返球场。

眼看天色渐晚，陈娇将老公拉到一旁，悄悄地告诉他："刘总的婚姻可能出了问题。"

"你是怎么知道的？"老公十分惊讶。

"你看刘总虽然强颜欢笑，但实际上，他的眼神里并没有任何高兴的情绪。"陈娇跟老公分析道，"而且，他的无名指上有一道戒指痕迹，像他这个年纪的人，能在手上长时间佩戴的戒指，那应该就是婚戒了。"

老公按照陈娇的说法，在运动完后，邀请刘总去了附近的茶座。在安静放松的环境中，刘总终于放下了心中的戒备，说出自己刚刚离婚的烦恼，陈娇与老公耐心地开解了他一番。

从此，刘总与陈娇的老公不仅在生意场上更加信任，在私底下也有了足够的默契。对于营造这一切的"功臣"陈娇，老公更是从心底里佩服。

陈娇之所以能够通过察言观色了解到刘总的近况，她所掌握的读心术技巧功不可没。普通人看见客户谈笑如常，必定想不到对方此时正被生意场之外的事情烦恼；而陈娇通过对读心术中"地心引力"法则的运用，巧妙地判断出刘总实际上是在假笑，从而进一步推断出他所面临的问题。

"地心引力"法则就是：当一个人心情愉快、情绪高涨、意图有所行动时，从表情到动作都是反抗地心引力的，眉毛上扬、眼角和嘴角上翘，整个身体也向上拔起；反之，当他心情沮丧、低落、无奈、无措时，整个人是向下的，眼角和嘴角也向下垂。

而真笑和假笑的衡量标准就在于"地心引力"法则：一个真正开心而笑的人，不但嘴角与眼角上扬，而且眼睛中也充满笑意；而假笑者只是嘴角在笑，眼睛周围没有笑的感觉。

当然，在生活中，人们的表情和动作都会比较放松，不像工作中那么严肃、刻意。于是，读心术中也有许多更简单、更快捷判断他人心中所想的技巧。

张兵陪妹妹去相亲，走进咖啡馆之后，张兵就发现妹妹眼前一亮，明显是对坐在沙发上的那位年轻人感兴趣。

那位年轻人看起来十分开朗健谈，对张兵二人也是照顾有加。张兵的妹妹一开始还有些害羞，聊了一会儿之后就放开了，身体前倾，聊得十分投入。

可是张兵却发现，那位年轻人虽然在谈话间显得很热情，但双手始终抱在胸口上；并且，他的坐姿虽然端正，双脚却不自觉地朝着左边门口的方向。

妹妹对于这个年轻人很感兴趣，透露出想要与他进一步交往的意思；但是张兵却劝说她，估计那个年轻人对她不是很感兴趣。

"不可能。"妹妹完全不相信，"我跟他很谈得来，有很多共同点啊，而且他也根本没有表现出不喜欢我的样子嘛！"

介绍人在问了那个年轻人的意思之后，委婉地告诉了张兵的妹妹，那个年轻人在与她见面的同时，还见了几个其他的女孩，现在对其中的另一个女孩十分感兴趣，已经确定要正式与她交往了。

张兵之所以能够断定那位年轻人对自己的妹妹并不感兴趣，主要是运用了读心术，从他的行为之中看出了他的心思。要知道，人类的身体往往比话语、表情更容易泄露出内心的秘密。那位年轻人始终用双手抱臂，是一种抗拒的表现；而他双脚朝向门的动作，也表达出他虽然表面上热情，内心却有希望赶紧离开的念头。捕捉到了这两点行为背后的真实想法，张兵自然能够断定妹妹此次的相亲之旅会无疾而终。

这个过程看起来很神奇，但分析起来却并不困难，因此，每个人都有可能掌握读心术。将读心术运用于生活和工作中会产生令人惊奇的效用。

事实上，读心术正是衍生于心理学、立足于心理学，读心术所依靠的是权威而精妙的心理学理论。

本书就是力求将读心术的每一个技巧与心理学相应的知识点结合，让读者在知其然的同时，也知其所以然。

本书以直白幽默的语言、生动典型的案例为读者展现与生活密切相关的心理学现象，并通过详尽的分析，讲述简单实用的读心术技巧。

除此之外，本书还在教人读懂人心的基础上，加入了如何攻破他人心理防线的技巧，使读者能够在人际交往中将全局牢牢地掌控在自己手中。

所以，掌握了这些读心术，你就会发现生活似乎在你的眼前展开了崭新的一页。以往你看不透的人心，甚至感到迷茫的状况，仿佛都像是透明的画册一般展现在你的面前；而针对那些脾气古怪的人或是其他难以应付的情况，你也能够在本书中找到相应的技巧，而轻松应对。从此，你不仅不会落入骗局，反而能够在人际交往的过程中如鱼得水、春风得意。

目录
CONTENT

第一章　看透意图的读心策略 / 1

当你猜不透朋友的内心，看不破上司的意图时，你肯定无数次地祈求上天赋予你看透人意图的"异能"。实际上这种异能并不难学习，每一类心态往往都会产生一种微反应，而这种反应正是本章的内容。

冻结反应：教你如何观察一张凝结的脸 3
逃离反应：惹不起也要躲得起 7
认同反应：附议者也分真心和假意 11
炫耀反应：动物为什么展示羽毛？ 14
嫉妒反应：心里不平衡的人，表情动作也难以平衡 16
攻击反应：动手之前，总有那么一些征兆 19
疲劳反应：能量流失之后的衰竭 22

第二章　识别关系的读心策略 / 27

人与人在一起必然会产生无数的关系，比如远近亲属、上级下级；再比如地位高低、能力大小、喜爱厌憎不同，也会造就不同的人际关系，而这些关系其实都会令人产生一定的反应。本章将教会你如何通过这些反应，判定一个人与另一个人的关系。

地位反应：地位高低不同决定了反应也不同 29
同步反应：不自觉的模仿是友善的象征 32

领地反应：划势力分地盘也是一种本能 36
距离反应：迅速识别远近亲疏，梳理人脉关系 40
胜败反应：胜者骄，败者躁，一目了然 44
强弱反应：人人都有强者或弱者的自觉 47
男性求爱反应：寻觅于丛林中的雄性猎手 51
女性求爱反应：花枝招展的雌性陷阱 54

第三章 捕捉情绪的读心策略 / 59

人的情绪多种多样，有一些很剧烈，比如愤怒，这时候你会清晰地感受到。但还有一些情绪反应很微妙：有时候你会在同一张脸上发现惊讶、不安和愉悦。对于这些复杂的反应，我相信你看了本章内容以后，就能够轻松地理清了。

惊讶反应：放大你的各种感官 61
不安反应：你的视线会往安全的地方漂移 63
厌恶反应：撇撇嘴皱皱眉，缩小你的感官 67
愤怒反应：预示着狂暴的进攻即将来临 70
恐惧反应：因害怕产生的鸵鸟姿态 74
悲伤反应：哭泣、伤痛、遗憾、悔恨——悲恸四部曲 78
愉悦反应：兴"高"采"烈"，笑"口"常"开" 83
骄傲反应：当人们的自尊感过于强烈…… 86
耻辱反应：自我厌弃之人的反应密码 88

第四章 身体语言的读心策略 / 93

人的站行坐卧都隐藏着他内心深处的某些活动，收放自如的四肢更是如此。当一个美女在你面前绞手指的时候，她在想什么？细心观察她，认真阅读本章知识，你一定能弄明白。

通过眼睛视线的交汇与闪避读懂对方 95

手掌的力量：简单手势凸显个人性格 97
透过双臂看人心：最平常的动作不平常的心态 99
"心随腿动"：双腿动作体现出内心动向 101
演绎法：行为细节的推理读心术 104
刺猬法则：距离可以判定当事双方的关系 106
走路姿势：性格心理的密切写照 108
站立姿势：人之秉性的真实体现 110
随意坐姿：内心状态泄露出的秘密 112
示爱本能：异性间示爱时的身体信号 114

第五章　面部动作的读心策略 / 117

当你与一个人面对面的时候，很难清晰地观察他的四肢和躯干，此时，你只能在对方的脸上"做文章"。但千万不要以为这样就无法读心，要知道，五官里的学问，也深得很。

头部的简单动作体现出内心动向 119
笑容：不同的笑容背后隐藏的意义大不同 121
嘴部活动：内心活动的即时反映 123
眼部肌肉越灵活，暴露得越多 125
眼神：从眼神破解他人内心密码 127
眉毛变化体现一个人的喜怒哀乐 128
探视鼻子的瞬间动作传递出的信息 131
下巴动作是个性的"显示器" 133

第六章　生活习惯的读心策略 / 137

不同的个人习惯代表了不同的性格和想法，而几乎没有哪两个人的习惯完全一样。就算两个人都喜欢打桥牌，但握牌的姿势不一样，其性格和想法也会迥然不同。

从打电话和接电话的行为读心 ………………………………… 139
敲门方式体现心态和性格 ……………………………………… 141
饮食见人心，吃相与心理息息相关 …………………………… 143
座位选择暴露出心境与意图 …………………………………… 144
对待金钱的态度反映出一个人的价值观 ……………………… 147
购物习惯体现出一个人的生活态度 …………………………… 149
开车的方式与人的个性紧密相连 ……………………………… 151
眼镜，折射出心理活动的"万花筒" …………………………… 153
人的内心往往并非像衣着那样光鲜 …………………………… 156

第七章　性格人品的读心策略 / 159

　　撒切尔夫人在晚年曾说：性格决定命运。而在当代社会，身边人的性格，同样与你息息相关。你必须要清楚你的上司是否敢当重任，你的伙伴是否轻言寡信。

谦逊随和的人更能共谋大事 …………………………………… 161
自私自大的人通常独断专行 …………………………………… 163
逆来顺受的人难以承担重任 …………………………………… 166
轻诺寡信的人千万不可深交 …………………………………… 168
拘泥细节的人很难有大成就 …………………………………… 170
嫉贤妒能的人难当领导之位 …………………………………… 172
体察己过的人更易得人信任 …………………………………… 174
行事果断的人处处受人尊敬 …………………………………… 176
判断草率的人容易带来损失 …………………………………… 178

第八章　兴趣爱好的读心策略 / 181

　　一个人的天赋是与生俱来的，或许不会影响性格；但他的兴趣爱好却是他性格的最根本的反映，因为这完全是他根据自己的喜好选择出来的。所以，你可以根据一个人的喜好，来判定他的性格特质。

不同种类的体育运动，诠释着不同的心理形态 183
打牌下棋：对战型爱好隐藏着争斗之心 185
修身养性：文化型爱好者的性格特质 187
音乐品味：性格与价值取向的标签 189
收藏爱好：人生态度的真实写照 191
旅游趣味：景点的选择体现出人的性格 193
座驾类型：处世态度的最佳写照 195
宠物选择：爱屋及乌体现出的性格特质 196
益智游戏：游戏里包含的微妙心理学 198

第九章　言谈话语的读心策略 / 201

语言是人类最重要的信息传递工具。一个好的倾听者不应该仅仅做到理解对方的意思就满足，而更应该从对方的言谈话语之中，探究他人真正的内心动态。

语言风格，体现出一个人的修养 203
口头禅，彰显出一个人的个性 205
说话声调，反映出一个人的性格 207
语速的快慢表现出不同的内心状况 209
声音的变化折射出一个人的内心改变 210
潜台词读心术：不要被表面意思所迷惑 212
认清反话，捕捉对方的真实意思 214
语言下的隐秘渴望，语言的反面诉求 216
语言与行动的背离：外强中干者的语言习惯 218

第十章　识破谎言的读心策略 / 221

社会上谎言纷飞的时候，如果你想不被谎言击垮，那就要着手学习，努力分清真心和假意。好在当人说谎的时候，无论怎样伪装，总有一些痕迹会被我们抓住。

识破语言漏洞，打开说谎者的心理防线 223
辨识表情漏洞，一眼看破他人谎言 225
目光坚定的人，也有可能在说谎 227
微笑并不一定是真心的代名词 229
通过容易被忽略的无意识的动作看破谎言 230
刻意的说话方式，提示出说谎的秘密 232
透过语言识别真伪：语言识谎读心术 234

第十一章　套取真话的读心策略 / 237

职场之上尔虞我诈，生意场上风云际会，很多时候，城府深几乎成了有社会经验的代名词。与这样的人打交道，如何才能够从他口中获取你真正想要的信息呢？请看本章吧。

植入心锚，引导对方自觉说出真话 239
进三步退两步地提问，套出你想要的信息 241
控制局面，让话题向你想要的方向发展 244
制造陷阱消除戒备，从而获取消息 246
提高提问技巧，挖出对方心底的秘密 249
利用性格和处境的矛盾性，让对方说出真话 251
恰当的时机和环境，让套话效率提升百倍 253

第十二章　说服他人的读心策略 / 257

再优秀的人，他的能力也必然有限，而说服他人的能力，往往变得越来越重要。说服能力说到底也是一门与微反应相关的攻心术，你要根据对方的性格和想法，制定说服策略，才会无往不利。

看准心理需求，说服更容易被人接受 259
假借他人之口，说服更有成效 261
正向应对：让拒绝变为接受 264

说服他人时加入数字和格言，能起到迷惑效果……………… 267
巧用提问，让对方说出你想要的答案……………………… 270
摆出一副阴森的嘴脸，用威吓让人听从你的意愿…………… 272
把条件说成是对方的机会，使其无法拒绝…………………… 275

第十三章　赢得好感的读心策略 / 279

在当代，人际关系的重要性不言而喻，如何赢得陌生人的好感，如何让朋友对自己的情谊永存，这些都是值得深思的问题。而其中最重要的两点是：以真心换真心；用适当的方式表达真心。

营造快乐气氛，让大家喜欢跟你说话……………………… 281
称呼对方姓名，常能获得特殊优待…………………………… 283
赠送小礼物，轻松获得他人感恩……………………………… 286
通过提问，赢取对方好感……………………………………… 288
聆听的同时表达欣赏，收获好感易如反掌…………………… 290
适当降低自己的身份能赢得好感……………………………… 292
巧妙发掘并不断扩大与对方的共同点………………………… 294

第十四章　获得信任的读心策略 / 297

谁都希望自己的合作伙伴是个负责任的人，但想让别人这么认为自己，似乎有点难度。而实际上，根据不同的情景和对方性格，也有一些捷径可以让我们快速获取信任。

同步意识：保持同步，影响对方潜意识…………………… 299
赢得信任法：点破对方不为人知的一面…………………… 301
私密效应：用无伤大雅的小秘密换取对方信任……………… 304
缺憾效应：坦诚自己的缺点，能获取更多信任……………… 305
两面呈现法：用小缺点掩盖大缺点，更易获得信任………… 308

不还价主义：完全交由对方处置，使人不得不相信你 311
小礼节换来大信任：细微之处最易打动人心 313

第十五章　驾驭人心的读心策略 / 317

物质发达使人心变得越来越自主，越来越难以驱策。但实际上，绝大多数人的内心都存在这样一根隐形的缰绳，只要你拽住它，对方就会乖乖地听你使唤。

让对方觉得"占便宜"，才会努力效力 319
虚荣心理：神仙都爱慕虚荣，更何况凡人 322
庞氏骗局：巧妙利用人们的期待心理 324
负面情绪：用悲观驾驭他人心理 326
协商诱导：让他人也参与其中，使其无法反对 328
共谋意识：找到共同立场，可轻易拉拢对手 330
因人施计：驾驭攻心术也要择人而异 333

第十六章　婉言拒绝的读心策略 / 337

在一个重视人情的社会里，一次不当的拒绝，往往令对方心里不舒服，从而失去一个好朋友，或一个不错的机会。其实，拒绝他人的时候，有那么几个小窍门，可以把对方的怨恨度减到最低。

用客观理由而不是主观借口拒绝他人 339
狐假虎威：借助"高人"威势巧妙拒绝 341
运用分割法，拒绝不能接受的部分 344
转嫁拒绝：用其他条件让对方自己收回成命 346
如何拒绝非分要求：不把对方的话当真 349
拒绝之后立刻提要求，让对方也拒绝一次 351

第十七章　化解敌意的读心策略 / 355

你是否常常会因为对方心怀莫名的敌意而手足无措？其实大可不必如此，要知道敌意的来源是心理，只要你将对方的心理需求看破，那么化解敌意也变得易如反掌。

有效的沟通是化敌为友的最好方法 357
霍桑效应：满足对方发泄的欲望，化解其敌意 359
适当降低自己，以降低对方的戒心 361
突破心理防卫，化解陌生人的敌意 363
忍耐三分钟，用安抚法为暴躁者减压 366
隐藏意图，平复谎言暴露后的敌意 368
反方向表达：换个角度，让敌意扑空 370

第十八章　避免结怨的读心策略 / 373

谁都知道，在社会上打拼不要轻易结怨，以免以后对自己不利，但实际上做到这点并不容易。其实，当你认真读完本章内容以后，就会发现，只要认真观察，躲过对方怨恨的雷区并不难。

谦虚谨慎的人，处处都会受人欢迎 375
预约补偿：要懂得做事前"诸葛亮" 377
乾坤大挪移：传达噩耗时也要避免引起仇恨 379
尽量避开"雷区"，让对方的心态处于积极状态 382
责备他人时，要懂得照顾对方情绪 384
做事应当留有余地，才不会自绝后路 386

第一章

看透意图的读心策略

当你猜不透朋友的内心,看不破上司的意图时,你肯定无数次地祈求上天赋予你看透人意图的"异能"。实际上这种异能并不难学习,每一类心态往往都会产生一种微反应,而这种反应正是本章的内容。

冻结反应：教你如何观察一张凝结的脸

微反应关键词 冻结反应的成因是"具备一定强度和不可预测性的信息刺激"，当事人需要冻结以便自我保护并思考下一步的动作。冻结反应是人类仍然遗留的诸多动物本能之一，因此我们甚至可以从很多动物身上找到冻结反应的某种同理性。

绝大多数脊椎生物在某种条件下，都会出现运动节奏的停滞，这种停滞被称为冻结反应。羚羊在闻到血腥味时会把正低垂在草丛里的头抬起来，机警地观察四周。它会紧紧地注视着味道飘来的方向，调整呼吸；当确定有危险时，它会把身体缩起来，紧绷肌肉，吸一口气，腿部向相反方向偏移；当狮子露面时，羚羊会以迅雷不及掩耳之势逃走。

仔细观察缤纷多彩的生物进化史就会发现，每一种生物的进化都有两条原则：趋利、避害。而关于避害的进化，却有不同方向：马为了躲避狮子越跑越快，这是逃离式选择；雷龙为了防御跃龙的血盆大口，进化出了尖利庞大的角盔，这是战斗式选择；但还有一种进化方式，却是所有脊椎动物与生俱来的、并且永不磨灭的本能，那就是冻结式选择。甚至，有些生物的主要避害手段就是冻结，而为了配合冻结，它进化出了令人类惊叹的伪装能力，比如变色龙。

人类的冻结反应，同样深刻地印在我们的本能里；但与动物不同，人类的社会成分、接受的信息刺激、情绪的反应都比其他动物更加复杂和多样化。所以，人类的冻结反应也绝不仅仅是避害手段。人类的冻结反应分为短冻结和长冻结。

◎ 短冻结

人们由于某种原因，出现了违反常态运动节奏的停滞，如果这种停滞存续时间短暂，且只停留于潜意识，即为短冻结反应，也称潜意识冻结。短冻结反应有一外一内两个成因：第一个成因，外界的刺激源刺激使人产生情绪波动，导致短冻结；第二个成因，当事人自己产生了某种情绪波动而产生冻结。

其实，第一个成因，就是惊讶情绪。当信息源的信息刺激达到一定强度时，短冻结反应发生：眼睑放大，虹膜张开，瞳孔微缩；由下颚带动嘴部张开，出现急促吸气；肢体运动出现骤然停滞；发出短促、简单、单音节居多的疑问语气词。

而当人们对信息源认知发生了更加具体的认识时，则短冻结发生改变，如：当信息源在审美角度上符合当事人审美观点时，则当事人会出现求爱反应；当信息源对当事人造成威胁时，则可能出现战斗反应或逃离反应；当信息源在意向上与当事人一致时，则会出现同意反应……

惊讶引起的短冻结可以看成是蓄势待发的预备动作。当事人收到足够的信息刺激时，绝对会产生冻结反应。当然某些训练会把冻结反应降低，但只要你仔细观察，就一定能发现某种征兆。这种惊讶如果持续时间太长，那么很有可能是当事人故意而为之：通过装模作样的惊讶争取时间以思考接下来的行为，通过装模作样的惊讶来蒙混过关，等等。当然也有人会通过延续冻结反应时间，以证明"自己并没有被冻结"，并保持风度。

我小时候看过一本纪传体小说，叫《侍卫官杂记》，据说作者是蒋介石的贴身侍卫，记载了从抗战胜利到撤守台湾期间蒋介石的一些事情。书中记述了蒋介石在南京的一次讲话中，一名刺客在人群里忽然站起向蒋介石开枪，子弹与蒋介石"擦脸而过"，紧接着刺客马上被制服。整个过程，蒋介石纹丝不动。第二天报纸盛赞委座沉着冷静、临危不惧、泰山崩于前而色不变。

而侍卫官则哂笑：当时我就在老头子（对蒋介石的称呼）身边，老头子的脸都白了，他没反应过来。后来见刺客被制服，才强忍着没有钻进桌子底下……

除了外界的信息刺激之外，自我意识也会产生冻结反应。比如一个忽然冒出的想法——强迫症患者对此应该深有体会：穿戴整齐下楼后，却忽然觉得自己好像没锁门，就马上愣了一下，再回家看看是否真的如此。"愣一下"就是自发性的短冻结反应。这种情况下的短冻结时间比较长，通常是为了思考。

由于两种短冻结反应很像，所以经常有人会用一种短冻结来掩盖另一种。比如，你和你的女友走在大街上，你的女友忽然睁大眼睛，然后拉着你

 第一章　看透意图的读心策略

的手把你往回拉扯，说："哎呀！手表落在家里了，你陪我去取吧。"她在运用自发性短冻结，而实际上，对面走过来的那个男人可能是你女友的前男友之一，她的冻结来源于见到前男友时产生的惊愕，继而害怕你与前男友见面产生尴尬，所以火急火燎地把你拉向另一个方向。

自发性的冻结反应与外界刺激式的冻结反应最大的区别在于：眼部是否出现了"惊讶反应"，即眼睑放大，虹膜张开，瞳孔微缩。除此之外，没有其他区别，所以，想要分清对方的短冻结属于哪种，盯住他的眼睛就可以了。

◎ 长冻结

与短冻结相对应的，自然是长冻结。长冻结是指当事人判定信息源在一定程度上能给自己造成较为可怕的后果时，需要长时间冻结自己的动作，以便进一步观察信息源、躲避迷惑信息源、思考如何应对信息源。

长冻结与短冻结在表现上的区别是冻结时间的长短；而更本质的成因区别则是在于信息源对当事人的刺激强弱。一对正在卧室里偷情的少男少女，当听见送报纸的人敲门时，往往惊讶片刻，然后对其不理不睬继续亲热；而当他们听见钥匙孔转动的声音时，则会大惊失色，屏住呼吸，一动不动。屏住呼吸一动不动，就是长冻结的最标准状态。

我们在研究刺激源强度与冻结反应的关系时，发现了一个很有意思的现象：当信息源的刺激强度提升，当事人进入冻结反应；而如果继续提升刺激源强度，那么当事人则会打破冻结反应，转而进入其他反应状态以面对刺激源；可是当信息源的刺激强度进入到一个极高的状态后，那么当事人还是会处于长冻结状态，即所谓的目瞪口呆。

这三者很好理解，那对少男少女听到钥匙孔转动的声音而产生的冻结属于第一种情况。当少女听到进屋的正是自己的父母时，会大惊失色地从床上爬起来把衣服扔给男孩命令他跳窗逃走，这就是当信息源刺激提升时当事人的反应。

其实，信息源刺激过强导致的长冻结，从其反应形态上看，与饱满的惊讶反应几乎一模一样：眼睑放大，虹膜张开，瞳孔收缩；下颚牵动嘴部，嘴巴大张；一次短促而剧烈的吸气；身体动作和语言反应完全停止冻结。

由于信息源刺激过强，导致当事人长时间陷入震惊状态，他的肌肉组织在第一时间无法做出冻结之外的其他反应。很多时候，巨大的悲伤也会导致这种效果的产生。我的一个大学同学当在电话里得知父亲酒精中毒身亡时，

瞪大眼睛至少10秒钟没有说一句话。

这种长冻结是很危险的，当事人情绪如果长时间无法发泄，则会造成许多严重的心理疾病。英国有过这样一个心理疾病的病例：一个6岁的小女孩在家中玩耍，目睹了父母被仇人残忍分尸的过程，她家的监视录像显示，整个过程她瞪大眼睛张大嘴巴，无法做出任何动作。直到事件结束，她仍然保持着这个状态，持续了将近10个小时，无法交流，无法进食。医生担心她的身体，于是给她打了一针催眠剂。

睡醒之后，小女孩吃了东西，并且也能够与人简单交流，但人们惊讶地发现，小女孩竟然失明了。经检查，小女孩眼部的生理构造完好无损，但由于心理上的强烈排斥感，她选择不去看见这个丑恶的世界，所以导致失明。

心理医生指出那支安眠剂是罪魁祸首。如果小女孩在震惊之后能够被大人引导着把情绪发泄出来，那么她绝不会出现选择性失明。

◎ 非惊讶引起的冻结

带有强烈刺激性的信息源在生活中并不常见，生活中常见的长冻结反应，往往是信息源刺激达到一定程度时出现的冻结反应。这种长冻结的心理成因并不是惊讶，而是自我拘束。

在中国古代，臭名昭著的跪拜制度其实就是一种长冻结反应。这种反应在最大程度上约束自己，向上司或帝王显示自己的无害以获得荣宠。

在当代，其实也有类似的情况。

几位大学生大三时曾在一家公司进行过实习，老板为了表示对他们的重视，带他们去一家很不错的饭馆吃饭。席间，大家情绪高昂，觥筹交错。

忽然，老板电话响了，接完电话之后，他脸色阴沉了下来，说公司有机密被泄露。

于是，气氛马上冷了下来，大家都屏住呼吸不敢说话，空气像凝固了一般。没多久，老板发现了大家的反应，马上挥了挥手，圆场道："大家继续，小事儿，不会对我们造成什么危害。"

几个主管会意后，说了一些调节气氛的场面话，气氛又缓和了下来。

看，这就是自我约束型的长冻结反应。

与惊讶引起的冻结反应不同，自我约束式的长冻结不会出现惊讶的典型特征。而是一种长时间僵直：

表情趋于严肃认真，一丝不苟，并随着情绪变化而产生变化，但基本的

第一章 看透意图的读心策略

一丝不苟不会变；

身体的自我约束：肌肉紧绷，站立式会出现手插兜；

语言趋于拘谨，用词谨慎而字斟句酌。

呼吸调整，"大气都不敢喘"指的就是这种情况。

所以，当你看见一个下属被上司责备工作不力，如果下属真的如上司所说，那么他就会出现这种冻结反应；但如果他剧烈地喘着粗气，毫不示弱地与上司对视，那么上司很可能是冤枉他了，至少，他认为上司冤枉自己了。

因此，反过来看，一个假装冻结的人也就很好辨认了：对方的表情是否僵化，呼吸是否降低，语言是否拘束，身体是否紧绷，就可以了。

逃离反应：惹不起也要躲得起

> **微反应关键词** 逃离反应绝非一个人胆怯的象征，而是几乎所有脊椎生物的自然本能之一，这种本能让人潜意识地远离危险，保护人的安全。当然，在很多情况下，预备逃跑可能在客观上会令人更加接近逃离反应信息源。所以，你必须根据实际情况，尽量多地采集当事人的微反应信息。

我相信大家对成龙的电影一定不陌生，尤其是打斗部分，诙谐、幽默、机智，一改以往动作片一贯的硬汉主角形象，成功开启了一个"用脑子打架"的新动作片时代。为什么会出现这种效果呢？成龙自己在接受采访时说："因为我平时打架也这样啊，一个人来我就打，两个人来我就拼，三个人来我转身就跑！"

其实，每个人在经过训练之后，都有做成龙的潜质，这种潜质就是深植于人心底的逃离反应。所谓逃离反应，就是当生物规避对自己有害事物时的自然反应，人类的逃离反应同样如此。

逃离反应几乎是自然界最为普遍的反应，因为无论是单细胞微生物还是脊椎动物，趋利避害都是物种得以延续的最重要手段。人类是逃离反应的最佳继承者，通过各种各样的手段，人类将逃离反应演绎得更为复杂、深入。

最简单、最显著的逃离反应，即人对疼痛的规避。

当被利器刺伤的时候，你的手会条件反射式地弹开，以避免利器对你的伤口继续进行伤害。

如果你接触过交流电维修，长辈或师傅一定会告诉你，直接用手接触电器以测试电器是否有效时，一定要用手背接触电器。因为如果电器漏电，那么电流击中你时，你会条件反射地把手往手心方向拉扯。如果你用手心接触电器，则有可能被"吸住"。

我甚至听过一个笑话：老一代人在一起说怎样伤害人最疼，有人说是打脑袋，有人说是用针扎。一个抽旱烟的老汉指了指自己手中铜质的烟斗，笑道：你们说的这些都不行，告诉你们，把烧得通红的烟斗贴在人胳肢窝（腋下）里最疼。众人奇怪为什么是腋下，稍一思考就茅塞顿开。因为人的腋下有疼痛感时，条件反射的命令不是张开胳膊，反而是夹紧……

你现在可能会有这样的疑问：不是说"远离"危险吗？夹紧胳膊并没有使人远离烧红的烟斗，反而更紧密……这其实恰恰反映了真正的逃离反应是一种无法作伪的微反应。想知道为什么，就必须探究一下逃离反应的形成。

首先，我们回顾一下对微反应的定义：这是一种本能的、源于条件反射或下意识的表情、动作、行为、语言反应。人们无法通过调动大脑意识运动来控制微反应，而只能对微反应进行模仿。那么，逃离反应自然也是源于条件反射和下意识的。换句话说，是非理性的，先于理性的，其形成得益于人类数万年来进化所养成的习惯本能。在遇见可能会伤害自己的事物时，人类会深深地吸一口气，绷紧肌肉，蜷缩四肢关节，准备逃跑或自我保护，而夹紧胳膊正是这种自我保护的过程：肋骨很脆弱又很重要，所以必须保护好。

由危险信息源引发的逃离反应，有以下特征：

面部表情呈紧张、不安、恐惧趋势；

会有吸气储能的反应；

由于腿部是逃离反应的制动区域，所以血液流向下半身，脸色发白；

站姿时，身体向反信息源方向倾斜；

坐姿时，腿部绷紧，以便自己随时可以起身逃跑；

语言急促紧张，会有敷衍性回避。

上面的描绘是否让你想到了这样的画面：一个信心不足的面试者，当他面对一脸严肃的考官时的样子，没有比"如坐针毡"更好的词来形容他了。在

 第一章 看透意图的读心策略

生活中，大多数处在紧张、信心不足、焦虑等状态下的人，都会产生逃离反应。如前文所言，这种逃离反应源于人类对于危险信息的潜意识躲避，它未必有用，有时甚至起到反作用（就像那个夹着烧红的铜烟斗的腋窝）。但是，你越紧张就越想逃离，而越想逃离，腋窝就被破坏得越大。所以，你要想办法克服自己的不自信和逃离反应。

其实，除非精神崩溃，否则，这种由威胁性信息源造成的逃离，并没有出现真正的逃离，而只是逃离准备。观察一个保持紧张坐姿的人，你会发现很多准备逃离的迹象：坐正方便站起；用手支撑腿部；双腿向后调整重心；脚尖接触地面，腿部紧绷准备离开。

可是，需要明确的是，并非一切撤离都是逃离反应。

抗战初期，当时的地方军阀被日本侵略军打的屡战屡败，"国军逃的丢盔弃甲，日军追的丢盔弃甲"，这是逃离。

发生在抗战前不久的两万五千里长征，虽然也是远离危险区域，但却不是逃离，为什么呢？很简单，你能说数万人集体有纪律、成编制地大范围转移，并且对老百姓秋毫无犯，还保持着旺盛士气的迁移是逃跑吗？

拳王阿里也有一个重要战术，就是用灵活的脚步闪躲敌人的进攻，直到对手体能消耗过大时，再予以反击。阿里的闪躲也不是逃离。

其实，看撤离或规避是不是逃离反应，要看当事人在进行规避时对信息源的态度。如果他仍然觉得自己可以战胜信息源，那么就说明当事人没有出现逃离。

当然，除了有威胁的信息源之外，还有一种信息源可以对当事人造成逃离反应，那就是令人反感的信息源。与威胁信息源产生的逃离反应不同，反感信息源并不会给人无法战胜的恐惧感，所以，反感信息源导致的逃离，呈现的是另一种形态。

一个足够强烈的反感信息源导致的逃离反应，与饱满的厌恶反应如出一辙：

眉头紧皱；

强烈的闭眼趋势；

上唇提升导致鼻翼两侧形成极深的沟壑；

面颊紧绷牵动嘴角运动，嘴巴两侧产生"括弧"；

身体整体呈现条件反射式的一系列远离信息源方向的动作，比如后仰；偏头……

语言也会产生一系列的厌恶感。

这就是我们在前面提过的饱满厌恶反应。当然在绝大多数场合下，我们不会做出这种饱满反应，你能想象当你的老板提出一个愚蠢的决定时，你直接表现出一副几欲作呕的架势吗？这也是当代中国社会的独有问题，人们太喜欢压抑自己的正常情感，以至于每个人都戴着几层"面具"活着，这也是我们研究微反应的原因——通过不自觉的反应破解人的真实意图。

所以，即便刻意克制，但当反感信息源存在时，人们还是会不自觉地产生有意思的、可供观察的反应。

想象一下，当你站立时，准备听一个人讲话，如果他讲的很好，很能令你产生兴趣，你自然会把身体完全面向他，这样，你的两个脚尖也就自然而然地指向他。

如果演讲者的话令你十分厌烦，听都不想听下去，可是受限于场合等客观因素，你又无法转身离开，甚至你必须继续装出一副聚精会神的样子，此时的你会怎样？

首先，你的表情会由于这种心理冲突而显得僵硬：你会露出讨好的笑，因为这个讲话的人是你的上司；但你心里却想让他闭嘴——所以此时你的笑和赞赏都是僵硬的。具体就体现在：你的嘴在笑，但你的眼睛没有任何的正面感情。

更重要的是，你的脚尖。我们刚刚提到，当你全面肯定讲话者时，你的两个脚尖会完全朝向他；但当你不耐烦时，你的一个脚尖则会朝向其他方向。这样，你的躯干和视线仍然可以面向讲话者，但你的身体其实随时准备离去。

除了脚尖之外，视线也是一个逃离反感刺激源的信号。用最为简单易懂的说法，我们在逃离之前会选好逃离的路，所以，在与人交流时，不妨看他是否一直把视线从你身上移开，转移到另一个方向。

那个方向不一定是他的逃离路线，但肯定有助于缓解你的无聊话语带来的烦闷感。

第三种可能造成逃离的信息源，是焦虑信息源。与威胁信息源和反感信息源不同，焦虑信息源的存续性很强。当逃离行为成功逃离了威胁和反感，那么这两种感觉就会消失；但焦虑心态则不同，即便信息源消失，只要使人焦虑的事物没有得到解决，那么焦虑情绪就一直存在。

从另一个角度来看，也可以把焦虑信息源视为人对焦虑事物的反应，即焦虑是一种"庸人自扰式"的情绪，其信息源在于自己的内心。

当然，无论如何，我们阐述的重点在于焦虑产生的逃离反应。这种逃离

第一章　看透意图的读心策略

反应有以下特征：

表情紧绷严肃；

心不在焉，实际上此时，逃离反应当事人主要用的是大脑，语言功能在一定程度上弱化了；

身体的逃离动作由于没有具体的逃离对象，所以呈现发散式逃离，即无规则运动。

关于焦虑逃离，最具代表性的动作就是——踱步。踱步是最没有目的性的运动之一，这种无规律性在很大程度上也描绘出了焦虑心理的特殊性。具体的逃离刺激源并不具体存在，所以借由无规则走动来逃离内心，或者说，帮助思考。

而踱步的速度和其焦虑程度成正比。据说，马克思在英国皇家图书馆有个很习惯坐的位子，而他每每遇到学术难题时，就会在那个位子的桌边踱步思考，久而久之，桌子旁边竟然走出了一条"沟壑"。后来他猛然换环境，继续踱步的时候，由于没有那条"沟壑"，竟险些摔倒。

经常抽烟，其实也是一种逃离。鲁迅先生说戒烟是戒掉一种姿势，其实就是借助一种无意义、无方向感的吸烟姿势，来对平时的习惯姿势进行逃离。

认同反应：附议者也分真心和假意

微反应关键词 认同反应的心理成因是对信息源的正面认同感，由于恰当的认同反应会令对方产生好感，所以很多人习惯于伪造认同反应。想要区分一个人的认同反应是真是假，"是否自然"是关键。真正的认同反应，语言、肢体动作、面部表情必定很和谐，而伪造的认同反应往往滑稽夸张。

认同反应是当事人认同某人或某事物时，对信息源发出的自然而然的系列微反应。

与冻结、逃离、攻击反应相比，认同反应是正面的反应表现。其心理诱因是：当事人对于刺激源怀有正面的认同态度。你听到同事提到了一个很有意思的点子；你听到朋友阐述了一个很不错的政治见解；你在报纸上看到了一篇很和你胃口的书评影评；中国古代的师长们，看到学生能用工整的小楷默写下来一篇《礼记·大同篇》……都会做出一个标志性的动作：在古代的文言文语境中，将其称之为颔首；现代汉语则称之为点头。

点头是认同反应的最基本动作。当然文化不同，导致其表意程度也不同：在印度，人们用摇头表示赞赏，点头则表示"好吧"；在东亚，中国人和日本人则喜欢用点头表示"是的，我知道了，我不反对"；而美国人的点头，则是致意，表示同意和正面肯定语句时的动作。

克林顿被性骚扰绯闻轰炸之前，在记者招待会上曾说过"我跟这个女人根本没有发生性关系"，但当时他的头确实一直在点；也就是说，他有认同的、肯定式的反应，却说了否定语态的话，据以可以判定他在说谎。

认同反应在自然界的形态渊源是顺从，几乎所有的脊椎生物在表达顺从时，都会弯腰致敬。人类至今保留着这个行为习惯——鞠躬，而点头其实就是鞠躬的简化版，其顺从强度没有鞠躬那么强，但同样意味着一种赞成。

饱满的认同反应里，当事人会对刺激源产生很大的愉悦感，所以饱满的认同反应是愉悦反应的伴生品。其表情有着愉悦反应的基本特征：

眉毛松弛呈自然拱形，前额平缓放松；

下眼睑凸起，提升，出现笑容特有的沟纹；

上眼睑微微闭合，配合下眼睑使眼部出现闭眼趋势；

由于颧部肌肉的运动，导致嘴角向上、侧后方牵扯提升，面颊会隆起；

下巴自然地向两侧完全展开，形成大笑特有的长沟纹。

同时，饱满认同反应，其点头力度会加大，点头力度实际上就是认同反应的程度调节器。小的时候，父母跟我们说"听话就给你买变形金刚"时，我们的点头就是这样有力且幅度极大的。

当然，点头也有其他的含义。由于点头是鞠躬的简化版，所以它在一定程度上分担了鞠躬的一个功用：致意。虽然表意力度没有那么强烈，态度也没那么恭顺，但是却恰恰成了处于平等地位的人之间的一种打招呼方式。而与点头这种打招呼方式相比，表意更加不强烈，态度更加不恭顺，就是反着点头，即见到熟人时把头往上抬。这种动作常常伴随着抬起眼睑。一般来说，在极不正式的场合与身份跟自己相当、甚至偏低的人打招呼时会反点头，因为这个动作很多时候会显得轻佻。

 第一章　看透意图的读心策略

除了表情和头颈动作之外，开放式的身体姿势也在一定程度上表达了认同的态度。伸出双手，敞开胸怀，都是身体开放的证明。

从事推销性质工作的人尤其会察言观色：当客户在听取你意见时，若正面朝向你，说明他在认真倾听；若轻松地抱起双臂，说明他在思考；若用躯干直接对着你，则说明他很认同你推销的产品，或者很认同你本人。

认同反应可以惜字如金吗？答案是肯定的。不少人，尤其是没有自信的人认为，如果对方认同我的话，一定会告诉我的，这样他必定在我说话的时候跟我产生许多交流。所以，一旦从对方那里得不到明确的语言鼓励，就会越说底气越不足，到最后把一件十分的事物说成了八分。

要知道，不说话并不代表对方不认同你，这很可能是性格、地位使然，我就遇见过这样一个人，那是我毕业前一年假期打工时的上司，一位姓吕的经理。

吕经理平时习惯戴着一副墨镜，上班时也不摘下来，据前辈们说，除了老板没人见过吕经理的眼睛。这样一位上司，身为下属的我免不了有些害怕，平时跟同事们有说有笑，可是吕经理一出场，大家立即屏息凝神各干各的去。

那时候，年轻的我曾经想过一个好提案，但由于还是实习生，没有参加例会的地位，所以无法把这个提案提出来。于是就只能硬着头皮去找冷酷的吕经理，向他陈述我的提案。在陈述过程中，吕经理始终抱着肩膀，我看不到他其他的肢体动作，看不到他的眼神，冰冷冷的墨镜把一切可能存在的鼓励都遮挡住了。

在这种心态下，我颤颤巍巍地给自己的报告作了总结。本以为接下来会是无视甚至批评，却没想到，吕经理放下了胳膊，朝我点了点头，简单地说了句："挺好，去做！"

当时我脑筋险些没转过弯，傻傻地问了句："啥？"

吕经理似乎隔着墨镜看了我一眼，"我说，去做一做试试看。"

我"哦"了一声赶紧走出经理办公室。当天下午，美术组就有一名美编来我这里报到，说是吕经理让她来的；并且告知我，吕经理还给了我很多实习生不具有的公司资源权限。

看，很多人的赞同反应会发生得很晚，保持威严的人尤其这样。

所以反过来看，认同反应也会给人鼓励。当你在听取一个晚辈的话并想让他得到信心继续说下去时，那么不妨做出一副认同反应的样子；即使他的话里有问题，也最好以认同的形式去反驳他。比如说，"你的想法很好，但是

这里是不是可以再商榷一下？"

当然，当你想要保持威严时，不妨学一下吕经理。总之，威严和认同，你需要根据情境自己选择。

炫耀反应：动物为什么展示羽毛？

> **微反应关键词** 炫耀源于人们对他人肯定认知的渴望：希望别人看得起自己，希望自己能够得到他人的赏识，借此完成自我实现。通常，炫耀反应并非每个人都会有，往往只有这种渴求他人认同的需求比较强的人，才会炫耀。而自我实现对他人看法依赖越重，炫耀反应也就越强。

当我们认同他人时，产生了认同反应；而当我们渴求他人认同时，就会把这种认同表现出来，这种表现行为，就是炫耀反应。炫耀的产生与人的性格有很大关系，有一些人或许一辈子不会炫耀什么，而有些人则一生都在为炫耀活着。

首先，必须值得强调的是，炫耀并非一种负面的、不好的心态。一只长着蓝鼻子的驯鹿因为不被同伴认同就离群索居，最终可能郁郁死去。实际上，认同感是群居动物的本能。猫类作为社会性并不强的生物，就不需要认同，无论主人做什么，它都是一副满不在乎的样子。狗则不然，绝大多数的狗十分迷恋主人摸头和下巴作为奖励。很多生物学家认为犬科动物比猫科动物更为进化，支持他们这种说法的一个理由就是：犬科动物拥有更强的社会性。

炫耀心态的形成有三个要件：炫耀物、他人肯定、炫耀对象。

炫耀物：自认为正面的、能得到大众认同的事物。注意，炫耀物不一定是某个客观存在，也可以是一种行为、一种品格。我曾看过一个讨论式的电视节目，请了几个专家学者，主题是关于"助人为乐应不应该谋求报偿"，并请到了几个普通观众参加讨论。这些观众站起来阐述问题时，期间节目主持人简单地做了一下复述，例如，"我觉得助人为乐不应该谋求报偿。"接下来就

 第一章 看透意图的读心策略

开始长篇大论地描述自己在哪一年帮助过谁谁。这其实就是一种对行为和品格的炫耀。

他人肯定：如果满足于自得，那么就是那种只通过自我认同就能得到满足的人；而作为社会化最强的生物——人类，需要认同简直是一种本能。只不过，有些人依靠自我认同就能取得心理状态的满足，而大多数人则更需要其他人的认同。前者由于只需要自我认同，所以做事往往显得更加纯粹、更加稳重，也更不容易被外界侵扰；而后者其实是大多数人的状态，需要其他人的认同，才能完成自我认同。

炫耀对象：当事人一个人独处的时候，不会产生炫耀情绪；炫耀情绪只存在于有其他人存在的时候，否则炫耀给谁看呢？

◎ 自得和饱满单纯的炫耀

自得是炫耀情绪的前提，当一个人准备通过炫耀物炫耀自己时，必定有一个自我肯定炫耀物的过程，这个过程产生的微反应，就是自得反应。

自得反应也就是我们平时所说的洋洋自得，愉悦是这个反应的基本情绪，自我肯定是自得反应的基础。综合这两种心态以及我们在生活中随处可见的洋洋自得，可以给出以下的反应描摹：

嘴部抿住或微微张开，形成大括弧；

眼睑稍微闭合；

眉毛松弛；

额头抬起，能看到细微皱纹；

身体状态也是呈现放松和舒适的。

微笑和自信，就是洋洋自得。

任何一个人，在肯定自己的某种事物时，都会有自得情绪，也会有或轻或重的自得反应，这种反应是炫耀的前提。但如果当事人不满足于这种自得，需要寻求其他人赞同的同时，恰巧其他人又在场，那么就构成了炫耀的三个要件，炫耀心态就此产生。

一个饱满而单纯的炫耀，表情依然停留在自得，身体动作则会有强烈的展示性。炫耀说到底就是一次展览或推销：把炫耀物拿出来给所有人看，因此，炫耀反应大多也是开放式的。如果是一件东西，就会把这件东西摆在令所有人都能看见的地方；如果是讲述某事，就会做出一副高高在上、咄咄逼人的架势，以便让所有人都能听到自己的话。值得一提的是，女人的化妆其

实也是一种炫耀，是对自己美貌的炫耀。

◎ 压抑炫耀和反炫耀

在东方国家，炫耀不被广泛认同，人们仍然认为得意不可忘形。所以大多数人会对炫耀进行遮蔽，而且他们在炫耀时往往会紧张，这就使得单纯的炫耀很难出现。人们会对炫耀进行自我压抑，并且在真正的炫耀到来之前，出现试探和自我压抑。

我经常去的咖啡馆里有一群文艺青年，我也是其中之一。有一次，我背着朋友新送给我的吉他去馆里，几个朋友凑在一起一边喝咖啡一边评论我的吉它。这时候，一个平素就爱炫耀的小伙子问我："是单板吗？"（单板琴比较名贵）

我说："是。"

他"哦"了一声就不再说话。

后来，我的其他朋友告诉我，如果你当时回答"不是"的话，他就会告诉你，他的那把琴是单板。

看，这就是对炫耀的压抑，一个饱满单纯的炫耀，就应该直接告诉我："我有一把单板琴。"老北京城的顽主们，炫耀起来都是这个范儿。他们玩扳指、鼻烟壶、鸟笼子、蛐蛐罐、核桃、葫芦，等等。当你向他们虚心请教的时候，他们会一一给你指出什么东西，好在哪里，要去怎么品评、把玩。但一旦他们拿出自己的宝贝家什，绝不会多说一个字，往前一摆，神情悠然自得——哪里好您得自己观赏，我可不能老王卖瓜。

嫉妒反应：心里不平衡的人，表情动作也难以平衡

> **微反应关键词** 嫉妒心理的形成和发展机制是：羡慕到仇恨，仇恨到攻击。而一系列的嫉妒反应也是遵循这个轨迹。所以，嫉妒心理往往是动态、多样的。这是一种极为复杂的负面情绪，虽然很容易观察到，但很难彻底观察其成因。

第一章 看透意图的读心策略

就在前几天，我和在异地的未婚妻煲电话粥时，电话那头忽然出现了她室友的声音，很不客气地对我的未婚妻说："如果要长时间打电话的话，请到走廊去，你这样会影响其他人学习。"

我在电话这边听到之后有些愤怒，大学寝室本来就是放松的地方，想看书学习可以去自习室，遂跟未婚妻说："你把电话给她，我跟她谈谈。"

谁知未婚妻竟然乖乖地披了件衣服走到走廊上，告诉我："这个室友平时是个挺随和的人，只是今天刚跟一个研三的学长表白失败，所以见不得情侣间的卿卿我我……"

平时很随和的人，在表白失败之后就见不得情侣间的卿卿我我，这是为什么呢？很简单，这是因为一种奇妙的心态反应——嫉妒。

人们都有欲望，欲望是人们从事所有行为的最根本原因。欲望的层次有高有低，低层欲望是生理的、必需的，比如吃饱穿暖；高层欲望则是在低层欲望满足以后产生的一种更为精神化的需求，比如大众认可、自我实现、属灵需要。马斯洛的人类需求学说，阐述的就是这个问题。

但是，即使在自然科学发达、人文科学昌盛的今天，人类的需求也不是那么容易满足的，尤其是高层需求。而当需求无法满足时，把欲求不满所产生的负面情绪转移给境地与自己相同但却取得了（至少在当事人看来）与自己相同或类似的满足的人，这种心态就是嫉妒。由这种心态产生的一系列反应，就是嫉妒反应。嫉妒反应的基本表现是仇恨。

仇恨和焦躁是所有嫉妒反应都会出现的情绪，当事人因为种种原因导致欲望无法满足，因此会仇视那些相对幸福的人。有几家比邻而开的日用杂货店，其中一家靠着街边拐角，另几家只是单纯的街边门市。人们有一个很奇怪的心态，当这样几家店同时存在时，如果没有别的甄别标准，大多数人往往会选择街边拐角的店而不是单纯的门市，似乎是因为拐角看起来更加独特。无论如何，拐角的日用杂货店生意一天火似一天，而旁边那几间店则稍显冷清、惨淡。

有一天，一位客人来买电热毯，先去了冷清的店，看好了一个样式，但询问价钱之后没有出钱购买。继而进了拐角的那家店，稍微询问价钱就拿走了那款相同款式的电热毯。

这其实是很平常的顾客心态：货比三家。

但这件小事却点燃了那家冷清店老板娘的火气,看到顾客从拐角日用杂货店拿走了电热毯之后,立即追出来把顾客骂了一顿。顾客脾气似乎也不小,而且自觉自己没什么过错,就转过身和她争吵了起来。眼看着冲突就要升级时,拐角日用杂货店的老板为了不影响生意,就从店里走出来劝架。

这一劝架不要紧,彻底把那位老板娘的火点着了,她顺手抄起一个炒勺,向拐角日用杂货店的老板掷了过去。这位老板冷不防被炒勺击中头部,当场昏迷,经医院鉴定为轻度脑震荡。

报案后,警察立即来现场取证,如果走司法程序的话,必定要判老板娘一个轻伤害,少说坐三年牢。但躺在医院里的老板似乎同意和解,这件事也没闹到法庭上,但这位老板娘破财免灾是免不了的了。

因为嫉妒隔壁的生意好,所以脾气越来越急躁,这就是嫉妒反应的仇恨和焦躁的一面。其实,这位老板娘的仇恨对象本来是隔壁的店,但由于要在一起做生意,所以老板娘暂且压制住对他们的仇恨,转而把仇恨发泄到另一个对象上——那位顾客。

然后拐角日用杂货店的老板出来劝架,这就令冷清店的老板娘压抑不住了,也就有了之后的攻击行为。攻击行为也是嫉妒心态的典型反应。

女教师刘某今年43岁,比他大4岁的丈夫在她眼中已经失去了魅力,她开始把"爱"转移到她的学生们身上。

17岁的小华就是她的学生,小华学习成绩一般,但相貌出众。某日放学后,刘某假意留小华留校进行课后辅导,在空旷的教室里,刘某遂诱使小华与自己发生了性关系,这段关系维持了近三个月。

三个月后,班上转来一位新学生阿宾。阿宾是体育特长生,虽然比小华还小一岁,但身高一米八四,小小的年纪身上就已经看得见肌肉块。刘某很快开始迷恋阿宾,不久,用同样的手段俘获了阿宾。

小华对此极为嫉妒,多次央求刘某放弃阿宾,只跟自己在一起,无果后转为威胁。女教师刘某自然不会被小孩子的威胁吓倒,继续保持着与阿宾的关系,并且偶尔也和小华暧昧一下。

这令小华非常愤恨,终于,在某晚上他向刘某求欢未果后,却发现她和阿宾极为亲密,便冲进教室,用一根铁钳捅死了阿宾,捅伤了刘某。

古语有云:"木秀于林,风必摧之;堆出于岸,流必湍之;行高于人,众必非之。"反映了一个极为普遍的心理学原理:人们对于那些比自己成功、比自己突出、比自己更得宠爱的人,很容易就会引发出嫉妒之心,而这种嫉妒

第一章 看透意图的读心策略

之心，通过怨恨、排挤、诋毁、中伤、诬陷、破坏、阴谋、暗害等方式暴发出来，能够变相地满足嫉妒在情感上的反应，让心理达到暂时的平衡状态。

嫉妒产生的仇恨和焦躁，一般都会发生攻击，有时是语言的，有时是直接的暴力攻击。当然，有的时候仇恨无法转变成实际攻击时，就有了另一种方式——轻蔑。

你有时会在当事人的脸上捕捉到典型的厌恶反应：撇嘴、皱眉、嘲笑。但是，嫉妒反应中的厌恶反应严格来说是一种伪反应，因为你只会看到当事人故作的轻蔑和厌恶，并且这些表情都停留在脸上，而不是身体上。也就是说，当事人的轻蔑和厌恶，是一种让其他人觉得轻蔑和厌恶而产生的轻蔑和厌恶，有时并不是真实表意。其实，这是一种典型的"吃不到葡萄说葡萄酸"的心态。但实际上，轻蔑反应的当事人必定是先在心里认同了嫉妒的对象，才会产生嫉妒。

这两年，苹果手机在中国成为年轻人潮流的象征；但同时，也有很多年轻人对此表示反感，说"苹果有什么好的"、"烂大街的东西"……这样说的年轻人，买一个苹果送给他看他高不高兴。

人们有嫉妒情绪是正常的，但放任嫉妒的蔓延、把嫉妒变成一种实际的攻击方式，这就很危险了。有效克制这种嫉妒的最好方法，其实很简单，分成两步：第一，你要明白自己要的是什么，为什么会嫉妒；第二，想要去吃苹果就去咬，想要用苹果就去努力工作，嫉妒永远不会给你任何苹果，只会给你恶果。

攻击反应：动手之前，总有那么一些征兆

> 微反应关键词 针对心理是攻击反应的心理成因。一般来说，有社交交集的两个人，都会产生针对心理。但事态的发展和当事人性格的差异，会令这种针对心理越来越强，逐渐演变成实际的攻击心理。当这种心理转化为实际行动后，就有了攻击反应。

人们遇到有威胁信息源时，如果信息源威胁过大，到了自己无法承受的地步，那么就会出现冻结或逃离反应。但面对威胁信息源时，还会出现一种"你要战，便作战"的情绪，这就是攻击反应。

有一种观点认为，怒意是攻击反应的准备前提。但这种说法存在问题。确实，最为极端的攻击反应是愤怒，愤怒反应会令身体不自觉地进入战斗状态：眉毛压低皱起，上眼睑睁开，下眼睑紧绷；面颊肌肉紧缩，鼻翼扩大；嘴紧抿或上唇微张，下颚靠前，下唇微微凸出，嘴角下压；牙齿强力咬合；头部压低，身体前倾，筋肉紧绷，可能出现握拳。

极端的攻击和防守心理，都可能出现愤怒，但这不是绝对的。在非洲草原上，一只准备捕食的雄狮会对羚羊表现出多大的怒意？

当然，在生活中，人类的进攻不是依靠撕咬或砍杀，但在远古时代，人类捕猎战斗的本能依然残留在我们的基因里。狮子最强大的器官是血盆大口，所以猫科动物的攻击示警往往是竖毛呲牙，其战斗反应也是以面部为主。但人类最有利的武器是手，所以人类的攻击战斗反应绝大多数与手有关。

人最直接、最常见的指向性攻击反应，其实就是用手指人。无论什么场合、什么人，只要他用手指指向你，那么就说明他其实出现了对你的战斗心理。

我在中学时代有一个小圈子，一名男同学和我，还有一名女同学，我们三个人经常在一起玩。

其实，那位男同学从上学的时候就一直喜欢那位女同学，但那时候不通世故的我并没有发觉，总是死皮赖脸地跟他们凑在一起。直到毕业后，我和那位男同学在一起喝酒，他才告诉我真相，并用手指着我无奈地说："要不是你一直当电灯泡，可能我俩早就成一对了。"

他用手指着我，其实就有指责的意思，这就是一种攻击。当然，这丝毫不妨碍我和他之间的友谊。我想说的也是这点，在生活中，人与人之间的情绪绝非单纯的，你千万不能期待你的好友、爱人对你只是一味地好，这是不可能的；你也不可能对他们一味地好。所以，当你在生活中发现他们的微反应对你抱有攻击、指责、拒绝甚至厌恶时，请千万不要因此就断定对方不把你当朋友。

言归正传，用手指指向人是最为直接的攻击反应。很多时候受限于礼节和场合，大多数人的选择是，用手掌指向别人。注意，当你介绍某人的时候，也用的是这个动作和手势。所以一定要注意情景、场合，不要按图索骥。

第一章　看透意图的读心策略

当然，有一种人并不在我们的可观测范围内。有个成语叫做"狮子搏兔，亦用全力"。这句话的意思是，狮子即使在捕捉兔子时，也会用尽全力。这其实从一个侧面说明了进攻心态的精髓：一个纯粹的、不掺杂其他反应的进攻反应，就应该是没有杂念的；进攻者的一切念头都应该放在如何成功攻击对手，并让自己的支出减小到最少的程度。

中国古代兵家有这样几句话形象地阐释了这个道理：若山崩于前，面色发红者，谓之血勇也；面色发白者，谓之气勇也；面色发青者，谓之骨勇也；面不改色者，谓之神勇！

所谓面不改色，实际上是最为有利于进攻者的反应，这代表着，即便当事人准备狂攻不止，但其各项反应仍停留在原态反应阶段。他的一切攻击指令，都是在心如止水中得出的，不会做出能让我们观察到的微反应。好在这种人是百年不遇的将才，或传说中的杀手，但这并不是那么容易遇上的。

而更多的人，会面色发红、发白、发青。也就是说，绝大多数人在攻击前夕，是有迹可循的。

大多数攻击战斗行为的"初哥"都会紧张，看看他们发白的脸色和微微颤抖的手，就知道了。

威斯康星州有一个三口之家，实际上这是个抢劫团伙，父母一直以来瞒着儿子在临州的各银行之间寻找猎物。直到儿子长到了15岁，父母觉得应该把儿子也拉入伙，于是告诉了儿子真相。从小就不怎么接受正统教育的儿子很高兴，并主动提出要入伙。

一星期后，父母给儿子策划"成人礼"，就是抢劫花旗银行。可谁知一向聪明的儿子竟然在当天犯起了紧张病，刚一进门就不小心把枪掉在地上。警卫发现之后逮捕了他，夫妻在情急之下准备用枪反击救出儿子，却被有所准备的警卫们当场击毙！

攻击行为之前的紧张情绪，源于人们对自己的不自信，其反应通常是过失性、无规律性的。即使一个有熟练攻击行为的"熟练工种"，出现不了紧张情绪，也会出现某种兴奋。

这种兴奋会令攻击反应向愉悦反应靠拢，你甚至会在他脸上发现笑容，无论是眉宇间的起皱还是嘴边的长括弧，都证明这是一个真实、发自内心的笑容。

攻击者的兴奋是因为对攻击行为之后产生的满足感预期：可能攻击行为会使当事人得到利益上的好处，也有可能攻击本身能够满足他的心理需求。

但无论如何，大多数人都无法摆脱这种预期。而预期就会产生不同程度的兴奋，预期的满足感越强，兴奋就越大。

需要指出的是，无论是攻击前兴奋还是攻击前紧张，都是单纯的攻击情绪。须知，很多时候当事人发起攻击行为时的情绪，并不是单纯的。比如在公司例会上，一个与你相熟的同事，准备对你发难，以稳固自己在公司的地位。此时，你可能会在他的微反应上捕捉到羞愧的情绪。而羞愧反应很大程度上会抵消攻击反应，因此，你这位同事的反应应该是矛盾的、隐秘的、犹豫不决的。

他的眉毛会起皱，会羞于看你，身体尽量不朝向你，需要指向你的时候，也可能不会过于直接地用手指指向你。

但他也会呈现攻击反应：或许不会用手指指向你，但他会用手部的推送动作指向你；他会避免直接看你，但他在不看你的时候，对你的攻击一定是坚决彻底的。

当然，这里有一个"当量"问题：这位同事跟你关系越好，他呈现的羞愧感就越强；反之，如果你看不见他对你发起攻击时有羞愧感，那很可能说明了他平时也只是在耍你。

在现代社会，语言甚至成为了攻击的主要手段，比如法庭。而在其他场合，即使语言不是进攻手段，也会有着很多进攻性语言反应。咄咄逼人就是这类反应的核心。一个进攻者的语言姿态一定是咄咄逼人的，即使他在有意识地控制自己的情绪，你一定还能听出来里面的差别，比如代词的转换。记得小时候，父亲习惯称呼我为"儿子"，可一旦我犯错，他就会叫我全名。

疲劳反应：能量流失之后的衰竭

微反应关键词 能量流失产生疲劳，从轻度的疲劳到重度疲劳，可以说一切的疲劳反应都是人的生理机能对抗能量流失的结果。口误、打瞌睡、困倦、疲劳性休克，你会发现这类反应与人体能量之间有着极为紧密的联系。把握住这种联系，你也就能够看清一切疲劳反应的脉络。

 第一章 看透意图的读心策略

人体是最精密的机器，纵观整个大自然，在复杂程度上唯一能够与人体相媲美的，就只有大自然本身了。但是，既然是机器，就必然需要能量，而能源在没有补充的情况下总会枯竭。当人类的精神能量枯竭不济的时候，产生的一系列反应，我们将其称之为疲劳反应。疲劳导致的昏迷则是疲劳反应的最饱满表现。当然，会陷入这种境地的情景不多。所以，我们退而求其次，着重研究一种常规的、次饱满的疲劳反应——睡眠。

我们平时思考时所占用的脑，只是脑组织中的一小部分，我们称之为脑表层。这一部分虽小，但在人们清醒时，须时刻处于运转状态，是人体的直接司令员，很容易疲惫。而更深层次的脑，是人类未曾探究的、掌管人的潜意识的深层脑，会在我们睡眠时住在身体里。

所以，睡眠其实就是令表层脑进入休息的一种方式。睡眠越深，表层脑休息越彻底，人的精神越充沛。在睡眠中，由于表层脑不再起作用，所以人们的面部和身体呈现自然松弛，表层意识进入休息状态，潜意识代替了思考，所以就有了梦境，平日里不敢说的东西甚至不敢想的东西，梦境里都有。

人们在睡眠时需要安静的场所，这是因为表层脑的运作是依靠信息反馈来唤醒的。而强烈的光、刺激性的气味、嘈杂的声音，这些都是强刺激信息，它们会强迫表层脑进入工作状态，无法休息。人们根据这个原理，发明了疲劳审问：通过强光照射使嫌疑人无法睡眠，审讯者24小时不停地审讯，导致嫌疑人疲劳至极却无法入睡，这是对表层脑最大的伤害，其痛苦程度几乎超过了其他肉体刑罚。

疲劳会使人产生一系列的反应，而这一系列反应的基本动因是：能量流失。疲劳反应的表情部分，也遵循了能量流失原则。要知道，我们的一切表情，都是由能量支撑或为能量的进一步运动做指示的。在惊讶反应中，人们会吸一口气作为能量存储；愤怒反应中，人们会加速喘息速度，完成更快的新陈代谢；大笑和哭泣中，人们会将能量不加控制地进行无序宣泄……

而疲劳反应的基础是为了恢复能量。所以，当疲劳使人能量流失的时候，人们会失去做出表情的能力，最大限度地接近原态反应。人们会变得面无表情，但并非是木然，而是悠然的面无表情。人们在进入深度睡眠时，就是这样一副悠然自得的表情，这也是纯粹饱满的疲劳反应。

而在生活中，纯粹饱满的疲劳反应并不是那么常见的，大多数的疲劳反

应都会夹带着其他情绪。譬如说，疲劳而得不到休息的人，会产生痛苦感，并对阻止其休息的信息源呈现厌恶甚至憎恨。

在正常状态下，人们感受不到那些施加在自己身上的重力，但能量流失之后，重力感鲜明地回到了人的身体上。"失去抵抗重力的姿态"是疲劳反应肢体部分的代码，陷入疲劳的人，会垂着肩膀，四肢无力，行动缓慢……

疲劳同样影响着人们的语言能力，随着疲劳程度的加强，人们的语言能力将会越来越被剥夺，直至消失殆尽。

"央视"著名足球解说员韩乔生先生，就是以"过失"出名的，来看看他曾经说过的那些令人啼笑皆非的解说语言。

"随着守门员一声哨响，比赛结束了。"

"各位观众，中秋节刚过，我给大家拜个晚年。"

"队员在平时的训练中一定要加强体能和对抗性训练，这样才能适应比赛中的激烈程度，否则的话，就会像不倒翁一样一撞就倒。"

"国外的球员都非常敬业，比如马特乌斯，小孩出生3个月后就上场比赛了。"

"范志毅前几天还在发高烧，高烧36度8；守门员区楚良身高1米82，体重28公斤。"

"在上周刚举行了一场别开婚面的生礼。"

"可能有的观众刚刚打开电梯，我们再把比分……"

"巴乔在前有追兵、后有堵截的情况下带球冲入禁区。"

"这球算进，进球无效。"

"已经有很多俱乐部表示要购买皮耶罗，拉齐奥出价3000万美元，曼联出价更高——2800万美元。"

"每一寸草皮都在进行激烈的争夺。"

"只见防守队员一个队员两条腿，两个队员四条腿，三个队员八条腿。"

"XX球员30公里外一脚远射！"

"以迅雷不及掩耳盗铃之势……"

"球被守门员的后腿挡了一下。"

"巴西队的后防线是清一色的巴西队员。"

"守门员安琪参加了今年在墨西哥举办的世乒赛。"

韩乔生先生的"过失"解说已经成了一种风格、一种标签，而这种标签产生出来的幽默效果更是让人们对此乐此不疲。其实，足球解说员们的真实生

第一章　看透意图的读心策略

活往往不像他们所展示的那样幽默和风度翩翩。要知道，世界足球的核心在欧洲，而时差导致欧洲人在吃完晚饭惬意地看球的时候，我们这里正是半夜两点。所以，解说员们必须在平时过着中国的时间，在赛时过着欧洲人的时间。高强度的工作下，一、两个口误，是避免不了的。

在高危职业或涉及高危职业领域内，疲劳操作是被严格禁止的，比如长途司机、手术大夫、施工塔吊驾驶者等。当从事这些职业的人一旦因疲劳产生过失，那么就会对自己或其他人的安全产生威胁。这也从另一个侧面证实了疲劳与过失之间的紧密关系。

即便我们从事的是普通职业，疲劳作业也是不可取的，因为这会令你的工作质量下降。大学时代，每次不能按时完成论文的时候都有这个感受。因为要在截稿期限的前一天写完5000字，水平之差、漏洞之多让我这个原作者都不忍卒读。

而且，对于现代人的身心健康来说，养足精神的意义要大于吃饱饭。所以，无论从哪个方面来讲，我们都应该避免疲劳。当你的身体出现疲劳反应时，就必须要意识到，休息的时间到了。

第二章

识别关系的读心策略

　　人与人在一起必然会产生无数的关系，比如远近亲属、上级下级；再比如地位高低、能力大小、喜爱厌憎不同，也会造就不同的人际关系，而这些关系其实都会令人产生一定的反应。本章将教会你如何通过这些反应，判定一个人与另一个人的关系。

第二章　识别关系的读心策略

地位反应：地位高低不同决定了反应也不同

> 微反应关键词 地位反应虽然在一定程度上依从人们的客观地位，但更多的、更具有决定性的地位反应依据，还是人们对自己的主观地位认知。这二者是具有一定差异的，一个没有弱者或强者自觉的人，你很难在他身上看到地位反应。而通常，这种强者或弱者的自觉越重，这种反应也就越留着痕迹，越容易观察。

孟德斯鸠在《论法的精神》中曾阐述过这个问题：在封建社会，社会的主要动力是荣宠。也就是说，在那时候，荣宠和身份权利，决定了一个人的社会地位高低，一个开国世袭的落魄男爵要比一个腰缠万贯的商人有地位得多。而在当代社会，社会地位变得多元化起来，可仍然逃不出三个可以互相转化的定义：金钱、权力、名望。

人们根据金钱、权力、名望，把人分成了三六九等。但多元化并不是与封建社会最大的不同，最大的不同是在如今，人们通过自我奋斗等手段改变社会地位变得更容易了，起码比封建社会容易得多。

而不同或相同社会地位的人在有所接触时，会产生哪些微反应呢？这就是本节要讨论的问题。为了方便讨论，本节中将把地位较高的人称为上位者，地位较低的人称为下位者（本人很不喜欢这种充满了阶级异化和等级思维的称呼，但为了行文通畅，也是因为实在找不到更合适而又简单的词，所以暂且这么用，望读者朋友海涵）。因地位异同而产生的不同反应，也可以分为三部分，即表情神态的地位反应、动作举止的地位反应以及语言的地位反应。

需要指明的是，本节所提到的上位者和下位者都是相对的，即，我们在说"上位者"的时候，就自然地假定当事人是在面对一个比自己地位低的人；绝不是说，上位者在任何时候都是上位者。

基于此，我们还可以推导出，上位者微反应的形成，肇始于当事人在客观上是个上位者，习惯性地发号施令；而下位者的形成，则是因为一个人有下位者的自觉，若当事人不认为自己是下位者，那么他将不会做出下位者应有的反应。

不同地位的人，在神态表情上有所不同。

下位者在面对上位者时：表情恭顺、严谨甚至严肃，眉毛低垂，眼睑张开度适中，嘴巴抿起来——低眉顺眼就是用来形容这种表情的。上位者越威严，下位者性格越不伸张，这种情况恭顺感较大。

但是，没有架子的老板和才华出众的员工，同样会出现这种反应。平时，你看着员工可能和老板之间有很多平级之间才有的玩笑，但某个雷池，作为员工的他是绝对不敢越过去的，不信你看看他和亲密朋友在一起时的样子，你就知道了。

对于上位者的表情，大多数人，尤其是仇富者，可能会认为他们的神情总是嚣张跋扈的，嚣张跋扈是自负导致的：上位者对自己没有清醒的认识，认为自己比实际上更加上位。而自负的另一面是自卑，自卑也就是心理自我失衡，这种人需要一种状态帮他把心理"扶正"，于是就有了嚣张跋扈。马克思所说的奴隶变成奴隶主后会比其他奴隶主更加凶残，就是这个道理。

所以，一个真正、纯粹、健康的上位者，并不单单只是个习惯于发号施令的人，而是一个地位较高的决策人，其表情应该是稳重而淡然的。

动作举止是肢体反应的重点。正如下位者这个词的本义，由于他们是"自我认知"的下位者，所以在身体的方方面面都有"下"的自觉，他们几乎会在所有有上位者的场合，不自觉地放低身体。

比如握手，下位者会在握手时习惯性地鞠躬、低头，甚至双手握住上位者的手。

中国北方的酒桌文化还衍生出了一个很有意思的习俗，那就是当两人碰杯时，下位者会把杯子放低——低于上位者的杯子，上位者见状，如果客气的话，也会把杯子放低一些，但却比下位者稍高。

除了肢体动作的低以外，下位者还有习惯性的冻结反应，尤其是心理素质不好的下位者在遇到了比较严肃的场合。在办公室里，一群正在聊天的员工，一旦见到一个很有威严的上位者，大家会马上闭口不言。

而在电梯里，你去看不同人的站姿，也能从中看出他们的地位反应：下位者习惯于冻结式的站法，趋近于立正；而上位者往往双腿叉开，站得很是悠闲自得、旁若无人。

第二章 识别关系的读心策略

不同于下位者的自我认知，上位者的前提是客观上的上位者，一个主观上、自认为上位者的大多数动作只是模仿其他上位者，以建立某种心态守恒：我是总经理，我应该时刻绷着脸，昂首挺胸。

一个真正的上位者其实不太在乎这些，他们会自然而然地做到这一切。核心在于：动静如常。日本的电影《大佬》由北野武主演的，他经常在电影里低着肩膀、弯着腰，走起路来也是乡下人才有的八字步，但丝毫不影响他作为一个上位者的形象。所谓"自在"，就是指这个。

言语上的地位反应，下位者往往表现得比较明显。由于下位者的自我冻结心态，使得他们在说话时会显得越发恭谨谦卑，对上位者也多用尊称。

除此之外，下位者在对上位者讲话时，会习惯性地使用正式语言，尽量避免口语化。而上位者的语气相对比较无所顾忌，并且祈使语气居多。而一个喜欢用语言炫耀优越感的上位者，并不是一个正常的上位者，只能说是一个自我认知的上位者、一个自负且自卑的上位者。

综上所述，上位者心态也是有一定的缺陷的，那就是无视感过强。虽然不会鄙视下位者，但上位者却会不自觉地把下位者无视掉，使之成为自己计划运行的一个工具或部件。上位者们有时会分不清场合地显得过于傲气，就是这个原因，平时在下位者面前习惯了无视他人，所以到了其他场合也习惯这样了。

我记得某相亲节目里面，有一期来了一位男嘉宾，是日本的华侨商业骄子，手下掌管着不止一家公司。而在现场，他虽然表现得很有礼貌，却多少有些上位者姿态。比如其他人都称呼主持人为"某某老师"，而他则直呼主持人全名（在这一点上我个人觉得他一点都没做错）。于是一名女嘉宾很愤怒地对这位男嘉宾怒斥："你傲气什么？你不就是有几个臭钱吗？"

这位男嘉宾闻言一头雾水，满脸冤枉，似乎是在莫名其妙地反问：我怎么了？

如前文所言，上位者与下位者这两个概念是相对的，不是绝对的。在适当的时候，他们都会对调，或变成另一种人——平等者。

平等者也是个相对概念，即当事人认为对方身份与自己相当。两人如果处于敌对关系，就是旗鼓相当的对手；如果处于友善关系，就是互惠互利的伙伴。

平等者不会有下位者的谦卑和拘束，也不会有上位者的无视和散漫。平等者会很认真地聆听对方的话，注意对方的存在，并且会阻止对方做出下位者姿态。

当然这种平等者只是自我判断，也就是说，甲乙交往，甲自认为与乙平等，但这未必是乙的认知，乙可能会认为自己是上位者或下位者。

比较典型的案例是《三国演义》里的"煮酒论英雄"：曹操认为自己与刘备身份地位相等，所谓"天下英雄只有你我"，但刘备明显要表现的"怂"一些，他怕招来杀身之祸，于是借口被一声惊雷吓得把筷子掉在了地上。

同步反应：不自觉的模仿是友善的象征

> 微反应关键词 同步反应堪称最为神秘的微反应，我们对同步反应的一切解释，都是基于假说。但是，几乎所有人都相信，人们存在个性的同时，同样存在着某种共性。而这种共性，会令人产生潜意识的不自觉的一系列反应，这就是同步反应。

把一组音（八度）分成十二个等份，每等份为一个半音，音程称为小二度；每两个等份为一个全音，音程称为大二度。采下七个全音和一个半音之后，整个这一组音变成了八个音符。这就是现代音乐的基本乐理——十二平均律。十二平均律起源于欧洲，由巴赫在《协和音律曲集》（又译作《十二平均律曲集》）中提出这个名字。由于其严谨性和包容性以及西方文明的强势崛起，使这种音律变成了整个世界通用的音律法。

可是如果你认为是西方人最早发明的十二平均律，那可就大错特错了，他们只是最早这么叫。至于到底是谁发明的十二平均律，根本就无从考证。在中国春秋时代就有十二平均律的相似记载，明代朱载堉的《律学新说》则把十二平均律系统化整理；非洲音乐重视打击感，但并不是没有旋律，而非洲音乐的旋律部分虽然受限于文明程度，没有变成系统律学书籍，但仍然暗合十二平均律的规律。20世纪初，人类学家踏上南太平洋小岛时，听到了一些当地土著的音乐，虽然简单却也韵味十足，受过基本乐理训练的人都能马上

 第二章　识别关系的读心策略

发现，他们的曲子也是符合十二平均律的；还有美洲土著……

不同地域的人，由于气候、人种、文化、生活习惯的巨大差异，其隔阂近乎无法弥合。但却有一样东西能令大家都听懂，那就是音乐。就算是新西兰食人生番也会觉得悲怆交响曲棒极了。

但仅仅是音乐如此吗？这是否反映了人类所具有的某些其他特质？

很多人类学家认为，答案是肯定的。人类的行为会自发地形成一种趋同性，人类的这种潜意识的趋同性行为，我们称之为同步反应。

如果你嫌十二平均律太复杂的话，我们再来说一个简单的现象。

回忆一下你的学生时代，在教室里的时候，如果有一个人咳嗽，那么是否马上会有几个人跟着他一起咳嗽？如果有一个人打哈欠，是否马上会有几个人跟着他一起打哈欠？

我知道你已经明白我要说什么了。我再顺便告诉大家一个你们可能不曾注意到的规律：带头咳嗽或打哈欠的人越受欢迎，他们能够带动起来的人就越多。

群体趋同方向是那些容易受欢迎的人，这基本可以证明了趋同反应是一种证明的、由潜意识认同而生成的反应。敌人之间很难产生同步反应。

很多人或许认为这种同步反应只是单纯的模仿，这是大错特错的。据医学统计，许多完成了心脏移植的病人，在痊愈后，明明没有见过心脏的原主人，但行为方式却慢慢变得跟心脏的原主人越来越像。

再说一个真实的故事。

大学期间，兄弟班的一个女生寝室，姐妹们之间关系非常要好，偶尔也会有不协调，但会在大姐的劝导以及所有人的协作下通力解决。在毕业时的散伙饭上，她们几个抱头痛哭。

我隔壁宿舍的一位兄弟见状悄悄告诉我："你知道吗，她们几个从大二开始，只要是开学期间，月经都是同步的。"

同步反应对人的趋同性影响有三类：情绪影响、举止影响、语言影响。

◎ 表情同步反应

表情的同步反应很有意思，你注意过贝克汉姆和维多利亚夫妻俩吗？他们在婚后的表情越来越相像。中国古代也有夫妻相的说法，意思是两个相爱的人往往看起来很像，这其实就是面部表情的同步反应。

相爱的人会模仿对方，无论一颦一笑，都会潜意识地争取和对方一模一

样。而脸上的纹路成因，很大一部分就是表情的变化：经常笑的人鱼尾纹和括弧纹会很重；经常忧郁的人鼻翼两侧沟壑会很深；经常哭泣的人则会见到明显的法令纹。

因此，相爱的两个人会有类似的纹路，就算脸型和五官差距较大，但是，看起来也会有相似之处。

当然，表情的同步反应绝不仅仅是爱人之间，朋友之间也是如此。仔细想想，在某个场合，有人给你讲了个笑话，但你并没有找到笑点，可是你却因为朋友们的捧腹而捧腹。

还有时候，你路过一个陌生人的葬礼，你与死者非亲非故，但却因为这个悲伤的环境而感到悲伤。

世界杯结束，西班牙夺冠，即便你不是西班牙球迷，但只要你不是意大利的球迷（西班牙和意大利之间积怨颇深），那么都会情不自禁地与西班牙球迷一起狂欢。即便你是意大利球迷，恐怕你也只是硬"绷着"不跟着一起开心。

他人的情绪可以影响到你，情绪的同步反应甚至可以超越敌人的界限。兔死狐悲，说的就是情绪的强大感染性。

◎ 行为同步反应

人们在言行举止上的同步反应，更像是下意识地模仿。你见过给孩子喂奶的妈妈吗？她们的神态足以说明这个问题：她们会在孩子张嘴的时候，条件反射地也把自己的嘴慢慢打开。

再看看在国际会议上，国家领导人之间的行为举止所反应出来的同步性。

以色列首脑在和克林顿或小布什会晤时，其动作永远是一致的，但他们和阿拉法特在一起时则对冲明显。

克林顿在公开场合看似风度翩翩，但只要你看他和希拉里在一起时的样子，就不难发现他对希拉里的模仿，所以当时，在这个美国第一家庭到底是谁拿主意也就不言而喻了。

布莱尔在执政生涯后期，习惯性地把手挂在皮带上，做出一副美国西部牛仔的样子，你可能会惊讶地发现小布什总统也是这么做的。而那时起，英国的国际政策也越发地对美国亦步亦趋。

除了小动作之外，行为习惯甚至也会产生同步反应。

我爷爷在喝酒的时候，习惯用拇指和中指掐着酒杯，这个动作放在当代

第二章　识别关系的读心策略

多少有些女性化，但在以前据说是文人的习惯行为，爷爷虽然性情很"爷们"，但这个习惯性动作却一直保留着。

大学毕业后，爷爷去世，家族的人聚在一起之后，我惊讶地发现叔叔伯伯们举杯的手势竟然和爷爷一模一样。

◎ 语言同步反应

我有一位朋友，家乡在宁夏，在东北读大学，在湖南实习，在北京工作，现在被外派到福建常驻。他在福建给我打电话问我能否到宁夏参加他婚礼时，口音带着南方人的软绵，说是完全的台湾腔也不为过。但我清楚地记得，一年前我们在北京见面时，他的京腔比我标准。而且我跟他相识在东北，那时候他说话也是完全的东北味。后来，我去宁夏参加他的婚礼，他又变成了憨憨的西北口音，把"你这个人"读作"你这个仍"，仿佛根本就不会发前鼻音似的。

我这位朋友的语言天赋很高，所以才能把几类方言学得惟妙惟肖。而其他人或许学得不会这么像，但多少也会受到方言语境的影响，"对什么人说什么话"。很多学习语言类专业的大学生都有这类感叹：如果有口语语境的话，胜过在课堂上学十年。

介绍完了三类同步反应，我们还有必要指出，有些时候，故意地模仿也有可能转化为同步反应。

据说内地有一个刘德华的狂热歌迷，他非常喜爱刘德华，每天都要看刘德华的演唱会和采访，并在生活的一切细节上尽可能地向刘德华"看齐"。几年下来，学会了粤语不说，他的一举一动也与刘德华很相似。经过化妆师稍微化妆之后，竟没有人能分得清他和真的刘德华孰真孰假。

在这则案例中，这位歌迷一开始的模仿行为是故意的，而非同步反应；但最后，他开始潜意识地把自己当成刘德华，否则很难解释为什么他会与刘德华那么相像。

领地反应：划势力分地盘也是一种本能

> 微反应关键词 人们追求安全、安逸、舒适的环境，并会花费大力气维护这种环境的依存，享受这个环境带来的自在。这个环境根据人的能力和性格而定，这就是当事人的领地。而为了维护领地或享受领地而引起的一系列反应，就是领地反应。领地感人人都有，强度和方式有所区别，但你都能找到"建立领地——防御领地——享受领地"的线索。

蜂群拥有森严的社会等级，整个族群都为蜂王健康运作，而兵蜂就是负责维护安全的成员。他们会划分出一块足够的空间给其他蜜蜂们筑巢安家，并在这块空间里巡弋，驱逐有威胁的其他生物。被蜜蜂蜇过的人，对此应该记忆犹新。

猫、犬科生物依靠尿液划分领地，对进入领地的有威胁的生物进行驱逐，并流放族群内的一些异端，比如前任狮王的孽子。

人类会在国家的边界上立一座石碑，规定国家之间的界限，称之为界碑。有军队在边境线上巡逻，防止对方的入侵。

毫无疑问，一个群体在一起最先做的两件事就是确立章程和建立领地。那么，就个人来说，会不会也有这种领地反应呢？答案是肯定的，不但有，而且还比群体的领地反应更加复杂。

人类建立领地和其他群体建立领地的目的是一样的，就是享受领地内的安全和自在。因此，领地反应分成两类：一类是建立和守卫领地；另一类是自在地享受领地的安全性。

◎ 建立和防御领地

开始，人们会用各种行为建立领地，此时的心态是强硬的，行为有一种典型的扩张性。紧接着是守卫领地，此时，用"主人翁心态"去形容当事人

 第二章 识别关系的读心策略

再好不过了。其守卫行为也会呈现一种抗拒外来入侵的姿态,并会展示其对领地的掌控力。

建立领地作为领地反应的第一步,有着至关重要的意义。

如果你是动作片迷,那么请你跟我一起回想你所知道的世界各地的搏击术:拳击、散打、空手道、跆拳道、截拳道、泰拳、柔道、合气道、中国功夫、击剑、剑道……而它们都有一个共同的特点:架势。

所谓架势就是起手式,孩子们小的时候会模仿的功夫片动作,都是这些起手式。这些起手式的动作帅气并且张力十足,但是你想过这些起手式的意义吗?

剑道和击剑里擎起的剑;截拳道一手向前轻松试探,另一手在肋骨一侧握紧待发;拳击中双手护于头部和肋骨之间……其实,这些架势,就是一种圈定领地的行为。四肢所在的距离是固有领地,神圣不可侵犯,而肢体的伸展长度就体现了建立领地时的扩张性和侵略性。随着肢体移动,敌对两人慢慢接近,但一方的肢体伸展可以触及另一方的固有领地时,战斗爆发。

在生活中,圈定领地的例子比比皆是。比如在一个人比较多的电梯间里,一个领地意识很强的人会条件反射地将双臂微微绷紧,两腿叉开。一副随时进入战斗状态的样子。实际上,你见到一个人有这副反应的时候,他八成就已经开始了建立领地的过程。

其实可以看得出来,建立领地的过程实际上是把身体从自然状态转向蓄势待发的紧绷状态的过程,这个过程实际上是一种攻击性的展示,通过这种攻击性建立领地。

建立领地的延续是防御领地,比如电梯里那个微微展开胳膊、叉开腿的人,在建立领地的同时,就已经开始了肌肉绷紧的防御状态,目的是不让其他人挤到自己。一个充满了力量感的人,往往时刻都处在领地维护状态。北野武被认为是日本最有威慑力的男人,你看他的任何一张照片,都会发现他的双脚永远是微微站开的,绝不会有并拢的痕迹。把身体自然展开的越大,可控空间就越大。你看酒店里,服务人员的站姿永远是双腿并立,一副恭顺的模样;而负责安全和保卫的保安则往往双腿叉开,双手置于身前交叠,这就是在恭顺中透着威武和警示。

当事人认为其他人无法威胁到自己的领地时,就会松一口气,进入充满安全性的自在状态。因为领地已经划定,划定领地的目的已经达成。

一个人的卧室和办公桌,往往都是他的领地。人们有的时候会把脚搭在

桌子上，表面看起来是为了放松，很大程度上也是为了通过这种自在状态去宣布自己对这张桌子的所有权。

◎ 多元化的领地反应

领地是多元化的，空间可以是领地，某物可以是领地，某人仍然可以是领地。在一个有公众人物出席的晚会上，出现了一对年轻漂亮的夫妇，很多美女把目光集中在帅气的丈夫身上。这时，敏感的妻子往往会微微侧身倚靠在丈夫身上，一手挽着丈夫胳膊，另一手可能轻轻搭在丈夫的身体上。看起来小鸟依人，而表达的领地观念却一点都不"小鸟"：他是我的丈夫，所有权在我这儿，你们不要觊觎。有时候，丈夫搂着妻子的腰也可以视作这种心态。

不只夫妻，朋友之间也会有这类心态。我青梅竹马的好朋友Z对我有着强烈的占有欲，当然这是我长大后才明白的，而这种占有欲的一个体现是：当我把另一个比较亲密的朋友介绍给她时，Z看到我与另一个朋友的亲密状态，往往会开始非常刻薄地开我玩笑。

好在她是女孩，我对此并不怎么在意。但有一次她把一个只有我们两人知道的秘密说了出来，这让我很是恼火。逼问她为何这么做，才明白是因为她想通过开我的玩笑让其他人明白，她才是我最好的朋友。闻言，虽然感动于她对我的心意，但却也哭笑不得。

朋友之间互相开玩笑，确实是表达自在的一种方式。而Z就是通过这种方式来展示我是她的所有物，是她领地的一部分。

◎ 领空

领空也是领地的重要组成部分，无论你表现得再怎么威力无比，但当一个人轻松地从你头上掠过，你的一切努力就会立即泡汤。

有一个很有意思的问题，如果你去问问大多数美国人对美国最近的五位总统的评价是怎样的？其结果大致如下：

里根总统是充满幽默感的斗士，带领我们击败了前苏联；

老布什总统虽然没有连任，但也是个敢作敢为的男子汉；

克林顿总统虽然花边不断，但哪个男人不这样呢？而且他的经济政策确实很棒；

小布什，那家伙就是个西部牛仔，虽然打了两场仗，搞出了一次经济危机，但他实在无法给人信任感，真不知道他是怎么击败戈尔的；

第二章 识别关系的读心策略

奥巴马,少有的英明领袖,充满了个人魅力。

其实,对于美国人来说,州长和市长制定的经济政策对他们的影响更大,他们对于国家总统的概念是"国家的领袖、三军统帅",所以他们对总统的印象分更高。前总统小布什先生,虽然做过一些错事,但真的让美国人认为他就一无是处了吗?

我再给大家一组数据,你们可能就知道其中玄机了:里根1.85,老布什1.88,克林顿1.88,小布什1.80,奥巴马1.87。相信大家一定猜到了,以上就是这五位总统的身高表。其中小布什身高1.80米,这在美国只能是中等身高,所以其他总统做错事,民众可以轻易地原谅;而小布什总统的错误则会被当成笑话传为美谈。

领袖,其实需要很强烈的领地感,这样才能给人们以信任;但一个矮个子,除非特别优秀,否则很难展示这种领地感,于是做领袖就会先天不足。

所以,当你想在会议上通过领地反应来展示威严时,切记:要站起来,要让自己显得高。

◎ 客人

当事人既然是领地的主人,那么这块领地就必定有客人。其实,领地的客人和敌人只有一线之隔。

一个有修养的客人,必须做到的一点是:自我约束。在别人家就像在自己家里,心安理得地享用主人才能享用的东西,是最不被欢迎的客人。日常做客要遵循这个道理,其他方面宣布领地意识的地方也是如此。比如你的朋友搂着他的妻子向你走来,你却上前与他的妻子亲密一番,这绝对会引起战争。

当然,领地意识并非绝对的。比如你去朋友家做客,如果朋友是一个没有什么领地意识的人,会让你随便坐;你乱动他的东西,可能他也不会反感。但一个领地意识极强的人,可能口头上也会跟你客气一番,说"把这里当成自己的家",但他也会告诉你,哪里哪里可以如何用,哪里哪里无论如何也不要动。

如果你侵入了对方划分的领地,那么就不啻于是一种挑衅。很多人性格比较随便,但莫名其妙地就会和朋友闹翻,其实就是这个原因。

距离反应：迅速识别远近亲疏，梳理人脉关系

> **微反应关键词** 人与人之间潜意识保持的距离，几乎反映了人际关系之间的一切，"掌握了距离就掌握了人际密码"，这句话是没有错的。很多时候，人际关系就是人际距离。当你细心观察对方想要与你保持的距离时，也就能把握他想跟你建立的关系。当然，要因人而异，积极而开放的人天生习惯与人亲近，反之相反。

美国人类学家爱德华·霍尔，在他的第二本著作《隐藏的维度》中，对于人与人之间的距离做了以下阐释：

公众距离：3.6米以上，处于这个距离的人们，彼此并不十分认识；

社交距离：1.2米到3.6米之间，处于这个距离的人们，是普通社交关系，即彼此之间虽然认识，但并不熟识；

个人距离：45厘米到1.2米之间，这个距离就是朋友之间的距离了，很多人被人称之为待人亲切，就是因为他们敢于把本应处于"社交距离"关系的人，引入到个人距离；

亲密距离：0到45厘米之间，这是亲密朋友或恋人之间才拥有的距离，处在这个距离的人们，彼此知无不言，言无不尽。

这种对于人际关系间距离的定义，成了空间关系学说的基础。《隐藏的维度》一书写于20世纪60年代，那时的霍尔博士没有预料到人口大爆炸，也无从得知，性解放运动和开放式文化多元运动让人们可以容许其他人进入自己的距离越来越小；而且受限于观测条件，他也无法观察其他地域的文化习惯。所以在今天，我们知道这种定义的数字，是有很强的时空局限性的。

但抛开数字，把定量降格为定性，我们必须承认霍尔博士的距离概念放在今天也有很大的启发性。今天的人们仍然习惯性地通过控制距离来控制彼

第二章 识别关系的读心策略

此的亲疏，或想要达成的亲疏，我们称这种现象为距离反应。

我毕业之后曾在某基层法院民事第一审判庭实习，认识了一位老法官，其人堪称一个"奇"字。各法院的民一庭负责受理公民身份权的法律事务，落到审判实务上，经手最多的就是离婚案。而老法官奇就奇在他对离婚案件的审判已经成了本院权威，无论案件是否是他主审，也无论他是不是审判长，但合议庭的其他成员都会跟着他的意见走。

据其他的前辈说，他就没见老法官判离婚案判错过。

有一次，一对争吵着的夫妻来到法院办理离婚，看那架势恨不得杀死对方，两个人甚至在法庭上大打出手。

老法官看过两人证词和财产关系后，竟然斩钉截铁地说："离不了，这两口子还长着呢。"

还有一次，也是一对来办理离婚手续的夫妻，他们俩相敬如宾，客客气气，临走时居然还很洋气地拥抱了一下。老法官同样斩钉截铁地说："这俩人过到头了。"

同事们对于老人家的臆断很有些质疑，直到不久之后，那对大打出手的夫妻撤销了离婚申请，又甜甜蜜蜜地过上了小日子；而相敬如宾的那一对马上又各自和新人同居，我们这些初来乍到的人，才打心眼儿里佩服那位老法官。

仔细询问他是如何做的判断，老法官有些卖弄地告诉我们："想看两口子关系好不好，看他们之间的距离就知道了，其他都是假的。"

我反问："相敬如宾那一对离着挺近的啊，您没看临走时候都拥抱了。"

老法官很不客气地说："拥抱有个屁用。他们那拥抱最多算是贴贴脸，就是礼节。而且也就贴了不到一秒。你看距离啊，得看那俩人自在不自在。恨不得把咱房顶吵塌了那一对，你们瞧着他们打的凶，但我有几次故意把他俩叫到跟前来问点问题。那俩人肩膀都一直挨着，你们谁也没注意，当事人其实也没注意，但我注意了。俩人在我面前不敢吵，但如果真没感情了，肩膀碰肩膀你说能舒服吗？肯定不能。所以吵架就是不知道遇着什么绊儿了，谁又都拉不下脸去服软，就越来越凶了。让他们回去再吵两天，累了，知道服软了就好了。"

老人家的话我至今还记忆犹新。老实说，他大概是我遇到的第一位对微反应这么有研究的人，只是那时候还没有微反应这个名词，也没有人系统地去研究。

而老人家那句"得看俩人自在不自在",对我们今天所讲的距离反应有着警句式的意义。之前我看过一些人反对空间关系学说,并不是质疑数字,而是用这样的理由:公交车上的人像沙丁鱼罐头似的,人贴人,他们都在亲密距离以内了,能说他们是密友吗?

很显然,持这种观点的人应该琢磨琢磨老法官那句话:如果真没感情了,肩膀磅肩膀你能说舒服吗?

很多时候,习惯住在乡镇的人去一线城市,会忽然很不适应。因为在繁华的商业街上人与人几乎是紧挨着走路,这也不是自在状态。而过了一段时间之后,人们看似习惯了这种人挤人的状态,便可以淡然处之。但实际上,过于紧密的个人空间,让人们的心情越来越焦虑,因此大城市居民有着各种各样光怪陆离的心理疾病。所以,并不是他们适应了人挤人就等于处在了自在状态,而是因为他们把不自在放进了潜意识里。

而从自在这个角度说,我们可以给距离反应下另一个定义:当事人通过把不自在距离调成为自在距离的反应,就是距离反应。在这个含义下,当事人如果处于自在的距离状态后,那么他的反应可以看做原态反应。所以,距离反应分为两种:一类是推远距离以形成当事人自在;另一种是拉近距离以形成当事人自在。

推远的距离反应,是因为当事人与某人的距离过近,导致当事人内心的不自在,所以出现了远离对方的潜意识反应。在性骚扰中,被骚扰的一方就会出现这种推远距离反应。此时,被骚扰者对骚扰者产生厌恶情绪,表情也会有厌恶反应中典型的皱眉和撇嘴,而手部动作则会出现强有力的推送,身体躯干远离对方。如果未果,可能会出现扭打。

当然,性骚扰是比较极端的案例。那么一对心态不对等的约会男女,就比较司空见惯了。

一对青年男女吃完晚饭,去公园散步,累了,选择一个长椅坐了下来。男孩觉得是时候跟女孩温存一番了,于是向女孩移近了一下,两人的大腿已经触碰在了一起。女孩不由得皱了一下眉头,觉得男孩太心急,于是往反方向挪了一下。

看,女孩这就是在刻意拉开距离。

当然,拉开距离并不仅仅限于亲密距离和个人距离。

我还是个学生的时候,有一次去商业街瞎逛,有一个面色冷峻的人向我走过来,手中拿着一把刀,刀尖对着我——他并不是想抢劫,他对我低声说:

 第二章 识别关系的读心策略

"哥们,买我这把刀吧,才200,过来看看。"

此人边说边一步一步地向我逼近,我当时很害怕,但脑子还在转,明白了这人的心思:如果我被他吓到,掏钱,那么他就会达到目的。但如果我报警,或者遇见警察巡逻,他可以说"我在做买卖"就可以。所以,这些人是求财而不是要我命。想到此,我就安心了,连忙退开几步,说:"我没带钱。"

谁知这哥们把刀子收了起来,又拿出了一个电击器,照例用电极头对着我,并一下一下地按动开关,强烈的电流在两个出点之间打出火花,啪啪的很有些吓人。我目测,这东西若在我胃部电上一下,我的胃痉挛可能要持续30个小时以上,吃什么吐什么。

于是我更害怕了,脸色有些发白,继续后退着,直到离开他3米以上,他才摇了摇头,讪讪地走开。

我当时的想法,自然是与这名凶徒离得越远越好,最好我的视线里不会出现他。可见,强烈的恐惧和厌恶,都会让这种推开式的距离反应无限延长。

拉近距离反应,是一种希望获得更进一步关系的潜意识试探。我曾看过一个挺有意思的短片:

男孩和女孩坐在沙发上看电视,两人离得很近,但男孩想要更进一步,却又怕唐突了佳人。于是忽然问道:"你知道吗,有一次我和爸爸去钓鱼,钓到了特别大特别大的一条鱼。"

女孩随口问:"听起来不错,有多大?"

男孩立即把胳膊伸展到最大,说:"有这么大。"然后顺势把伸开的胳膊搭在了女孩肩膀上。女孩温柔地笑了笑,顺势倒进男孩怀里。

这就是拉近距离的成功案例。与推远距离一样,拉近距离也不局限于亲密距离和个人距离。

大学的时候,我的行政法老师习惯在课堂上与同学互动,经常会向我们提问,可惜很少有人能回答出来。我对这个学科很感兴趣,所以对他的提问从来对答如流。

一开始,由于我个子高,坐在了最后面,慢慢地,老师为了方便和我交流(也有可能是因为我总捧他的场,所以他看我比较顺眼),就把我调到了前排座位。

这其实就是公众距离向社交距离的拉近。二者的区别是:公众距离只能有单方面的交流,就像演讲者对广大群众;而社交距离的重点在于"交",是一个双方可以交流的距离。这也是我的行政法老师叫我去前排的目的,方便

与我交流。

总结一下，推开距离反应，是因为当事人觉得与对方太近，所以他必定对对方抱有偏负面的判定，所以你应该可以从中找到厌恶反应、恐惧反应、愤怒反应、逃离反应甚至是攻击反应的痕迹。

拉近距离反应则相反，你会找到愉悦反应、认同反应、同步反应甚至是求爱反应。

胜败反应：胜者骄，败者躁，一目了然

> 微反应关键词 兵法皆称"胜不骄，败不馁"，这么说是因为，人的骨子里就有胜而骄、败而馁的潜质。而这种心态会令人们失衡，失去"客观冷静"的平衡状态，在客观上这种失衡会对战略部署造成不利，却又难以克服。然而这种潜意识的失衡，其实就是需要我们观察胜者和败者的微反应。

如果你是个足球迷，那么一定对这个场景很熟悉：一场决赛结束后，胜利的一方高举双臂，以狂欢庆祝夺冠，很多球员甚至翻跟头，或者一个冲刺跑进本方球迷阵营里，与他们拥抱；而失败的一方则垂头丧气，无精打采，有些甚至饮恨啜泣……这种由胜利或失败造成的微反应，我们称之为胜败反应。

胜利者和失败者在得知胜败消息之后，有着截然不同的反应，这种反应粗看上去，是愉悦和悲伤，但实际上又有着很大的不同。比如，单纯的愉悦就没有"喜极而泣"这种反应，可当2012年曼城获得英超冠军后，等了几十年的老球迷真的哭泣了。所以，胜败反应是一种典型的复杂反应。

◎ 胜利反应

一次胜利反应，必须有两个要件作为支撑：一是愉悦，二是充能。

即便是一次小小的胜利也能令人心生愉悦。愉悦是胜利反应的第一要

第二章 识别关系的读心策略

件,胜利不可能没有愉悦,有些时候,胜利产生的愉悦会被其他感情压下去,所以你或许在当事人脸上捕捉不到,但你总能发现他拥有愉悦的痕迹。

比如,很多时候当事人受限于场合或其他因素,必须压抑胜利反应,使自己的表情变得淡然,以符合身份;但一切其他的反常行为却出卖了他的心。

发生在我国南北朝时期的淝水之战,先秦大军 80 万南征东晋,意欲鲸吞东晋,统一天下。东晋宰相谢安主持抗敌,在战前,他做了许多调度,瞄准了先秦军队的弱点,主动迎敌,并没有坐以待毙。

两军主力对阵之前,谢安正在下棋,任何人都看不出这位宰相有什么紧张的。几个时辰后,前线捷报传来,秦 80 万大军土崩瓦解,东晋奇迹般地大胜。谢安闻言只是淡然地说"下完这盘棋"。

所有人都被谢安的淡定所折服,谢安也确实泰然地下完了这盘棋。棋毕,谢安准备出门,木屐在门槛上绊了一下,一只屐齿被绊掉了,他竟然没有察觉,就这样去了朝堂……

可见,谢安的情绪也是狂喜的,但多年的教育和涵养让他并没有喜形于色,可那个绊掉的屐齿清楚地表明了他的心情。

除了愉悦,胜利反应还能让人能量充沛。足球场上,很多重体力位置,比如后腰和边卫,常常一场比赛要跑 10 万米,而且经常是高速往返跑。那些一流后腰为了保证体能,每天都睡 14 个小时的觉。而一场比赛 90 分钟,如果有加时赛则是 120 分钟,这对于常人来说是难以想象的酷刑,那些职业球员也应该在坚持完比赛之后累得倒地不起。而实际上,胜利的一方无论再怎么累,都会从地上爬起来跑几步、跳几下以示庆祝。胜利仿佛是一剂天然兴奋剂,令人精力十足。

单纯而饱满的胜利反应,其实就是对兴奋的释放以及胜利所带来的愉悦。充盈的能量会让人身体有向上运动的整体趋势以对抗该死的地心引力,于是有了振臂、有了高高跳起,甚至有了空翻。除了对抗地心引力外,也会通过速度来庆祝。进球的前锋在庆祝动作时的奔跑速度不亚于他在反越位时的奔跑速度。传奇教练穆里尼奥执教国际米兰时,曾做出双膝跪地并在草坪上滑行的庆祝动作。

总之,胜利就像让人吃了兴奋剂,他们会想到一切可行的极端动作发泄兴奋;而越大的胜利,越会令人产生这种兴奋感,饱满的胜利则会令人出现那些通过跳跃和速度挑战身体极限的冲动。

单纯的胜利,只有愉悦和充能。而除此之外,胜利反应往往会带着一些其他的心理因子存在，对人的反应的影响也会不一样，这样就会产生更为复杂的胜利反应。

胜利中的炫耀就是这样一种常见的、复杂的胜利反应。一般来说，当事人会产生这种反应是因为他取得的胜利能够被大众认可，他在享受胜利的同时，也有着被大众认可的渴望，所以也会有炫耀型的胜利反应。当然这种炫耀可能在含蓄的东方文化中比较不被赞成，但西方人比较能接受炫耀胜利。意大利著名球星托尼在进球后有一个驰名世界的庆祝动作：把手放在耳边晃动——意味，你们欢呼得还不够！

当狂喜和大悲结合在一起时，就有了喜极而泣，喜极而泣是一种典型的悲喜交加，但喜的因子比较多。在古代，一个穷人家供养了一个孩子，希望他将来做个读书人，而这个孩子最终考上了进士，一想到父母不用再为自己过这种苦日子，他便喜极而泣。

其实，即便是单纯的胜利反应，也有充能和愉悦两个因子，所以这是一种名副其实的复杂微反应。而越复杂越不好作伪，我们可以想象那些假装胜利的人：他们即使面露僵硬的笑容，也不会有协调的肢体充能动作；即使勉强做了抬起手臂庆祝胜利，但身体的其他部位也还是僵硬的。"抗战"胜利后，在街边采风佯装庆祝胜利的日本遗留特务就是真实写照。

◎ 失败反应

与五花八门的胜利反应不同，失败反应并没有那么复杂。单纯的失败反应也有两个因子，正好与胜利反应相反：一是悲伤或悔恨情绪，二是能量的流失。

一次真正的失败必定有悲伤或悔恨，许多足球明星在输掉比赛之后，如果神色如常，往往会遭到媒体和球迷的批评，因为人们认为失败者必须露出失败者应该有的情绪。对于一个球员来说，如果球队失败了而他自己没有失败反应，那么只能说他不认为自己是球队中的一员，这样的球员，离被开除也就不远了。

除了悲伤和悔恨，能量流失也是失败者的一大特性。垂头丧气是失败者的最好写照：没有能量支撑躯干对抗强大的地心引力，只能微弯着腰，身体像一个泄了气的气球。

而当失败有可能与大众产生交集时，就像胜利反应中的炫耀，失败反应就有了羞耻。有羞耻感的失败者往往会在垂头丧气的同时，试图掩饰这种羞耻。

失败反应与胜利反应不同，毕竟这是一种消极心态，所以当事人常常会不自觉地隐藏这种微反应。但无论怎么隐藏，你都会在当事人身上察觉到能量的流失。我们经常说有人会带给你负能量，就是因为他们太习惯于失败，导致能量经常性流失，平时也就一副萎靡的样子，毫无阳光和斗志。

在本节的最后，要声明的是：失败和胜利都是主观的。也就是说，当事人客观上取得了大众认同的胜利，而他觉得这是自己完全应得的，并没有胜利的喜悦感，那么他就没有胜利反应；反之，如果当事人在客观失败之后并没有丧失斗志，那么他也不会有失败反应。

强弱反应：人人都有强者或弱者的自觉

> 微反应关键词 强弱反应与地位反应不同，地位反应是一种自我认知的外在表象，而强弱反应更多的是潜意识把自我认知表现给对方看。即，向强者展示自己是弱者，向弱者展示自己是强者。相比地位反应，强弱反应有着更强的展示性。

强弱反应，是强势反应和弱势反应的合称。从人际关系角度出发，很少有完全分不出强势弱势的人际关系存在，绝对的、时时刻刻的平等关系是不存在的。

强势反应的体现，往往是伸张的、开放的、无所顾忌的、命令式的。

而弱势反应的体现，则是萎缩的、封闭的、自我约束的、顺从的。

在不同的人际关系中，造成强弱反应的因素略有差异。

◎ 经济与婚恋关系中的强弱反应

在经济和婚恋关系中，强弱关系的确定是由供求关系决定的。甲乙维系的一段固定关系中，乙需要从甲处汲取的多于甲需要从乙处汲取的，那么甲就比乙更加强势。

比如，甲是一家跨国企业，而乙则只是名不见经传的小公司，甲投资数亿开发的新项目，遇到了一个技术难题。而解决这个难题的方法，则已经被乙研发成功，并申请了专利。

这样，甲公司如果不想把之前投入的十几个亿打水漂，就必须把乙公司的这个专利买断。谁知，乙公司竟然通过某种途径知悉了甲的困境……

这时，两公司代表见面时的样子就很有意思了，甲的代表必定对乙方嘘寒问暖，关怀备至，可能会拿出珍藏多年的太平猴魁茶来款待乙方；而乙方则拿着架子，时刻保持一副高姿态，以便叫出天价。

最终，由于甲公司不想为一个专利付这么多钱，双方没有谈拢。

几天后，甲公司利用自己在业内的地位，开始对乙进行了一系列打击：给予乙的对手以技术支持和渠道帮助；利用自己与其他大客户的关系，挤掉乙本来就不多的市场份额……

不到一个月，乙虽然还没有实际受损，但已经发现了受损的征兆。乙自然知道是甲在搞鬼，于是只能灰溜溜地再来找甲，希望大家息事宁人。

这一次，乙方的代表会变得诚恳和客气许多，甚至变得有些卑躬屈膝，希望甲能放过自己一马。而这次甲公司呢，这次不但没有猴魁了，连水都是凉的；他们先把事情说清楚，给出一个合理的价钱，最后可能还会以长辈的口吻教训乙公司几句……

在这次博弈中，一开始，甲公司虽然实力雄厚，但受制于乙公司，所以对乙公司表现出了水准以上的礼遇。而乙公司则希望攫取更多利益，所以做出了强者姿态。

接下来，生意没谈成，乙公司成了甲公司的拦路石头。甲公司发起了报复，直接威胁到了乙公司的生存。第二次会面，甲公司因为握着乙公司的生存大权，所以他们成了更强者，乙公司则只能做出示弱反应。

这是商业领域内的强弱反应，而在比较私下的关系中，比如夫妻，也是有着强弱反应的。

夫妻之间的强弱反应在一般情况下，首看感情地位，次看经济地位。后者很简单，就是谁在经济上依靠对方更多一些；而前者，说起来也不难，就是两个人是谁追的谁。

有这么一对夫妻，丈夫家庭条件很好，工作稳定薪水很高，他对妻子当初穷追不舍，而妻子并不特别喜欢丈夫，只是在经历了几场感情之后，最终

第二章 识别关系的读心策略

都以失败告终,眼看着年近30岁,只能勉强嫁给条件很不错的丈夫。

丈夫在婚后把大部分收入交给妻子,给妻子提供了优越的生活,并调用家族力量给妻子找了一份清闲的差事。妻子心安理得地享受着丈夫的关怀,没下过厨房,没洗过衣服,所有家务都由保姆来做。

丈夫虽然有着较强的经济地位,但他在感情地位中走低,所以这段婚姻关系中,他就是弱势。可以想象,在家中妻子必定对丈夫呼来喝去,横眉冷对。如果这位妻子明白事理,可能会在有外人的场合对丈夫恭顺一些,但你还是能从她对丈夫说话的态度上感觉出不同:首先是祈使句会很多,虽然可能说的尽量温柔,但仍然很不留余地;肢体上,不会有接近丈夫的意图,如果有其他更有魅力的男士,甚至可能不顾丈夫的感受而与那名男子亲近;在表情上,妻子也缺少应有的温和笑意,她看向丈夫的表情会是冷冰冰甚至是厌恶的。

当然,很多时候,当夫妻间彼此的感情相当时,其强弱反应就要看经济地位了。而在当代社会,即使女权运动和性平等运动如此的蓬勃,但父权制思维和金钱价值观仍然牢牢地占据着主导地位,所以,依然认为丈夫的收入应该比妻子高出三分之一左右,以此保持丈夫在婚姻生活中的强势地位。

◎ 朋友之间的强弱反应

朋友关系和商业关系以及夫妻关系都不一样,朋友之间的强弱反应在一定程度上并不依从"供求关系",而是依从性格。

商业关系有经济利益催动;婚姻关系有契约维护。而单纯的朋友关系是一种自由的关系,当事人自主选择朋友,择友标准和关系存续与否全凭自己喜好,所以,朋友关系一般来说是平等的。马克思和恩格斯互为挚友,马克思潦倒,经常从恩格斯处寻求接济,恩格斯尽自己最大所能帮助马克思。经济地位上,马克思完全依存于恩格斯;而在思想境界上,恩格斯受限于经常从事商事活动,无法潜心治学,所以他不如马克思。但总体上,他们之间的供求关系是平等的。好的朋友不会计较今天请对方吃了一顿饭而没有AA制。

但是,朋友关系的强弱反应,甚至比经济关系和婚姻关系更加稳定。因为朋友关系的强弱反应依从于性格,性格不发生转变,这种强弱关系就很难发生转变。我们来看看本节列举的前两个案例:在第一个案例中,甲乙公司之间的供求关系就发生了变化，所以强弱反应也发生了变化；在第二个案例中，妻子比丈夫强势，可如果丈夫有一天不那么爱妻子了，那么强弱反应立即就会对调，因为妻子还需要丈夫提供金钱以维持生活，而丈夫不再需要妻子提供任何事情。

经济关系和婚姻关系中的强弱反应很容易分辨，而朋友关系则没那么容易了。我有一位从小一起玩到大的好友，从小就很"蔫"，内向不爱说话，与我正好相反。我们在一起时，大家总是看到我在滔滔不绝，所有人都以为我才是我们两人中的主导者。

实际上正好相反，我虽然滔滔不绝，但却犹豫不决。我的好友虽然不爱说话，但每次拿主意的时候他都能很笃定。久而久之，我们俩人见面时，去干什么由他决定，吃什么由他决定，所以，在这段朋友关系中，他才是主导者。

当然，有些时候，一对朋友的强弱关系也会发生改变。

我父亲在农场团工作时有一位老领导，实际上算是我父亲的老大哥，父亲让我管他叫伯伯。父亲刚到农场时，这位伯伯对他非常照顾，手把手教会了父亲开拖拉机、电焊工艺和木匠活，两人结下了很深的情谊。不用说，伯伯是这对朋友中的强势者。父亲复员，伯伯继续留在了农场。

我小时候，清楚地记得有一次伯伯进城里来看望父亲，给父亲带了许多山里的野蘑菇和木耳。父亲连声说伯伯太客气了。而伯伯这次确实是有些太客气了，在父亲面前前所未见的很拘谨，很有些低声下气。原来，他是有很重要的事情需要父亲帮忙。

这对关系中，父亲从弱势者变成了强势者，看似违背了"朋友关系里的强弱反应不易变化"，而实际上并没有违反。因为当伯伯准备求父亲帮忙时，两人之间的朋友关系就掺杂了经济关系，而在经济关系中，供求决定了强弱反应。

第二章 识别关系的读心策略

男性求爱反应：寻觅于丛林中的雄性猎手

> **微反应关键词** 男性由于长时间占据社会主体地位，所以对男性的审美要求同时也是阳性的、负担性的、侵略性的。这种由动物性和社会性杂糅后产生的标准，就是男性力图展示的东西。在求偶时，男性也会对自身的这类事物多加展示，这就是男性的求爱反应。

人是孤独的、残疾的、被上帝一个一个抛在这个世界上的，只有一种东西能令他们完整，那就是爱情。

——史铁生

因为上帝就是爱。

——《圣经·新约·约翰》

爱情，是人类进行过的最为伟大的一项事业。爱情超越了哲学、宗教、生物本能以及一切的自然科学和人文理论。没有哪个学科可以给爱情完整地下一个定义，也没有任何学科能够给爱情证伪。我们确确实实地感受着爱情的存在，却确确实实地抓不住摸不着。

但我们却可以通过人们在准备向异性求爱时的微反应，初窥爱情的门径。本节将着重向大家介绍男性求爱时的反应。

男性在吸引女性时，往往有三个途径：展示性器官，炫耀力量，引起女性好奇心。

◎ 展示或遮蔽性器官

男性的性暗示微反应，几乎只有一个途径：展示生殖器——比如把腿叉开朝向心仪的女性，用力收腹凸显胯骨部位，这都是典型的炫耀生殖器行为。当然，并不是说男性真的"想"去炫耀自己的生殖器，而是他的基因控制了他的潜意识，才有了这种典型的微反应。

生物学家在观察猩猩群时发现，公猩猩在争夺领地、族群地位、雌性青睐时，最经常做的动作就是走到一个高处，向其他猩猩展示自己的生殖器。想必男性们的展示生殖器微反应，也是来源于此。

当然，男性的性暗示不仅仅是展示生殖器那么简单。很多女性直言不讳，认为男性最性感的部位是臀部，一个结实有力的臀部会令大多数女性着迷。还有些女性认为大腿修长的男性是最性感的。但几乎没有女性喜欢那种健美先生性的肌肉男，她们喜欢伴侣的肌肉匀称结实，这是为什么呢？

其实我们仔细想想都应该知道这个答案：因为强有力的腿部和臀部往往代表着在性交时，男性拥有更持久和有力的腰腹运动能力。所以，男性也就更热衷于展示自己健美的臀部和腿，近年来，男性的塑形牛仔裤越来越有市场就是这个原因。

◎ 炫耀力量

男性还会通过炫耀力量进行求爱。其实，炫耀金钱并不是单纯的炫耀金钱，在当代这个主流价值观的影响下，炫耀金钱其实就是炫耀力量。身体健壮是动物世界的强大标准。而在人类社会，力量的定义更被认为是权力的大小、能够掌控金钱的多少。所以，当代男性炫耀力量的大多数手段，其实就是炫耀金钱。

我记得前几年有一个很矫情的说法，看男人的品位就要看他的三样东西：手表、皮带、打火机。那时候我年轻，轻易就信了这话，顿觉自惭形秽：我习惯用手机看时间，我的皮带看起来很土，我又不抽烟用不上打火机——我简直是个没品的男人。今天我才明白这话里的意思：这三样其实是赤裸裸的金钱暗示，要知道，这三者看似低调，而其实哪一样都可以置办得价格不菲。所以，在酒吧里猎艳的男性会常常伸出自己的左手看时间，同时把那块金灿灿的手表显示给别人看；更有些人会不惜欠下人情，向朋友借来一辆宝马，甚至法拉利……这些行为都在表达一个核心暗示：我很有钱。

根据社会学鼻祖马克斯·韦伯的理论，金钱、名望、权力三者可以互相转化。也就是说，当一个男人在展示名望和权力的时候，与展示他们的金钱是一样的心态。

讲到这儿，我不得不发表一下评论来奉劝男同胞们：如果你只想找到一个没什么思想深度、一生最高理想就是生儿育女之后继续保持身材不变并且

第二章 识别关系的读心策略

热衷于虚荣的女孩,那么炫耀金钱绝对是最佳途径;但如果你想找一个灵魂伴侣,那么你的金钱炫耀将是极为可笑的。

当然,还有一些微反应,是来自远古的基因遗传,而非人类的后天社会化形成的。这类反应依然保持着对体格和健壮的炫耀,比如我们前面说过的收腹,在凸显胯骨的同时,显得男性胸部健美。

◎ 引起对方好奇心

我年轻的时候,每到冬天就会买一副电工用的白色线手套,然后分别把拇指、食指、中指、小指的指套剪掉,只留下无名指,这样戴在手上就显得很独特。

不少女孩很好奇,就上钩了,她们问:"你为什么要这样戴手套?"

我回答:"因为冷啊。"

女孩翻了翻白眼:"我知道,但为什么要剪掉手指头?"

我:"因为那几个手指头得用啊。"

女孩:"可是小指有什么用,为什么也要剪掉?"

我说:"挖耳朵眼儿。"

女孩捧腹。

你见过孔雀吗?其实,美丽的孔雀开屏,就是雄性孔雀在向雌性孔雀炫耀身姿,为了引起它们的好奇心和喜爱。

在人类社会也是这样,男性通过某种方式,让女性对自己感兴趣。通常,女性的好奇心不如男性那么强,可是一旦动了好奇心,那么距离陷入情网也就不远了。所以,当你看见一个男孩在你面前不停地显示他的各种与众不同,别怀疑,他在向你求爱。

但这里就容易形成一个问题。

很多男孩,尤其是年轻的男孩,他们不懂女性,甚至不怎么懂自己,不知道怎样的自己才是最有魅力的,所以为了吸引女孩的注意力,常常做出一些可笑的、傻瓜一般的行为。如果你是个女孩子,留意身边这样的男孩吧,他们很"珍贵"。因为慢慢的,他们会学着让自己更有魅力,不去犯傻,用女性更喜欢的方式俘获女性。对他们来说,求爱会从一场神圣的仪式变成一场放松的游戏,那时的他们会成熟老练,年轻时那种青涩也就一去不复返了。

女性求爱反应：花枝招展的雌性陷阱

> **微反应关键词** 女性的所谓阴柔，来源于被压抑，所以在绝大多数文化里，女性都被看成是温柔的、委婉的。而生物本能对雌性生物的要求，则是率先表露交配的可能，这点是直接的。二者之间的矛盾，使女性的求爱反应产生了独特的美感。

人类以外的其他动物，在进行交配时都有一个目的：更好地繁衍后代。

看一下其他生物的繁衍就知道了：一只在发情期的母猫会抬起它的臀部，低下身子，并用力把尾巴划向一边。任何一只健康的公猫都可以在它身后与它完成交配。而当母猫怀孕之后，她会拒绝求偶行为。公猫的嗅觉非常强，会搜寻一切正在发情的母猫，并能敏锐地察觉出一只母猫是否做过绝育手术。

一个狮子群有许多公狮子，但母狮子只会和狮王交配，这能保证生下来的小狮子拥有更强健的体魄和更快捷的反应。有时候，当一只老狮王被打败时，残酷的狮子妈妈甚至会咬死自己和这只老狮王的孩子，而对新狮王投怀送抱，以保证自己的孩子拥有更加优秀的基因。

人类在创造了先进的物质文明之后，早就不需要像狮子和猫一样。但却在一定程度上有共同之处：仔细想想，为什么男人喜欢和身材、样貌更好的女人交往？为什么女人热衷于嫁给"优质"男人？

因为身材和样貌更佳的女性，代表着优良健康的遗传基因，能令下一代也健康和富有魅力；男性的社会地位和经济地位则能给女性以及下一代提供更好的生存条件。当然，这决不是指只有容貌、身材、金钱才能换来爱情。但是，两性之间互相吸引的手段，本质上还是没有脱离这些。

因此，当这些筹码落在女性身上时，就产生了她们独有的求爱反应。女性的求爱反应，有三种体现：强调性别差异、性暗示、控制距离。

第二章 识别关系的读心策略

◎ 强调性别差异

　　一个标准的办公室职场女性，给人的感觉总是面无表情，本来是中等偏上的面容却变得失去了生机。可一旦她与恋人或心上人在一起，那么你会觉得她顿时柔美了很多。我曾在我的一位老师身上发现过这种变化。

　　这位年轻的女教师不到30岁，是一位挺娇小可爱的女性；但由于要保持师长威严，所以反倒不敢过于和蔼，在我们面前完全是一副扑克脸。

　　有一个星期六，我去市里第二大的书店买书，我清楚地记得我准备买《格兰特船长和他的儿女》这本书，走到书店里放欧美文学书籍的那一带之后，竟然看到了这位老师。但我却不敢认，因为她简直漂亮极了：一身裁剪合体的粉色连衣长裙，一顶米色遮阳帽，更重要的是她当时的笑容，当时她身边有一位瘦高的小伙子（按我当时的年龄应该叫大哥哥），青色布料的裤子，格子衬衫的袖子挽到上臂，瘦长的手里拿着一本《霍乱时期的爱情》。他悄声但滔滔不绝地向我的老师介绍着这本书，神色痴迷，而我的老师看小伙子的神色也同样痴迷。

　　那时，正处在青春期的我顿时明白了"女为悦己者容"的意思。

　　而这里的"容"，其实就是女性身上那些不同于男性的特质，比如娇柔、婉约、柔弱。你仔细想想就不难发现，那些在你眼里"扑克脸"的女性，都是在一定程度上展现自己中性化甚至男性化一面的女性。而当你以为她只能是这副样子的时候，出现在心上人面前的她则会完全容光焕发，把女性特质展现得淋漓尽致。当然，或许你只是觉得她在那时候漂亮了，但却无法言明她到底漂亮在哪里，今天，我们就来明确地向大家一一指出她们是如何展示自己的女性特质的。

　　首先要说的是，其实大多数男人并不真正在乎女性乳房的实际大小，真正令他们迷醉的其实是乳沟。所以，大多数塑体胸衣的设计也是遵循这个理念：一方面用填充物把胸部垫高，另一方面把胸部向内侧挤压形成乳沟。这也是女性在展示性别特征时最具杀伤力的动作，就是把双臂在胸前收拢，并微微低下腰面向她心仪的男性。

　　耸起一侧单肩，是女性展示特质的第二个法宝。很多人认为这是女性在展示香肩，这种说法有问题。实际上，耸起肩不是为了展示，而是为了给男性造成一种隐藏感，即把自己的身体隐藏在肩膀后面需要保护。可是相比强有力的男人，柔嫩的肩膀根本无法构成有效保护，所以说到底，这个动作其实是在秀柔弱感。

同理，女性还有一个对手腕的习惯性展示，你可以想一下女性在吸烟时弹烟灰的动作，手腕永远有一定程度上的弯曲，尽显柔美。而男性在弹烟灰的时候，手腕永远是挺拔有力的。除此之外，女性独特的兰花指其实也是在通过五指中最脆弱的小指来展示柔弱。

说到展示柔弱，绝大多数人认为女人这样做是激起男性的保护欲望。我觉得这种说法未免把男性看的过于侠义了，因为喜欢柔弱女性的男人往往也是家暴实施者。实际上，柔弱只是女子区别于男性的因子，这种异于男性的因子天生就能令男性沉迷甚至疯狂，因为它弥补了男性阳刚因子过剩而缺少的阴柔不足。

◎ 性暗示

相比男性贫乏无几的性暗示，女性的性暗示绝对是花样繁多，且更具有美感。

女性的性暗示，主要集中在臀部和腿部，事实上虽然很多男性迷恋女性的胸部，但其中纯粹的性的成分很少。反倒是女性做出的大多数臀部和腿部动作，更在潜意识地刺激着男性情欲。

你见过猫或者狗在交配时的样子吗？实际上，除人以外的绝大多数生物，在交配时都是这样发起的：由雌性挺起臀部，表示做好交配准备。

所以，臀部几乎是最直接的交配信号。而人类女性虽然穿上了衣服，看似"知羞"了很多，但却用其他手段把这个信号发挥到了最大。其中最著名的发明就是高跟鞋，穿着高跟鞋的女性会不自觉地提臀——所谓的性感大概就是如此吧！因此，女性的摆臀、扭胯动作，几乎都是性感的象征。

腿部的许多动作其实也是性暗示，比如交叠的双腿。很容易就把男性的思绪引向女性的私处。甚至，有时女性会在男性面前通过交叠和并排的方式紧紧地夹着大腿，男性会为此热血沸腾却不明就里。理由很简单：人类几乎是自然界唯一正面交配的生物，而此时的女性往往就是夹紧大腿的，这个动作能轻易勾起男人的性幻想。

除了臀部和腿部之外，女性的自我抚摸动作其实也能起到暗示作用。当然，刚睡醒的女性也常常做出类似的动作以便迅速唤醒神经，这其实也是男人们认为慵懒女人比较性感的原因。

第二章　识别关系的读心策略

◎ 控制距离

很多男人认为自己是主动的一方,因为无论是表白还是求婚,主导者都是男性。但他们选择性地忽略了一个浅显的道理:正因为他们是表白的一方,所以决定权就在女性手中。也就是说,女性才是感情这场戏中绝对的统治者。正因为这个地位,女性获得了一个权利:控制良性距离。

当然,这种控制方式绝非显性的,否则所有女孩都会对喜欢的男孩投怀送抱了。而正是因为这种非显性,导致男人们仍然觉得自己才是那个控制距离的人:每次在酒吧中,都是男性主动去找漂亮姑娘搭讪的。

这种想法真的令人有些啼笑皆非:在你没和姑娘们有眼神交流时,你会贸然地去搭讪吗?而当你搭讪被拒绝时,你会死皮赖脸地继续纠缠吗?

把男女之间的关系说成猎人和猎物,不如说成猎物和陷阱。女人会用每一个小细节来暗示你,要不要进行下一步:

当她与你四目相对时,她是在鼓励你去找她搭讪;

当她因你的话而面露微笑的时候,表示"很不错,我看好你,继续……"

当你们每人喝了两杯,开始有肢体接触时,这就表示你跟她已经是朋友以上的关系了;

当你送她回家,她留在门口转身注视你,如果你不吻她,那你绝对是个蠢驴!

看,每一步的距离拉近,都是由男人去做,但决定权其实都在女人手里。现在,你还认为你才是这场游戏的主导者吗?

第三章

捕捉情绪的读心策略

　　人的情绪多种多样,有一些很剧烈,比如愤怒,这时候你会清晰地感受到。但还有一些情绪反应很微妙:有时候你会在同一张脸上发现惊讶、不安和愉悦。对于这些复杂的反应,我相信你看了本章内容以后,就能够轻松地理清了。

第三章 捕捉情绪的读心策略

惊讶反应：放大你的各种感官

惊讶情绪是一种极为基础的情绪，所以惊讶反应也是一种基础的反应。但是，这不代表惊讶反应是简单的，真正的惊讶反应必须同时做到时间短促和各类反应的合理与协和：一组完整的惊讶反应从开始到结束可能不需要一秒钟，但整套反应从表情动作到语言行为，必须在这一秒钟里达到统一。所以，或许人与人表达惊讶的方式略有不同，但真正的惊讶，永远短促而协和。

　　惊讶是人们受到意料之外的新信息刺激时必有的反应。通常，当事人越关注惊讶反应的刺激源，那么他的反应就越大。隔着三辈的远房亲戚去世和亲生父母去世，得知这二者的消息时，反应的剧烈程度绝对是不一样的。

　　而人与人之间的文化背景、阅历、城府差异，同样导致人们在惊讶时做出的反应有些微区别，但其中，必有一定共性。

　　我们做的，就是把人们惊讶时做出的诸多反应的共性总结出来。也就是说，在绝大多数情况下，只要对方的面部或身体做出了类似的反应，那么说明他是真的惊讶。

　　设想一下：你正在公司吃午餐，这时你办公室的门忽然被一脚踢开，一个同事惊慌失措地跑到你面前，此时你的表情会是怎样的？

　　然后他挥舞着手里的报纸，大声冲你嚷嚷："我们公司偷逃税款7000多万，老板因涉嫌非法集资刚刚被抓，昨天上了法制频道，今天就登报了。"此时你的表情又是怎样的？

　　首先，门被踢开的时候，你的脸上必定有一瞬间的惊愕，但看到你的同事气喘吁吁地跑进你的办公室时，你或许会有一些轻微的厌恶；而当他说出那个巨大的消息时，你的表情立即变得更加惊愕，片刻之后，这种惊愕就转化为了不安。

在这整件事里，你一共出现了两次惊讶，惊讶出现之后，就迅速变为其他情绪。对此，我们可以得出一个这样的结论：惊讶表情的存续时间极短。所以，我们必须提醒各位，想要捕捉惊讶表情，就必须瞪大你的眼睛，抓住当事人在听到信息时的第一反应；否则，你会什么都得不到。

首先，我们先在脑海里描摹一个完全释放的惊讶表情：

第一，在脸的中上部，额头肌肉收缩性紧绷，眼睑放大，虹膜张开。

这种微表情的成因是生物性的，生物在接受刺激性较大的信息时，会本能地对这个信息进行进一步考察。"难以置信"是惊讶出现时的配套成语，既然无法相信，那么就去看看这件事到底是不是真的。所以，额头收缩，眼睑放大，都是为了虹膜张开。张开后的虹膜拥有更高视野、更清晰的视觉敏锐度，以便能够更加全面细致的观察。

在这里介绍一下眼睑、虹膜与瞳孔的基本知识。

眼睑俗称眼皮，负责保护眼球。

虹膜其实就是我们常说的黑眼仁，它其实并不是球体，而只是一层有颜色的膜，当然不同种族的人虹膜颜色不一样。虹膜就像指纹，没有两个人的虹膜是完全相同的。

瞳孔并不是一个器官，而是虹膜中间的小孔，光先从这里进入，在视网膜上成像。眼球工作机制，其实就是个录像机。

眼睑保护着虹膜，每次眨眼其实都是对虹膜和眼球表面的润滑和清洁。

而虹膜肌肉则控制着瞳孔的大小，这种控制，人们是不能主体操控的，不同的心理才会令虹膜不由自主地收缩或放开。这就是我们需要仔细观察的地方。

第二，在脸的中下部，鼻孔和嘴部会些微放开，并出现一次急促的吸气。

惊讶的本质是预备动作。前面我们说过，绝大多数惊讶之后，都会迅速跟上其他表情：悲伤、愤怒、无所谓、喜悦……所以，惊讶其实是在接收刺激性消息时必须经历的一个前提表情；而吸气，就是这个表情的意义所在：为下一步积攒能量。

所以，鼻翼和嘴唇的张开，其实都是为了吸气。但是，用鼻子吸气和用嘴吸气是有很大区别的，读者朋友们不妨自己试一试，你会发现，用嘴吸气时脖子用的力量会少很多。所以，绝大多数惊愕的表情，都是在用嘴吸气。

相对于惊讶表情的眼部反应，其口鼻发生反应的概率较小。惊讶反应的当事人，眼部一定会有动作，或剧烈或不剧烈，但一定会有；可嘴部与鼻部却未必会有动作。

第三章　捕捉情绪的读心策略

也就是说，轻微的睁眼和额头上抬是惊愕的主表情，但当刺激足够大时，嘴和鼻翼也会做出动作。

在生活中，惊讶反应是可以伪装的。想要知道一个人的惊讶是否作伪，你只要观察他嘴部动作与眼部动作相比是否及时，以及他的眼睑张开时虹膜是否扩大就知道了。

因为，人们可以通过控制各种器官，达成"伪造表情"，比如通过张大嘴伪装吃惊，通过皱眉头伪装悲伤。嘴部肌和眉骨前肌是可以控制的、但有些器官则无法控制，因此他们能真实地反映人的心态，而其中应用最为广泛的，就是虹膜和瞳孔。

除了表情之外，值得一提的是，惊讶反应下的肢体动作。

当前的微反应研究并没有发现惊讶有哪些固定而具体的肢体动作，但我们可以确定的是，在大多数情况下，行为人得到惊讶信息后，身体会呈现极为短暂的僵直。

这种僵直的方向趋势，一般来说是向后上方的。你观察过猫吗？它们在受到惊吓的时候，四肢伸直，身体轻微跳跃。人在受惊吓的时候，身体其实也有轻微跳跃的趋势：胸腹会不自觉地突然向上挺直。

人们的动作，大多是具有一定的无意识节奏的，而惊讶反应的出现，会令这种节奏出现瞬间的紊乱。比如把烟递向嘴边的时候有瞬间的停顿、正在唱歌的时候忽然有一个音走调、正在摇晃的人忽然暂停……

"真的？"、"是吗？"、"怎么可能？"这是典型的惊讶式语言：短促，疑问偏多。一个满口肯定语气的人，必然没有受惊。

不安反应：你的视线会往安全的地方漂移

<u>微反应关键词</u>不安情绪，是一种令人不舒服的信息刺激。而人的趋利避害本能会令自己的注意力转移开来，这也是不安反应的发生规则。实现转移，身体规避，话题转移，都遵循了这个规则。此外，不安反应是非强烈反应，其反应表征也不剧烈，但都很独特，需要认真地观察。

上高中之前，我对不安这种心态并没有太强的认识，印象最深的是不写作业被请家长，但那时候一来年纪小，二来心里完全被会挨揍的恐惧占领，没有心思去琢磨自己为什么不安、怎样不安……

直到高二，我们学校搞了一个活动：每门课留出一节，由老师交给同学讲解。当时我的语文成绩不错，跟老师的关系也比较好，所以老师决定把《念奴娇·赤壁怀古》交给我。她为了让我能讲得精彩，给我准备了很多多媒体课件，并且自己准备了一台家用DV给我进行拍摄。

到讲课那天，我很紧张，紧张到把"羽扇纶巾"读成了"羽扇仑巾"。而后来我看老师送给我那张光碟时，才发觉自己讲课时的一举一动有多好笑。看了几遍之后，心里忽然有了这样的想法：整整30分钟，我几乎把人类能做的全部能够表达不安情绪的动作神态都做了一遍。

首先，我感到极度的紧张，整个过程中，我的左手一只拿着教参挡在胸前，即使大多数时间用不上这本书。

其次，我在讲课的时候，目光始终在几位跟我要好的同学身上游弋，不停地咬着下嘴唇导致说话不清晰……

而如今，我已经可以很自然地在一个千人礼堂里对着众人侃侃而谈，回想那时候，除了感到辜负了语文老师的信任之外，更多的是对"不安"这种情绪的把握。

◎ 不安反应的表情反应

不安心态有两个最重要的表情映射：视线的异常和嘴部肌肉的动作。

不安的人首先想到的是把视线放在"能令自己产生满足感"的目标身上。我讲的那堂课，在极度不安之下，只敢去看几位与我要好的同学，他们令我心安，就是这个原因。其次，不安的人会让视线回避那些让他不安的目标。当我把"羽扇纶巾"读成了"羽扇仑巾"之后，我开始胆怯于跟语文老师有任何视线交集，因为我害怕在她脸上看到失望。

不安的人的视线遵循都这么一个原则：趋利避害。不安的人会潜意识地不去看那些令自己产生负面情绪的信息源，而是会去看让自己产生正面情绪的信息源。

嘴部异常，是不安反应的另一个表象。

 第三章 捕捉情绪的读心策略

人在紧张不安的时候，心跳和血液循环加快，一些神经密集度高的器官开始呈现干燥状态。嘴唇是典型的这类器官：舔嘴唇、抿嘴唇、咬嘴唇，都是人心态不安的映射。

当然除了嘴唇，舌头上也有极高的神经元密度，所以人们在紧张时，会分泌更多的唾液，来润滑舌头和口腔。这些多余的唾液需要一次吞咽来处理，这时，就有了不自觉的吞咽动作。

处于不安心态的人还有一个嘴部表情反应，那就是咀嚼和吮吸。

和舔嘴唇不同，吞咽咀嚼动作的成因和眼部视线转移倒是有些相似，即给当事人带来愉悦感。弗洛伊德认为人在婴儿时期第一个获取快感的器官就是嘴，通过对奶头的吸吮和吞咽，达成快感。在成年后，人们会通过性、食物、自我实现等渠道获取快感，但单纯的嘴唇吸吮已经刻在人的潜意识里。当人们需要获取轻松愉悦感时，就会情不自禁地做这种动作。

总结起来，舔嘴唇、吞咽、咀嚼、吸吮，都有可能是不安心态的表情反应，但单拿出一样来，却并不能直接证明当事人的不安心态。

无论是眼部还是嘴部表情，这都要结合情景来看，很可能有的人在思考的时候也喜欢咬嘴唇，所以我们要继续了解不安反应的其他表现。

◎ 不安反应的动作表现

不安反应使人产生焦虑，人们会本能地寻找能够缓解这种焦虑的信息。不安反应的表情是这样，不安反应的肢体动作也是这样。

手部是人类操控感最强的肢体，人们对手的控制堪称绝妙无比。大多数人在产生不安反应时，所做出的绝大多数动作都是和手有关的。我们把这类动作分成两部分：第一部分是单纯的手部动作；第二部分则是手部与其他肢体的联合动作。

单纯的手部动作，比如搓手、玩弄手指，这是一种通过手部动作转移焦虑、缓解紧张的典型动作，一般出现在焦虑紧张程度较重的时候。

而在焦虑程度较轻时，人们往往会用手部触摸其他器官，比如脖颈、面部、下巴、鼻子、女士的头发、男士的胡子。这种触摸是通过对皮肤快感的增值来驱赶焦虑。

还有一个动作，也是用手部来缓解不安：这时，很多人习惯抓住自己的领口来回晃动。这是因为，紧张时，体表温度提升，皮肤汗腺会分泌汗液。晃动领口，衣服内部的皮肤表层空气流动速度就会加快，体表温度下降，汗

液蒸发速度提升,焦虑被缓解。

这种动作,比较常见的有:整理领结、松开领带、晃动衣服加快衣内空气流通,长发者还会用双手从发根至发梢拨一遍头发。

记住,不安情绪并不是极强的情绪,所以它衍生的不安反应也不会很强。过于强烈的不安反应往往代表着当事人已经进入恐惧或愤怒情绪里,比如说磨牙是不安反应,但死死的咬牙甚至把牙龈咬出血,就是愤怒;玩手指是不安反应,但手指相扣直至皮肤发白,则应该是恐惧反应。

◎ 不安反应的语言表现

语言上的不安反应的最大特征是:回避话题。我想大龄青年们对此一定感同身受:每到过年回家,他们最怕长辈提起的话题就是"谈朋友了吗\相亲了吗\什么时候结婚",每逢此刻,剩男剩女们势必将话题转移:听说大伯的孩子出国留学了\隔壁王奶奶得直肠癌了是真的吗\房价要降你们听说了吗……

转移话题,是不安反应的第一个特征,虽然无聊或无视也会引起当事人的话题转移,但无聊引发的话题转移和不安反应引发的话题转移有明显的区别:前者会把话题引到让自己感兴趣的事情上,而后者则在谋求刺激源的消失。具体操作起来,反倒是会把话题引到能够令对方感兴趣的事务上。前者为了兴趣而转移话题,后者为了转移话题而转移话题。

比如说,一个出轨的丈夫,每当妻子有意识地谈及出轨这类事情时,都会说:你不是想要去夏威夷度假吗?我们来看看接下来三个月的日程——其实丈夫对夏威夷没有丝毫兴趣,他更喜欢佛罗伦萨的人文风光。

除了转移话题之外,不安反应也有其他的语言特征。

有一次,我的一个朋友夜不归宿,被妻子质问。他的回答语言特别有意思:"那个……我在一直在和某某在一起,然后?然后看了场球赛,那个,球赛到两点四十五结束,之后我就跟他喝了点酒,那个……在某某酒楼喝的,不信你可以问问某某。"

任何人看见这段话都会发现说话者的心虚。是的,心虚就是不安反应的典型表现。不安者说话时,常伴随着结结巴巴、无意义的语言重复(那个……那个……那个……然后……然后……在……在),语言或字句的错误和拖沓(把"羽扇纶巾"读成"羽扇仑巾"),刻意地装腔作势……我一位家在西南部的朋友跟我讲,每次他听到自己的儿子用普通话跟自己说话时,就知道儿子闯祸了……对于一个习惯说方言的人来说,过于强调普通话就是装腔作势了。

第三章 捕捉情绪的读心策略

陷入不安反应的人，可能会筛糠一般不停地跺脚，会时不时地挠头发，会摸自己的下巴。当然，我们必须重申：跺脚可能是因为神经反射异常，挠头发可能是因为头皮痒，摸下巴可能是单纯的装酷。足够的不安刺激，几乎一定会生成这类动作，但我们如何通过这类动作反推断当事人陷入"不安"呢？

很简单，要根据情境来判定，即当当事人做出类似表情的时候，接收到的信息是否有可能对他产生不安刺激。如果有可能的话，那么当事人的不安反应是真的；如果没有这种可能，那么当事人的这些行为，则只是那些没有太大意义的动作。

一般来说，不安反应足够强烈时，就预兆着当事人在说谎，即"当事人在情势逼迫下说谎"；而这类谎言无法天衣无缝，一个逻辑缜密的人能在其中找到谎言的漏洞与过失。

厌恶反应：撇撇嘴皱皱眉，缩小你的感官

> **微反应关键词** 厌恶反应是一种比较复杂的负面反应，它可以单纯激烈，比如强烈的呕吐；也可以隐秘短暂，比如一闪而逝的皱眉和撇嘴。强烈单纯的厌恶反应很好辨认，但隐秘的厌恶反应就需要你自己去观察捕捉，以及更重要的思考和玩味了。

厌恶，是人在看到负面事物时的反应之一，也可以说是最单纯的负面情绪，因为当信息源对当事人造成巨大的心理落差后，心态会进化成愤怒；如果信息源过于强大，导致当事人可能会受到伤害并超出了其心理承受能力，那么心态会转变成为恐惧。所以，当一个人接受某种信息，该信息为负面，且既不会对他造成伤害，又没有强烈到超出他心理承受能力时，他就会出现厌恶心态。此时，当事人的不自觉反应，就是厌恶反应。

我们可以想象一下符合上述描述的信息源：一副拙劣的画、一段糟糕的

音乐……当我们接受这类信息时，会做出怎样的本能反应呢？

你会不想看、不想听，并远离信息源。具体的微反应就是：皱眉，低垂眼睑，虹膜收缩，瞳孔缩小，鼻腔收缩，脸部像内侧紧绷，鼻翼两侧呈现弯曲，嘴部紧闭，下巴以上向上收缩，完全是一副不看不听不闻不尝的架势；与此同时，你的身体会稍微远离信息源，这是本能地远离让自己感到不舒服事物的表现。

这就是一个正常的、饱满的、单纯的厌恶反应，其刺激源的刺激强度在当事人能够接受的范围内，不会造成影响；而当厌恶反应的刺激源增大，导致当事人心里甚至生理不适的时候，就会呈现一个过度的厌恶反应。比如，我们看一部非常恶心的电影，比如《异形》或《群尸玩过界》(看过这两部电影的读者，我相信你们在听到这两个名字时就会不自觉地出现过度的厌恶反应)……其实美式恐怖片早就被认为"恶心"超过"恐惧"，仔细想想，在观赏这类电影时，人们的反应会是怎样的？

面部：皱眉，低垂眼睑，虹膜收缩，瞳孔缩小，鼻腔收缩，脸部像内侧紧绷，鼻翼两侧呈现弯曲，嘴角牵动微微裂开，并露出牙齿，下巴以上向上收缩。

身体尽可能地后倾，并很有可能发出模仿呕吐的声音。

一个过于强烈的厌恶反应，其实就是对呕吐的轻度重复。当某事物对当事人的刺激含有恶心成分，这个类似呕吐的反应就出现了。据说，很多医学实习生在第一次观摩解剖实验时直接呕吐。恶心，实际上就是厌恶的极致，不但要不听不看不闻不尝，甚至还有呕吐感这种典型的生理示警。

当然，能够引起恶心发生的绝不仅仅是视觉或味觉的刺激，有时候行为的刺激同样能够引起恶心。在战场的新兵如果在入伍前受过较高的教育，道德水准较高，那么在战场第一次杀人后，很大一部分会呕吐。引起呕吐的原因并非尸体的视觉或味觉冲击，而是自己的杀人行为强烈地冲击道德感，令自己产生了强烈的厌弃。

既然有恶心这种程度较重的厌恶，那么是否有某种程度较轻的厌恶反应呢？答案是肯定的，轻蔑，就是最常见的轻度厌恶情绪。

我所读的大学在北方的一座小城市，大二那年，系里更换系主任，新的系主任上任后，我去系主任办公室送班委名单。迎面走出来几个年轻的老师，在谈论系主任，脸上的表情很有意思：鼻翼两侧出现沟状阴影，嘴部呈现笑容，但只有上唇活动，下唇几乎不动。

第三章 捕捉情绪的读心策略

这让我匪夷所思，新的系主任毕业于中国最好的学校之一，在业内很有学术名望，选择来我们学校教书只是因为他的家乡在这里，如果完全依从他的事业发展，那么一定会留在大城市里的重点院校。那几位年轻老师为什么会在谈及系主任时露出那种讥刺的表情？

后来我才知道，那几位年轻老师是城市户口，又是"关系户"，没什么真才实学，经常被系主任叫到办公室来批评，所以心怀记恨，就经常聚在一起嘲笑系主任的出身：他在考上大学之前，是个地地道道的农民。

由蔑视产生讥笑或嘲笑，这种心态的产生原因有两点：第一，不认同对方；第二，自己对于对方具有明显的优越感，无论是客观上还是主观上。

也就是说，当刺激源令当事人感到排斥和否定，其刺激能量微弱无法令当事人感到任何威胁，当事人就会自然而然地产生轻蔑情绪。而当刺激源产生了某种荒唐效果，那么就会随之产生讥笑。

轻蔑反应很容易作伪，也就是说人们经常故作轻蔑，因为人们可以通过这种伪反应来表达自己的高高在上。区别真假轻蔑反应的标准就是持续时间的长短：一个持续时间过长的轻蔑和讥笑，必定是假的，是故作轻蔑、故作微笑以显示自己的强大；真正的轻蔑，一闪而逝。所以，如果你在生活中或职场里，遇见那种对你直接而持久的表达轻蔑或讥笑的人，千万不要自卑，对方只是通过嘲笑你来维护他的自尊而已。

我们可以总结一下厌恶反应的面部表情部分：轻度的轻蔑；正常饱满的厌恶；强烈的恶心——无论哪种程度上的厌恶，其核心表情在于鼻子，鼻翼两侧出现沟壑，这是无法控制的。

说到无法控制，我想大家会想到前面说过的瞳孔和虹膜，除了瞳孔和虹膜，我们的脸上还有无法主观控制的肌肉，现在我们要说的是提上唇肌和上唇鼻翼提肌，这两条小巧的肌肉就隐藏在鼻子的侧后方，提上唇肌竖在嘴部以上和眼袋以下，上唇鼻翼提肌则紧贴在鼻子与脸的连接线上。两块肌肉都呈条状，它们不会单独运动，只能联动，无法主动控制，只有在情绪到达一定程度时，才会自然运动。

就是这两块肌肉，造成了厌恶表情特有的鼻翼外侧的沟壑。

所以，鼻翼沟壑是判定一个人是否出现厌恶反应的关键表情。而眼睑收缩和嘴部动作，则是厌恶表情的"测绘器"，其微表情越剧烈，表明当事人情绪越重。其实鼻翼沟壑的褶皱深浅也能够反应厌恶程度的高低，只是这种褶皱不容易观察。

还需要说明的是，一个合理真实的厌恶表情，无论程度如何，它必须是配套的。举个例子，如果嘴部咧开表达"恶心"，但眼部却有笑意，那么这绝不是厌恶；相反，我相信谈过恋爱的男孩对这个表情很熟悉：当你对女友说肉麻的情话时，女友用嘴部伪造一个"恶心死了"的表情，但眼部却出卖了她的真心。所以，真正的厌恶表情，各面部器官的表现，应该是具有一致性的。

厌恶反应的身体部分，就是呈现远离状态。与之前的原则一样，越是厌恶，这种远离就越远；而轻蔑则几乎不会出现远离，只会轻笑一下然后把头扭开。

最后，我们说说厌恶反应的语言部分：

在最强烈的"恶心"中，反胃感或者模拟恶心的语气词会代替具体语言，这种强烈情绪会让人失去语言能力；

正常饱满的厌恶语言反应，则会出现"拒听"这种情况，典型表现就是敷衍；

轻微厌恶反应，也就是轻蔑的语言反应，则有可能是不理睬；或者说，当情势允许时，能不理睬、不允许时，则会把焦点转移。很多时候，甚至直接打断当事人——你不能指望一个轻视你的人会尊重你、对你讲礼貌。

厌恶反应的情感来源是拒绝和否定，这也是厌恶反应的核心词。

愤怒反应：预示着狂暴的进攻即将来临

> **微反应关键词** 愤怒是强烈反应，生活中常见微笑，却很少有微怒。因为愤怒情绪一旦产生，就强烈而难以控制。即使勉强控制住，呈现了压抑式的愤怒反应，但真到暴发之时，也极为强烈。所以，强烈是愤怒的核心词。当事人的一系列愤怒反应中，一旦出现不强烈的征兆，那么就有可能说明这次愤怒是伪愤怒，至少，也是过期的愤怒。

愤怒，是人们最暴烈的情绪。古代有"匹夫一怒血溅五步，天子一怒

第三章　捕捉情绪的读心策略

血流漂杵"的说法，可见，这种情绪一旦发生，就很容易失控，造成严重的后果。

惊讶反应的心理动因是大脑接受意料外事物时，产生停滞，以便寻求处理方式；不安反应的心理动因是大脑接受可能对自己产生威胁事物时，潜意识地逃避；厌恶反应的心理动因是大脑和神经使人们反射性地远离信息源……愤怒反应有没有这样的心理动因呢？

当人们被（或自认为被）伤害，心理失衡，需要一种行为机制使心理重新找回平衡，这种心理机制就是复仇；而当人们在这种机制影响下做出的攻击或准攻击行为，就是愤怒反应。愤怒的反应源是突如其来的，是当事人毫无准备的，所以才足够强烈。一次可以预见的伤害，会令当事人产生恐惧反应或者战斗反应，但不会是愤怒。

所以，愤怒的本质是复仇产生的攻击，愤怒反应的一切表征都是围绕着这种攻击性的。在诸多以情绪为基准的反应里，愤怒反应是最为剧烈的，也是最为耗能的。而对于能量的使用方式不同，愤怒反应可以分成两个形态：积攒能量的愤怒反应、强烈迸发的愤怒反应。

接下来我们对愤怒反应的分析，也会系统地按照这两个形态去讲。注意，之前所讲的都是以反应强度为分析的系统结构，但本节不是。强烈迸发的愤怒未必就比积攒的愤怒要强烈。举个例子，某甲父母被杀，但为了报仇他必须认贼作父，不敢表露愤怒，所以只能积攒能量；某乙在路上散步，被一辆自行车刮到，于是愤怒地揍了自行车主一顿。前者是积攒的愤怒，后者是迸发的愤怒，但绝不能说前者比后者愤怒的程度弱。

◎ 积攒能量的愤怒反应

就像刚才所说，父母被杀的某甲必须认贼作父才能伺机报仇，所以他要掩藏自己的愤怒。中国的武侠小说、西方的哈姆雷特，都有这种情节。

积攒式的愤怒发生的环境是，当事人无法痛痛快快地把自己的愤怒倾泻出来。比如场合过于正式、对方过于强大，这些都是无法完全表现愤怒的原因。细心观察此时的人们，我们就可以总结出下面的微反应：

眉毛压低并皱起，上眼睑睁开，下眼睑紧绷呈现凸出感——这也就是我们所说的怒视。这种观察方式能以最合适的方式完全露出虹膜，从而尽可能地观察对方的信息。

面颊紧绷，鼻翼扩大以便于呼吸，过于强烈的怒意，鼻梁部位的皮肤会皱起。

嘴紧抿，下颚靠前，下唇微微凸出，嘴角下压。当怒意过于强烈，上唇有可能张开，露出牙齿示警。而在恨意强烈时，牙齿会用力咬合，出现"咬牙切齿"的状态。

以上就是积攒式愤怒反应的表情部分，也是愤怒反应的整体核心，就是"怒视"：下压的眉毛造成"柳眉倒竖"状态，眼睑上抬，眼袋紧绷。愤怒反应可能会没有鼻部和嘴部反应，但一定会或轻或重地出现怒视。这种狰狞的目光，不只人类会做，一条感受到强烈威胁的狗或狼同样会做出来。

◎ 迸发式的愤怒

当场合允许且没有外来的强力压制时，一个愤怒的人可能就会有迸发式的呈现。就像前文所言，迸发式愤怒未必就比积攒式愤怒更加愤怒，实际上，迸发式愤怒和积攒式愤怒几乎一样，唯一的区别在于口部。

迸发式愤怒口部张的很大，常常伴随着怒口，或者是为了愤怒的词句做准备。但要注意的是，迸发式愤怒的情绪倾泻很快，所以口部动作虽然激烈，但持续时间却不长。所以，当一个人嘴部保持激烈的愤怒反应，但你却在他眉宇间看不见愤怒，说明此人在假怒。

而积攒式愤怒和迸发式愤怒的更大区别在于肢体反应。

首先，二者在肢体反应上的共同点是：为了运送能量进行接下来可能发生的攻击行为。

心跳加快，这样脖子就会变粗；

人在看向愤怒信息刺激源时，头部一般会压低——绝没有高昂着头的愤怒——头部压低是一种示警，仔细想想，所有的哺乳类生物在战斗时，也都会把前肢放低；

急促呼吸也是愤怒反应的一种，呼吸加快了新陈代谢，为接下来的攻击补充能量；

身体持续紧绷，一个陷入愤怒的人，身体的每一块肌肉似乎都处在暴发状态，以便更好地打击敌人；

在条件允许的情况下，双腿叉开，迎接战斗的姿态。

积攒式愤怒和迸发式愤怒在肢体反应上也有不同点。

虽然二者都有急促呼吸，但积攒式愤怒往往用鼻子完成呼吸，而迸发式愤怒则更依赖嘴巴的呼吸。

虽然二者都会紧绷身体，但积攒式愤怒的紧绷更加持久和克制，而迸发式的则会做出一些宣泄动作，宣泄动作也是二者之间的重要区别。比如拍桌子、呐喊、直接的攻击行为。当然也有一类动作反应介于积攒式愤怒和迸发式愤怒之间，比如用食指一直指着某人却不做出下一步动作。

由于愤怒的情绪会在一定程度上制约理性，所以愤怒的语言反应特征是短暂的、充满爆破感的，词句多以缺乏逻辑为特征。

而且，一个处于愤怒状态下的人，会情不自禁地使用爆破音进行语言交流。

但通常，积攒式愤怒的人的语言更克制且简短，迸发式愤怒则很具有铺张性。打架的人常常边打边骂脏话，这就是迸发式愤怒的典型案例。

值得一提的是，积攒式愤怒和迸发式愤怒是可以互相转换的，当事人情绪失控，积攒式愤怒就会演变成迸发式愤怒；反之，当事人理性回归，迸发式愤怒也会变成积攒式愤怒。

◎ 弱愤怒

前面我们说过，愤怒来源于复仇心态引发的攻击欲望，而复仇心态则来源于被伤害。但当信息源刺激程度达不到"伤害"这个级别，只到了"冒犯"这个层次，那么就会出现次级愤怒反应。

顾名思义，次级愤怒反应实属愤怒反应的一部分，所以次级愤怒反应有着愤怒反应的主要特征，只是程度稍低。

眼部出现了程度不深的"怒视"：眉毛压低，皱起，下眼睑轻微紧绷。这种轻微怒视是一闪而逝的。眼部以外的表情反应轻微不易察觉。

身体紧绷，时间同样不长。

语言不会失控，当人陷入次级愤怒时，他仍然保有理性，但语言却会显出一定的攻击性，说话有些"冲"，民间俗语称"吃枪药了"。

当然，还有一种佯装愤怒，就是假怒。假怒与假笑一样，只有脸部表情，没有眼部表情。而且假怒者的身体虽然紧绷，但很做作，很僵直。愤怒的肢体动作虽然激烈紧张，但很自然。

恐惧反应：因害怕产生的鸵鸟姿态

> **微反应关键词** 有些人说恐惧源于未知，还有些人认为恐惧的最深源头是死亡。但很多人认为，预估被伤害才是恐惧的真正原因。而一系列的表情上、行为上、语言上的恐惧反应，也都是对这种预估做出的反射性应对。而预估的被伤害越大，恐惧反应也就越强烈。

前文我们提到了美式恐怖片给人带来的强烈呕吐感，现在换一个风格，回忆一下日本恐怖片：从井里一步一步走向你的贞子，咒怨里从楼梯上一步一步爬下来的小鬼娃……

贞子，你看不见她的脸，她拖着长长的头发，白色的袍子反着惨淡的光，又脏兮兮的，她从电视画面的那口井里爬出来，一步一步向你走来，你感到不安、惶恐，你知道要有不好的事情发生。你想要关掉电视，但遥控器又开始诡异的失灵，你想拔掉电源，却没有接近电视机的勇气。贞子从屏幕里一点一点爬出来：先是那个拖着油乎乎长发的脑袋，然后是惨白的手，她缓慢但笔直坚定地向你一点一点移动……

好了，我们就此打住，这毕竟不是一本恐怖故事集。用心读一读上面那一段文字，把自己带入其中，你会感受到什么呢？

◎ 饱满恐惧表情与箭头效应

你知道贞子会对你造成某种伤害，但无论如何无法对这种伤害做出有效规避，你要向鸵鸟一样躲起来，你要把身上所有的要害藏起来。你可能会大喊大叫，也可能咬紧牙关打颤磨牙。这时候，你的恐惧心理达到饱满状态，而你的恐惧反应也进入了饱满状态。

恐惧的饱满表情是：

眉毛紧绷皱起；皱起之后，前额皮肤会对脸部出现向上牵扯，导致眉毛

 第三章　捕捉情绪的读心策略

形成八点二十状；上眼睑随眉毛出现平行运动，内侧上眼睑提升以露出虹膜，外侧上眼睑下垂与眉毛运动平行。

极为令人震惊的恐惧会令当事人闭眼；

鼻翼紧缩，两侧有沟壑形成；

面颊紧绷僵死，嘴张大，并由于面颊的牵扯导致嘴角向两侧延伸，面无血色。

恐惧心态的心理动因，是人们对某信息源有伤害既遂或即将达成判定，但却又无能为力，由此产生的反射性自我保护机制。

这种不自觉的自我保护，是一切恐惧反应的根本原因。

所以，恐惧反应和不安反应的共同点是无力感，但前者对于无力感的表现是放弃抵抗，而不安反应的当事人在很大程度上还在寻找解决问题的途径。所以后者比前者积极。

恐惧反应与愤怒反应一样，都是当事人对信息源产生了伤害既遂或即将达成判定，但当当事人认为自己有战胜对方的能力时，就会对伤害产生复仇性攻击心里，这是愤怒；但当当事人认为自己无法战胜对方时，无力感弥漫全身，恐惧则产生。

至于恐惧与悲伤的关系则更为密切，你可以想象一个人恐惧时和悲伤时的神态，就会发现，两种反应的眉眼表情部分是近乎相同的。是的，当恐惧信息源造成的无力感消退，伤害已经发生，当事人理智上可以接受现状的时候，就发生了悲伤反应。所以说，恐惧其实是悲伤的预示，悲伤是恐惧的自然延续。

关于恐惧的肢体反应，人类和动物很像。如果养过猫，一定会知道，猫在恐惧的时候和人很像：瞳孔缩小，耳朵向后紧紧地贴在头颈上。这其实就是表达了生物在恐惧反应中的形态：屈服。

恐惧反应的肢体动作，呈现一种自我保护的整体冻结姿态和轻微逃离。

身体向后上方轻闪，在颈部和肩部的共同作用下，脖子深埋；

或者抱胸捂脸，挡住要害，或者扭转身躯不让胸腹正对信息源；

同时，虽然焦点可能在信息源上，但却不敢正视；

血液流速冻结性降低，这导致了体温骤降，周身颤抖，严重者心脏停跳；

尖叫，或把手伸进口中——这是恐惧造成的歇斯底里感。

结合愤怒的表情和肢体反应，我发现了人体的一个很有意思的现象，就是表情和动作整体方向的一致性。

至于恐惧，眉间会向上方蹙起，身体也会不自觉地向后轻闪。

再说说惊讶：眉毛高挑，身体也呈现向上提起的跳跃趋势；

而在厌恶反应中，人们躲避信息源的方向和嘴角牵动方向以及眉毛皱起方向是一致的……

总之，在愤怒、惊讶和恐惧中，眉毛像个箭头，总是指明了身体动作的方向；厌恶反应中的嘴角也起到了这个功能。

而且，这种动作方向一致的表情运动和肢体运动都是同时发生的，我们称其为箭头效应。箭头效应是一个人做出某种表情是否和谐的重要原因。

这种身体的联动性和一致性很多，在我们进行微反应测谎的时候，很有意义。

◎ 表情以外的恐怖反应

结巴，是恐惧反应语言部分的核心。人在陷入恐惧时，思维陷入停滞，潜在的表意欲望为零，即恐惧是最阻止人表达信息的情绪，所以，恐惧对语言能力的削弱也是最强的。

除此之外，微动作反应决不仅仅包含着表象反应本身，皮肤颜色的变化、血液流速都可以作为微表情的依据。

我在"维基解密"上看过一份退休的中情局探员办案录，现在想想还不禁为他的机智喝彩。

美国中央情报局负责美国国家安全，很多中情局探员都是有军衔的。卡莱普顿中校就是这样一名军人探员。在20世纪70年代，苏美争霸越演越烈的时候，一份墨西哥湾布防计划泄露了。能够接触到这份计划的美军高层，任何一个人如果变节，都会对美国造成严重损失。

克莱普顿中校负责排查泄密者。

经过多日调查，他把目光瞄准了一位五角大楼发言人——卡诺尔少将。

卡诺尔少将参加过二战和朝鲜冲突，为人豪迈，是个典型的美国人，后来成为高官，在军政两界很受欢迎。

两人约见的时候，卡诺尔少将依然风度翩翩地回答着卡莱普顿的问题：他表情严肃，姿态沉稳，语气坚定，单从表情、动作、语言上看不出任何问题。

而在约谈接近结束的时候，克莱普顿中校对卡诺尔少将行礼握手道别，这时候他突如其来地问了一句："你认识某某将军吗？"（据揭秘资料介绍，某

 第三章 捕捉情绪的读心策略

某将军是克格勃"针对北约国家军事人员策反事务"的主管,这个名字还没有解密,我猜测可能他本人之后也变节,在美国申请了政治避难,美国政府出于安全考虑没有对他名字进行解密。)

卡诺尔少将闻言,虽然表情几乎没有变化,但瞳孔骤然收缩,持续的笑容也出现了轻微停滞,但他很快泛起自己的眼球,做出一副轻微回忆思考状,并回答道:"在一次对苏秘密换俘会议上见过,他很强大,很机智。其他的我就不能告诉你了中校,恐怕你的级别不够。"

中校满意地点点头:"好的,我知道的已经够多了,先生!"

中校走后立即申请对少将的全面监视和调查,三天后就发现了他通敌的证据。

克莱普顿中校只见过一次卡诺尔少将,并且他的搭档全程观摩了这次约见,没有在少将脸上发现任何破绽,所以不明白克莱普顿为什么如此笃定少将就是泄密者。

克莱普顿小哲解释:"我与他握手的时候,问了那个问题。"

搭档摊手:"是啊,我发现他表情有几微秒的僵直,这可能是说明他惊讶于你为什么这么问,并不能说明其他问题。"

克莱普顿:"是的,但我握着他的手,感到他的手忽然很凉——他怕我提及某某将军!"

看,当你吃透这本书,明白每一个微表情、每一个微动作、每一个微语言的成因,你就会明白金庸先生"草木飞花皆可为剑"的境界。

当然,与其他情绪一样,恐惧感也是分强弱的。弱恐惧介于恐惧反应和不安反应之间,若恐惧的人,表情和肢体动作剧烈程度有所降低,但整体一致性绝不改变。也就是说,有多大程度的恐惧表情,就有多大程度的肢体动作。若恐惧的人应该还留有一些语言能力,就会出现求救和求饶的语言。

综上,恐惧发生有两种形式:现在进行时和突发性恐惧。

现在进行时恐惧,比如孩子打针,比如一步一步走向你的贞子——日式恐怖电影格外善于塑造这种绝望感——这类恐惧往往比较单纯,持续时间很久。

克莱普顿对少将先生最后的提问则属于突发性恐惧事件,"吓了我一跳"就是突发性恐惧的典型方式——惊惧,惊讶与恐惧的结合。这类恐惧,由于时间短,突如其来,当事人往往来不及做表情,即使心理素质极好的人(比如那位少将)也未必能通过理智掩盖这种惊惧。

悲伤反应：哭泣、伤痛、遗憾、悔恨——悲恸四部曲

> **微反应关键词** 当人们对伤害产生预估时，会造成恐惧；而当人们认为自己已经被伤害时，会产生悲伤。每个悲伤的人，都有被伤害的感觉，而哭泣、持续平静的悲伤、遗憾、悔恨，就是这种被伤害感觉的外在表现，也就是悲伤反应的四个类别。

在上一节我们说过，恐惧是悲伤的预示，悲伤是恐惧的自然延续。二者有着亲密关系，但不代表它们之间一定会互相转换。完全摆脱恐惧境地，会有劫后余生的喜悦，而悲伤也不完全出自恐惧。

实际上，如果说被伤害的无力感使人恐惧，被伤害后的复仇性攻击使人愤怒，那么，被伤害本身就是悲伤的感情根源。

所以，悲伤往往会伴随着恐惧和愤怒，因为三者都跟"被伤害"有着很大关系：父亲得知儿子死于杀人狂之手，会既悲伤又愤怒；一个看见父亲被白蚁吃成骨头的儿子，会既悲伤又惊恐。

那么，有没有纯粹的悲伤呢？其实是有的：当信息源造成的伤害不足够危险、事态的发生使自己寻找不到复仇的对象时，单纯的悲伤就产生了。单纯的悲伤一般有两种形态：一种是哭泣，一种是平静悲伤。

◎ 饱满悲伤——哭泣

当悲伤得以发泄出来的时候，就变成了哭泣，所以哭泣是饱满悲伤的表现。哭泣微表情的反应是：

皱眉，双眉之间呈现直立皱纹，眉毛扭曲；眉形与恐惧反应很像，但眉毛纠结的更加厉害；

眼睑呈禁闭趋势，哭泣时颅腔压力会产生剧烈变化，闭眼会保护眼球；

面颊肌肉牵动嘴角裂开，在诸多表情中，哭泣是咧嘴程度最大的，会形

 第三章 捕捉情绪的读心策略

成法令纹；

双唇贴在牙齿上，上唇向上用力提升，下唇适度下降，并呈现 W 形曲线，这种 W 形曲线是哭泣表情特有的；

下巴紧绷，下巴表面凹凸不平，像一把锉刀表面一样。

与大多数表情反应一样，伪造哭泣也只能伪造嘴部，所以当一个人（孩子尤其如此）只用嘴巴扯着嗓子哇哇大哭时，你就可以判定这是个伪哭泣了。

哭泣时，面部抽泣应该是无规律的，呼吸是紊乱的，为什么呢？

哭泣几乎是所有基础负面情绪里唯——一个没有任何能量控制的。恐惧虽然也是一种主观失控状态，但因为恐惧从另一个角度上来说是一种示弱，所以恐惧反应还是本能地在约束能量。

但哭泣不同，哭泣时人的呼吸是抽搐性的，没有丝毫规律性和均匀性可言，身体则呈紧缩趋势，哭泣的人都有无助感。所以这种紧缩与恐惧反应的肢体紧缩很像，但是恐惧反应的紧缩更加强烈，因为恐惧的紧缩有示弱和保护两种具体用途，而哭泣时紧缩是使能量放任流逝后自然收缩。所以，当悲伤遇见其他情绪，比如愤怒的哭泣时，人的肢体会由于愤怒而出现攻击姿态，而不是蜷缩姿态。关于表达行为和意图的具体微反应，我们将在后文讲到，现在我们回到悲伤情绪上。

根据哭泣的放任能量特点，我们可以很轻松地识别怎样的哭是假哭。比如哭丧，吸一口气用 0.8 秒，然后哭号用 3.2 秒，一个熟练的哭丧者，做 100 次哭号会都是这个节奏——而节奏感是哭泣最大的破绽。试问，一个完全放任式的动作怎么会有节奏感？

哭泣的人会失去语言能力，负面情绪都会或多或少地削弱人的语言能力，但哭泣削弱得尤为明显。恐惧反应时，人可能会由于求生欲望而出现恳切的求饶话语，但哭泣只能用基本表意和"哇"这种语气词来辅助悲伤。

哭泣的时间长短很大程度上体现了一个人的悲伤程度，而由于哭泣放任能量的流失，所以一个人在长时间哭泣之后会出现脱力感。我记得小时候有一次被同学冤枉，十多个人作伪证指证我，我哭了两个小时，最后手脚抽筋了才作罢。

我们再来介绍一些哭泣中的"另类"。

抑制的哭泣：紧闭双唇，甚至用手捂住嘴不出声，所以眉眼之间的反应更加剧烈。

与愤怒相比，在不能哭泣的场合，人们往往习惯捂着嘴。但请注意，对

于一个十分注意自己仪态的人来说，任何场合——就算是酒吧里——他都要端着绷着，笑不漏齿，哭自然也不能露齿。

小孩子的哭泣很多时候都呈现出过于明显的节奏感，这是因为在他们的思维中只要哭，大人就会满足他们的要求。所以很多孩子会养成这样的习惯，通过哭泣来让父母屈服。所以，想要搞好育婴工作，就要尽量不在孩子哭泣的时候才意识到他有需求。

◎ 消极平静的悲伤

平静悲伤是悲伤的另一个表现形式。实际上，平静悲伤的悲伤程度往往并不弱于哭泣，只是很多原因使当事人无法哭出来。但哭泣作为悲伤的最有利发泄渠道，如果无法达成，当事人陷入了平静悲伤，反倒是更加辛苦。所谓"此恨绵绵无绝期"，就是这个道理。

平静悲伤反应有以下特征：

面部整体木然；眉头轻皱，并有轻微扭曲；嘴角下垂。

身体松垮，双臂可能出现无力的下垂，身体呈现轻微佝偻。

语言无力，反应呈现万念俱灰感，消极用词的语言倾向明显。

这种悲伤的人，身上带着明显的晦暗气质。在生活当中你一定见过这样的人：他常常连腰都挺不直，抬胳膊的时候手腕关节也是下垂的，仿佛对他来说地球引力足足有 1000 千克；他的语气永远不紧不慢；他的眉头有轻微的皱起，眉宇间洒落着无尽的忧郁。

芝加哥爱乐乐团的指挥本杰明·赞德先生，曾经讲过一则故事，完美地诠释了两种悲伤的关系。

20 世纪末，赞德先生在爱尔兰交战区域做公益演出，在一次即兴独奏上，他弹奏了一曲肖邦的夜曲。肖邦特有的悲伤让在场的战区灾民纷纷落泪。

第二天，当他再一次来到难民区的时候，一个 10 岁左右的小男孩过来表示感谢，他说："我哥哥去年被当兵的炸死了，不知为什么，我哭不出来。但听了你的购物曲（肖邦的英语发音与购物"shopping"很像），我回窝棚的路上一直在流泪……那种感觉……你懂得……就是那种感觉。"

顺便提一句，赞德先生一直致力于推广古典音乐，用他的话说：世界上有百分之三的人热爱古典乐，如果这个数字变成百分之四，那么将不会再有战争。

言归正传。

第三章 捕捉情绪的读心策略

这个 10 岁的孩子没有仇恨和恐惧，只有悲伤。一开始，由于诸多原因，比如战乱，他无法通过哭泣发泄悲伤，于是，每天都在回忆哥哥的死亡，除了逃命之外，他无精打采，心里空落落的。

直到肖邦的曲子让他哭出来，悲伤得以发泄，他才能重新面对生活。实际上，夜曲就像催化剂，而他的悲伤情绪本身依然来自哥哥的死亡这件事儿。

平静悲伤耗能较低，所以持续时间非常长，这种心态对人的身心健康极为不利。在世界绝大多数国家，女性都比男性活得长，往往就是因为遇见悲伤的事情时，女人可以哭出来，男人只能憋着，久而久之，抑郁的生活状态会加快老化速度，男人衰老得也就更快。

平静悲伤和哭泣相比，更为悠长，对身体伤害更大。那么，如何从平静悲伤走向哭泣呢？其实，平静悲伤的本质是在心理上对事物还没有接受，而哭泣则是接受悲伤事物的开始。

举个例子，我看过一档婚恋节目，把有裂痕的夫妻请到舞台上，双方把出现的矛盾和一切不满都说出来，再请嘉宾做点评，请学者和专家来判定两人是否应该继续在一起，并给出意见。最终由两人共同选择结果。

有一对夫妻已经结婚 6 年。女方事业心重，眼光很高，大学四年没有谈恋爱，读研前期才认识了已经研二的学长，也就是现在的丈夫。

他们恋爱之后，发现对方各方面都与自己非常合适，有共同的情趣爱好，感情也很深厚。学长毕业后，两人结婚，并共同经营了一家公司，越做越大，发展为一家有近百名员工的中型企业了。七个月前，公司陷入危机，两人开始焦头烂额，温存的时间几乎没有。

但不到一个月，公司就走出了这次灾难。妻子却惊讶地发现丈夫对自己越来越冷淡了，不久前甚至提出了离婚。

妻子当然不愿意，所以力图挽回。她看向丈夫的表情一直很悲伤，看得出来，丈夫提出分手已经不是一、两天的事情了，这让她很伤心。

在舞台上，她不承认两人感情破裂，只认为发生了阶段性的问题。

直到丈夫问她"你是否还毫无保留地爱着我"时，她回答了"是"。

这令现场的嘉宾学者们纷纷责怪丈夫：这么好的妻子你上哪去找，还不低头认错拥抱妻子、手牵手回家？

丈夫冷静地对妻子说："你说谎！"

这激怒了妻子，她开始愤怒了起来，如果不是主持人拉着，她可能会对丈夫施以家暴。

丈夫见妻子失控，缓缓地说："我查到了你在转移财产，我知道你的财产总量，实际上只是你现在总财产的三分之一，对吧？"

妻子闻言条件反射地说了一句"你怎么知道"，紧接着眼神中开始出现恐惧。

丈夫接着说："七个月前，我们的公司陷入危机，你和吕律师的谈话，曾问过他这个问题：如果选择跟我离婚，是否能保护你的那份（财产）。我开始怀疑你、对你不好，也是从七个月前开始的。"

妻子像抽空了力气一般，险些跌倒在台上，回过神后已经开始流泪，然后捂着嘴跑出了摄制组。

妻子不爱她的丈夫吗？不，她爱，否则不会那么伤心，也不会那么努力地想挽回。只是没有毫无保留的爱，并且仍然做出一副"毫无保留的爱着你"的架势，可能在丈夫看来，这与说谎没有区别。但她并不接受自己说谎，并且仍然认为自己毫无保留地爱着自己的丈夫，两人只存在可以解决的问题。这种不接受的心态，是她一直以来抑郁悲伤的源泉。直到她哭了出来，相信在痛快地哭一场之后，她会选择离婚，并开始新的生活。

◎ 遗憾与悔恨

诗人张枣在那首不朽的《镜中》如是说：只要想起一生中后悔的事\梅花就落满了南山。

我记得前两年，在一个国内知名论坛上，曾出现了这样一个帖子：如果让你穿越回2000年，告诉当时的自己一句话，你会说什么。下面的跟帖数据达到了天文数字，这里摘录几个有代表性的：

我要告诉自己，遇事冷静别冲动，否则没有好果子吃。

我会跟自己说，把那只股票尽早卖掉。

别那么相信他，别对他那么好，不值得。

千万别对她防守，否则你将痛苦一生。

那是你最好的朋友，别伤害她。

对爸爸妈妈好一点，因为他们并没有多长时间了……

几乎所有的话，或涉及到金钱，或涉及到事业，或涉及到爱情、友情、亲情，看似各有不同，但实际上都表达了一种相同的情绪——悔恨。那么，什么是悔恨呢？悔恨就是当事人对于自己曾经的某种行为持否定态度，但由于时过境迁无法做任何弥补所以产生无力感，这种无力感造成的浅悲伤情绪，就是遗憾。

遗憾是一种类似悲伤的情绪，其产生来源于无力感而非信息源本身的刺激。遗憾反应在形态上类似平静悲伤，但程度极轻，语言上会出现轻度感叹。

单纯的遗憾并不能给人造成太大的信息刺激；但是，当遗憾的对象本身也对当事人形成悲伤刺激的时候，悔恨就出现了。

悔恨是平静悲伤中的典型变体。当一件过往的事情依然可以记忆犹新时，说明信息源本身就已经给了当事人足够的悲伤，并且是一种典型的平静悲伤，因为引发悔恨情绪的信息源已经是过去式，当事人对于信息源无能为力。信息源本身的悲伤和对信息源的无力感，是悔恨情绪的双重悲伤来源。

根据悔恨信息源的程度深浅，悔恨反应可以由轻度平静悲伤一直过渡到哭泣。但是，因悔恨反应而产生的哭泣不会令当事人走出悔恨，这就是悔恨不同于一般平静悲伤之处。

在一般的平静悲伤中，哭泣是可以解决问题的，但悔恨却无法解决问题。因为即使你哭泣了，只要事情无法解决，你就依然会对以往的事情产生无力感。

中国人在安慰悲伤的人时，最习惯说"请看开了"，所谓的看开，就是当事人单方面的思维反射：当我们对信息源无能为力时，就只能看开。

愉悦反应：兴"高"采"烈"，笑"口"常"开"

微反应关键词 当人们对信息源的认识满足或超过他们预期时，就会产生愉悦心理，在这种心态主导下，人的能量运作更快，充能更完全，由此产生的一系列反应也都是充满积极能量的。当下流行的"正能量"，其实就是对愉悦反应的某种阐释。

愉悦是人的基本情绪，也是本书讲到的第一个正面基本情绪。

人在婴儿时，首先学会的是哭泣：当脱离母体那个环境后，进入一个相对不舒适的环境时,婴儿开始哭泣。但是当他接受哺乳之后,嘴唇吸吮的快感让他实现自我满足,这时,他学会了人生中第二个情绪——愉悦。

之后的几十年人生的目标,就是为了这种满足感的存续:有的人能从美食和美女身上得到满足感;有的人只要活着就能有满足感;还有的人从思考"人和宇宙的本质"这种问题上得到满足感,他们最终成了哲学家……但无论如何,由获取满足感所产生的单纯情绪,就是愉悦。

饱满单纯的愉悦反应,就是笑。

婴儿在不懂得愉悦是什么的时候,就会笑。婴儿的笑容,是单纯的愉悦反应。但人在长大之后,明白笑是表达善意的最快捷手段,所以即使心中没有善意也会挂上笑容。

人们学会伪装的第一个表情是哭,通过哭来从监护人那里获取食物——孩子们热衷于要赖,究其原因就在于此。长大之后发现,对自己不存在抚养义务的人哭,几乎毫无用途。于是年轻的孩子学会了伪装第二个表情:笑。这一项本领将会受用一生。

看到熟人即使你想不起名字也要挂上寒暄的笑;与领导谈话即使你很不喜欢他,但也要笑;朋友讲了一个不好听的笑话,你为了不让他失落,还是要笑;当你负责某项接待工作时,接下来的8小时你将对着一群大腹便便、毫无风度的人笑到面瘫……

或善意,或牟利,总而言之,人的假笑越来越多,我们也需要识别越来越多种形式的笑。我们要认识笑、明白笑、识别笑:一来不要被虚伪的笑容感动;二来也是为了避免在心灵麻木之后错过真挚的笑容。

你是否能回忆起来下面的一些画面:当咿呀学语的幼儿第一次叫爸爸妈妈时,他父母的样子;当你讲了一个成功的笑话时,你朋友的样子;当你为你的老板创造了数百万利润时,你老板的样子……

在绝大多数情况下,以上画面都可以看成我们研究饱满笑容的模板。一个饱满的笑容,其面部运动有如下特征:

眉毛松弛呈自然拱形,前额平缓放松;

下眼睑凸起,提升,下眼睑以下会出现笑容特有的沟纹;

眼角内外侧皆有皱纹;

上眼睑微微闭合,配合下眼睑使眼部出现闭眼趋势,这是因为大笑同样产生痉挛式呼吸,所以需要闭眼保护眼球,与悲伤反应生理原理一样。

由于颧部肌肉的运动,导致嘴角向上、侧后方牵扯提升,面颊会隆起;

 第三章 捕捉情绪的读心策略

上下唇完全张开,近乎完全露出牙齿;

下巴自然地向两侧完全展开,使嘴角形成很长的沟纹,与鼻翼沟纹连接,形成大笑特有的长沟纹。

相比其他表情反应,大笑有哪些特别之处呢?

首先值得一提的是,颧肌。

颧肌是笑容"专用肌肉",不信你现在做一个笑容,仔细感觉一下颧骨附近,是否有比较明显的紧绷感。而在其他表情里,这种感觉是找不到的。

颧部肌肉会牵动嘴角,压缩下眼睑,而下眼睑的运动也使得笑容很独特。面带笑容时,眼部会眯起来,恐惧和悲伤也会这样,但前二者是由于上眼睑的运动使得虹膜裸露范围变小;而面带笑容的眯眼,则是因为下眼睑主动闭合,上眼睑只轻微闭合。这是笑容的又一个独特之处:闭眼从下往上完成。

笑容的第三个独特之处仍然与颧肌有关。不安、厌恶、愤怒、悲伤或许都会令人的嘴角两边产生一个若有若无的"括弧",但笑容所产生的"括弧"是最大、最完美的:从鼻翼一直延伸到接近下巴。这是因为颧肌的位置比较靠上,而笑容的面部运动的力源在此,从脸的中部发力到达下部,反应纹路自然大而完整。

当愉悦感的信息源不足以使人大笑时,当事人会出现不饱满的、次一级的笑容。我们以微笑为其中个案,来分析次级愉悦:

下眼睑紧绷上提,导致眯眼;

面颊紧绷皱起;

嘴部微弯呈弧度。

这是微笑的特征,微笑与大笑的最大区别是笑不露齿。也就是说,微笑时嘴是抿起来成一个弧线的。其实,微笑可以看成一个基础的大笑,把大笑的全部表情程度减弱之后,就是微笑。

换句话说,无论怎样的笑容表情,必须有这三个要素:下眼帘紧绷上提导致眯眼;面颊紧绷皱起;嘴部微弯呈开口向上的抛物线。三者三位一体,同时出现,同时消失。如果不同时出现,除非对方有面部肌无力,否则笑容作伪;如果不同时消失,说明笑容至少在后半段有强撑的成分。

我们再来讲讲愉悦身体的动作反应。关于这部分,我们有一个好消息和一个坏消息。坏消息是,微笑几乎没有任何可以正常观测到的肢体反应;好消息是,大笑的肢体反应应该和表情反应同步,否则判伪。也就是说,一个哈哈大

笑的人如果没有相应的肢体反应，那么他必然是假笑。当然，生理疾病者排除。

首先我们必须明白，愉悦心态是充能器，让人充满力量。这与悲伤正好相反，但大笑与哭泣的相同点是，都在放任能量流失。当你的朋友向你推荐优秀的情景喜剧时可能会说"不要在喝水的时候看"，这其实就是因为，大笑时人也会发出强烈的抽出式呼吸，无法控制，这也是大笑同样不控制能量流失的原因。

强烈的抽搐会令肌肉呈现紧绷，进而出现不规则摇晃和颤抖；

大笑会出现耸肩动作，这与嘴角的上扬动作互成箭头效应；

大笑之后会出现脱力反应，重者需要扶着膝盖来恢复体能，轻者会有几次呼吸。

关于愉悦的语言反应，正好和肢体反应相反。陷入大笑的剧烈愉悦会让人失去语言能力，只能用简单的语气词来表达内心动态。

而在微笑中，人们反而会有语言能力提升，这也是一个微笑的人能说出具有说服力的话的原因。

而且，微笑之人的用词偏积极化，一个微笑的人，即使说脏话，也不会让你觉得他在诅咒。

其实，关于笑涉及的内容太多了，其他的如窃笑、如压抑的笑，这些复杂笑容同时也传达了复杂的心态。但本章只讲较为单纯的情绪，所以，其他复杂的笑容我们将放在后几章来论述。

骄傲反应：当人们的自尊感过于强烈……

> **微反应关键词** 单纯的骄傲反应，并非是针对他人的炫耀，而是一种强烈的自我认同。在这种自我认知下，其他人的存在和观察其实并没有太大意义。如果一个人建立自我认同时，过于依赖他人的看法，那么只能说明这人外强中干。

 第三章 捕捉情绪的读心策略

"集体荣誉感"这个词相信大家都不会陌生：当你所在的班级获得了运动会第一名，即使你不是运动员，也同样有荣誉感。

这种荣誉感就是一种骄傲心态，当你的荣誉感来源不是集体而是自己，那么就变成了纯粹的骄傲。换句话说，纯粹骄傲心态的本质是自我肯定。

所以，本节中的骄傲并非大家认为的贬义词"自负"，也不是大家认为的褒义词"自信"，而只是一种描绘情绪状态的中性词。

首先我们必须区分骄傲和愉悦有什么区别。

愉悦来自满足感的获取，而骄傲的本质则是自我肯定。自我肯定可以获得满足感，但满足感未必都是由自我肯定获取，这是愉悦区别于骄傲的地方。而自我肯定除了满足感之外，还会产生其他情绪碎片，这是骄傲区别于愉悦的地方。

所以，一个进入纯粹骄傲心态的人，应该会有表达微弱愉悦的微笑，而不会出现大笑。所谓"成功人士的淡定"，说的就是这种情况。当然，这是广义的长时间的骄傲状态，而具体在出现微反应时的骄傲，往往是因为当事人面对的信息源就是能够让自己实现自我肯定的事物。

所以，饱满纯粹的骄傲有一个关键词：风轻云淡。

上眼睑松弛，虹膜被遮住部分较大，隐含意为：尽在把握之中，不需要再仔细观察；

面颊松弛，因为不需要充能，所以没必要紧绷；

嘴角带着若有若无的笑容，这是自我肯定后产生满足感的表现。

一个不完整的微笑，加上一个享受和陶醉，就是单纯的骄傲。因此，这种骄傲一旦在不合理情境下出现时，会让人接受不了：这是一个很容易被人误会成轻视的表情。

而区分轻视和骄傲很简单：轻视是有具体的信息投射客体的，"我轻视你"，那么"你"就是客体，"我"看"你"的目光就会呈现出这种凌驾式的骄傲；而单纯的骄傲是没有客体的，或者说，单纯骄傲的客体在当事人自己心中：自我满足并不需要其他人来对比。

其实，骄傲是优越感的来源，一个通过骄傲生成优越感的人就是用这种态度面对一切的，而所谓的贵族风度和这个很像。

当然，这个过程可以反过来，就是通过优越感满足骄傲。这其实就是凌驾他人之上的骄傲：凡是觉得他人不如自己的，才能显示自己的高大。这并不是单纯骄傲，而是一种自负，我们会在后文具体讲解。

骄傲的肢体反应，核心重点在于能量的常态不调动。可以说骄傲反应是所有基础反应中最为接近原态反应的：既不会有负面消极产生的压抑感，也不会过多放任积极情绪产生的狂喜。所以，一个真正骄傲的人，肢体动作永远得体。

为什么在古代欧洲，贵族们都要从小培养孩子接人待物的一举一动，其实就是让他们从小对这种单纯的骄傲耳濡目染。

当然，所谓的得体也是因人而异的。一个从小在土匪窝长大的孩子，在完成了自我肯定之后，即使面对一群大贵族依然能够翘着二郎腿，这是得体；一个书香门第出来的才子，完成自我肯定之后，即使在土匪窝里，依然能够潇洒地弹掉落在自己肩膀上的灰尘，这也是得体。

骄傲的语言，会令人出现强烈的个人风格：谦卑也好，霸道也好。因为一个人完成了自我肯定之后，会对自己深信不疑，所以他不认为自己的语言需要模仿，而脱离模仿正是自我风格的形成。

当然，有很多不纯粹的骄傲和虚假的骄傲，比如前文说的自负、讥笑和不屑……这些或许有骄傲成分，但都不是纯粹的骄傲。

耻辱反应：自我厌弃之人的反应密码

微反应关键词 对自己的负面认知和"羞于被他人窥视"，是耻辱心态的两条线索，而这两条线索也就是耻辱反应的表现。当不希望被其他人窥视时，当事人做出捂脸之类的羞耻性动作。而在某些情况下，当事人也会努力让自己变得更好以走出负面自我认知，这也就是所谓的知耻而后勇。

在学生时代，你一定对经常被老师批评的同学不陌生，你还能否清晰地回忆起他在挨批时的样子？他一定会低着头，面带羞愧，一声不发。而此时，这位同学的心理状态就是耻辱的。耻辱是当事人认为大众看待自己的评价为负面时，所产生的自我厌弃。

第三章 捕捉情绪的读心策略

也就是说，耻辱感的发生，有两个要件：一是有特定观众；二是当事人对自己的行为有耻辱性认知。

在没有观众存在的情况下，耻辱感是不存在的。据说一个具备极高道德感的人会达到"慎独"，也就是在只有自己在的时候，也会为当前的行为感到耻辱。但我们毕竟还是凡夫俗子，我们的耻辱，都是因为有观众的存在。

关于耻辱性认知，我格外地感同身受。小学三年级的时候，坐在我前面的女生站起身弯下腰整理桌布，腰露出了一大片。我傻乎乎地站起来拍了拍她漏出来的腰，本想提醒她"别凉着"。不想她回身就给我一巴掌，并骂我流氓。那时候我大脑的词库里真没有"流氓"这个词，所以很疑惑她为什么要恩将仇报。但周围同学，尤其是女生们的窃窃私语让我很有些抬不起头来。所以，虽然不知道什么是流氓，但至少知道女同学的身体是不能随便碰的，就算是好心也不行，因为我的同学使我对这种事产生了耻辱性认知。

而明白了耻辱的成因，对耻辱反应的推测也就顺理成章了。耻辱的两个要素：耻辱性认知和观众。前者是无法通过客观手段来消除的，除非失忆。所以，耻辱反应的全部依据，就集中在规避观众上——如果不让观众看见我，那么就不耻辱了。

饱满的耻辱反应，面部表情很复杂，你会在他的脸上看到悲伤和厌恶的结合，几乎无法作伪。

耻辱的主要动作是低头和缩肩，这套动作，其实就是为了把头藏在身体里，使得观众们无法察觉你的存在，以此减轻耻辱。

饱满而单纯的耻辱中，当事人往往不会说话，这并不是因为耻辱反应本身剥夺了他们的语言能力，而是耻辱会让人自觉地避免成为他人注意的信号。所以，即便说话了，声音也会很低。

总之，当你观察一个人的一切表情、动作、语言反应时，都配套地显示出"不想让其他人发现"的一体感，那么这就是真正的耻辱反应。俗语说"恨不得找个地缝钻进去"，就是对这种反应的精彩总结。

而轻度的耻辱，是怎样的呢？

我们在前几节分别用美国和日本的恐怖片来论述问题，在这里，我们再用一类电影——韩国喜剧来论述此问题。

在韩国经典爱情喜剧片《我的野蛮女友》中，有一个很经典的桥段：女主角强迫男主角穿上自己的高跟鞋走路。男主角于是傻乎乎地穿着高跟鞋，一瘸一拐地走了很久，周围的人都对此投以异样的眼神。

看，韩国喜剧最惯常的手段就是尴尬，各种各样的生活化的尴尬。其实，不只韩国喜剧，郭德纲先生的段子里，也出现了类似的笑料，我们挑选一则出来：

话说几个朋友半夜三更去公共浴池里泡澡，不料洗澡之后发现衣物被偷，这可了不得了，总不能光着腚出去。愁眉苦脸之间，最聪明的那个朋友忽然说："怎么不能，现在凌晨三点大街上又没有什么人，就这么出去也不会有人看得见。"几个朋友想了想，觉得也对，于是就各自赤裸着身体，走在大街上。一开始，大家还很有些拘谨，后来发现空荡荡的大街上，除了路灯和树就只有他们几个人。慢慢地竟一个个开始兴奋了起来：赤身裸体走在大街上的机会可不是经常有的。于是哥几个放肆起来，又唱又跳的，赤裸着身子好不痛快。谁知，几人正玩得"嗨"的时候，赢面走过来一大群人，目测有上万人，看举着的标语这才知道：原来是欢庆申奥成功的游行队伍！几人目瞪口呆，大街上根本没有可以躲的地方。这时，又是最聪明的那个人，忽然灵机一动，掐着嗓子对那群同样目瞪口呆的游行者喊道：哇！你们地球真好玩，地球人真多啊！

无论是韩国戏剧还是郭德纲的相声，都巧用了尴尬，俗语叫丢人。其实要掌握这个度很不容易，如果程度太轻，那么不会引人发笑；而程度太重就会由尴尬变成羞耻，让人笑不出来。由此我们也可以明白尴尬的属性——轻微耻辱。

当然，尴尬有耻辱的所有要件：耻辱认知——一个人必然对当前的自己或当前发生的事情产生不快或不协调感；观众——独处的时候很难产生尴尬。但尴尬要比饱满的耻辱反应轻很多，脸上不会出现纠结不清的厌恶以及悲伤状态，反而是不安反应重一些。而对于肢体上，会呈现出一定程度上的躲避，但不会"找个地缝钻进去"。由于尴尬反应的信息源刺激不强，对思维扰乱不那么重，所以尴尬反应的当事人也不会忽然噤声，反而可能急中生智地说出类似"你们地球真好玩"的话。

尴尬与耻辱之间的界限是主观的，甚至耻辱和原态反应之间的界限也是主观的，要视当事人的心理承受能力和耻辱认知度来定。就拿裸体在街上走这件事来说，如果是一个泼皮无赖，可能只会觉得尴尬，而一个未婚女孩就会感到羞耻，甚至要自杀。

耻辱反应本身是一种复杂反应，耻辱情绪也很复杂，但它也可以与其他情绪结合。比如，当一个人在耻辱中受到伤害，可能同时发生耻辱和悲伤；

第三章 捕捉情绪的读心策略

而当一个人对这种伤害有能力反击时,也就会出现愤怒的耻辱,所谓知耻而后勇。

耻辱是人类独有的感知,《圣经·创世纪》里面对此有隐隐约约的解释:亚当和夏娃一开始居住在伊甸园,两人赤裸,但并不以此为耻。直到两人被忽悠着吃了善恶果,才知道耻辱,从此穿上了衣服。其他生物没有羞耻这种复杂的感情,也就没有相应的复杂反应。

最后要指出的一点是,耻辱是有持续性的。当你经历过一件耻辱到想让你自杀的事情时,这件事情即使过了几十年你也忘不掉。韩信对项羽的所作所为,很大程度上就是因为当年受了胯下之辱。

但是,这种持续性其实很不健康。长时间沉浸在自己制造的耻辱感里,会产生严重的自卑。其实我们中华民族就有这种自卑情结,由于一个多世纪以前的历史过于耻辱,被各国列强欺压,导致了这么多年以来,国人似乎一直在耻辱中活着;即使新中国成立后,那时的中国人见了老外也会自觉矮了一头。

这些年,中国人取得的成绩越来越被瞩目,也越来越被老外们所认同,但仍然在骨子里有些唯西方论。我经常在网上看到"看,美国人都说我们好"这类的言论,似乎美国人说他好,他才有了好的资格。我们在很多领域,比如体育竞技,力争压倒西方,以洗刷一百年前的耻辱,证明自己的强大。但就是这种"凡是都要和西方人争个长短"以及"西方人说好才是真的好",才恰恰是自卑的另一种体现。

一个真正的强者心态,我认为应该是这样的:我努力做到我所能做的,是为了让自己更好,而不是战胜其他人;我不歧视其他人,所以不认可其他人的歧视;如果别人对我提出意见,我虚心接受并审视自我;但是,我相信我能做出好的事物,而这种好,并不需要别人认同。

第四章

身体语言的读心策略

　　人的站行坐卧都隐藏着他内心深处的某些活动,收放自如的四肢更是如此。当一个美女在你面前绞手指的时候,她在想什么?细心观察她,认真阅读本章知识,你一定能弄明白。

 第四章 身体语言的读心策略

通过眼睛视线的交汇与闪避读懂对方

微反应关键词 在无意识状态下，视线的无意识闪避是很难进行主观控制的。换句话说，视线比语言可信得多。所以，要做一名好的读心者，就必须仔细地注意对方的视线变化才行。

视线的交汇，是社交心理学中较为重要的研究课题之一。这种研究无疑有着重要的心理意义，下面我们就来看看常见的身体语言所体现出的心理意义。

首先要说的，就是心灵之窗——眼睛。

在这里，要先澄清一个误区，很多人认为盯着对方的眼睛不放，是表达坦诚。实际上这是很不科学的。要知道，不少人在撒谎的时候，也习惯盯着对方的眼睛看，以此观察对方的心理活动，来判断自己撒谎是否成功，这样的表现代表的绝对不是坦诚。

除了有意识的撒谎之外，会盯着对方眼睛不放的还有一种处于兴奋或紧张状态的人。仔细想想，你的很多朋友遇到极为高兴的事，也会在向你描述事情的时候盯着你眼睛的。

而心态平和、又没有负面情绪的人，会根据个人习惯，把与对方视线交汇的时间调整到谈话总时间的60%到80%。这个时间跨度很大，信息采集难度也很高，想要通过这个百分比来确定对方心态是否平和，只有专家才能做到。因此，我们判断一个人在交谈时心态是否平和，可以从另一个角度来判断，那就是视线的闪避。

人在交流的时候，大多数时间视线应该相对，而因为非自然原因导致的视线闪避，往往能够表达出行为者的许多心态。

人在表达羞愧或撒谎的时候，同样会让目光移开。心理学家通过反复的实验，发现了一个规律：在交流中，眼神不自然的躲闪，往往代表着较为负

面的情绪，比如害羞、、愧疚、难过、悲伤。而要将其应用到现实生活当中，就要具体情况具体分析了。

老宋是某边防部队的连队指导员，为边防战士做思想工作是他的职责。在为战士们做思想工作的时候，他有一句常用的话：看着我的眼睛。

这个举动看似无用，实际上让他迅速地把握了许多小战士的心理动态。

有一次，边防战士小张偷偷跃出军营，向连队附近的小镇潜行过去。被巡逻的宪兵抓获，送回连队。经过审讯，小张什么都不肯说。宪兵队无奈只得把小张送回到连队。

老宋接过了战士小张，开始做思想工作。他先严厉地批评了小张的行为：“你知道你的行为有多严重吗？说严重点，甚至可以把你定性成逃兵……”

正说着，他忽然注意到小张的眼神并没有看向自己，然后他灵机一动，马上大喝一声：“看着我的眼睛。”

服从命令是军人习惯，小张马上习惯性地立正，看着老宋的眼睛。

然而，老宋并没有从小张的眼神里发现羞愧，因为小宋很坦然地看着自己，并没有闪躲。有了这个把握之后，老宋的语气开始缓和：“小张啊，军纪，是军队的灵魂。没有纪律，装备再精良的部队也只是一群武装土匪。我们从井冈山到贵州、到遵义、到延安、到朝鲜，一直走到今天，就是因为纪律。但纪律并不是死的。战士有困难，有个别情况，你说连队里能不给你通容吗？但是无论什么事情你都不能自作主张，你这就叫不守纪律。现在你跟我说说，到底为什么跑出去？”

小张脸色一红，说道：“指导员，您都这么说了我也不瞒您。我妈今年过五十大寿，她爱吃蜂蜜，北边不是有个产椴树蜜的镇子么，我想去买点寄给我妈。这事我怕跟连长说了他不同意，所以……”

老宋点点头，说道：“你倒还孝顺。这样吧，蜂蜜的事我给你解决。但你要写个检讨，深刻点。解散！”

解放军各级政工干部，实际上都是读心高手和心理学应用专家。老宋也不例外，他命令战士"看着我的眼睛"，然后从战士接下来的视线活动中，推断其心理动态，做出下一步计划。

我们在生活中不妨也学学老宋，经常让对方"看着我的眼睛"。这样的小技巧还有很多，结合视线的闪避和交汇，我们就能发现对方更多的心理动态。

 第四章　身体语言的读心策略

手掌的力量：简单手势凸显个人性格

> 微反应关键词 手心向上的人，和蔼温和；手心向下的人，权欲炽热；爱用食指指人的人，不尊重人。这三种手势，在全世界都有这层意思。当然有程度的轻重之别，但性质绝不会有差别。我们在观察对方的同时，自己也可以考虑如何通过不同的手势来表达不同的意思了。

手掌，是人最灵活的器官，而手掌的动作也千奇百怪。不少细碎的动作，随着地域不同、文化不同，其意义也产生了重大变化。比如，在阿拉伯地区，竖大拇指是一种很侮辱人的挑衅；而在东方，大拇指则是夸人的意思。

但心理学家们通过研究发现，越是简单的手势，在人类之间的共通性就越大。那些极其简单的手势，几乎全世界的表意都是一样的。因此，我们就来介绍如何通过三个最简单的手势，读懂人的性格。

◎ 手心向上

在中国，江湖帮派之间为了显示自己没有带武器，所以把双手交叠伸出。这个习俗后来成了拱手，是男人之间问候的动作，称为拱手礼。

在罗马，男人为了表示没有携带武器，会伸出右手抓住对方的右手手腕，后来这个动作逐渐演变成了今天的握手礼。

虽然具体动作大相径庭，但其成因却几乎相同：表示手里没有武器，自己是没有危害的。那么，哪种动作能够最为简单地表示没有危害呢？

当迎宾推开门请客人进入酒店时，会手心向上，并用手指尖滑向酒店内部。

当两人谈话，一人说完，示意另一人开始讲说时，手心向上，然后用手指尖指向对方。

想一想，几乎所有手心向上的习惯性动作，都是没有危害而礼让的。

所以，一个人如果经常做出这个动作，那么，说明此人性格温和，并懂得尊重人。

意大利总理贝卢斯科尼已经连任多届，不少欧洲民主国家甚至说他是独裁者。即便如此，意大利的很多人民也依然很喜欢他，就是因为他在演讲的时候，手心几乎都是向上的。

◎ 手心向下

世界上最臭名昭著的手势，莫过于"二战"时期纳粹德国的敬礼方式：伸出右手，手心向下，并高呼希特勒万岁……

无数年轻人被洗脑做着这样的手势奔赴前线为一个邪恶政权牺牲；

无数犹太人被做着这样手势的人残忍地杀死在集中营里。

这个看似简单的手势，实际上经过了希特勒手下头号狗头军师戈培尔的亲自设计。他深知，当人的手心向下时，潜在的权力欲望会得到加深，一种凌驾于他人之上的快感便由此而生。

而当时的德国，由于"一战"战败，《凡尔赛和约》令德国割让了阿尔萨斯、骆林两省，又必须支付他们根本偿还不起的战争赔款，鲁尔区工人食不果腹，犹太商人却在德国境内大发国难财……

这些令德国民众极为痛苦，痛苦之下就是仇恨，是对权力的重新掌控。

这个手势，正是顺应了这种屈辱的心态。

所以，手心向下，是一个展示征服欲望、宣泄力量的手势。一个爱做这样手势的人，其心态必定是蛮横强硬、热爱暴力的。

◎ 用手指指人

美国曾做过一项调查，在全美 10 年发生过的员工枪杀老板的案件中，被枪杀的老板都有一个相同的习惯：经常用食指指对方。

在中国有一句成语，叫"千夫所指"。

用手指指着别人，是一个很不礼貌的动作。在某档求职节目中，由于求职者总是习惯用手指指人，被主持人当场严厉喝令：把你的手放回去！

可见，没有人喜欢被指指点点；即便是指指点点其他人的人，也同样不受欢迎。为什么呢？因为这是一种针对性极强的手势，强到侮辱人的地步。在菲律宾，这种手势只能指动物，决不能指人。

要知道，当这个动作指人的时候，往往代表着一种极其居高临下的姿态。这绝不是当事人是否懂礼貌的问题，这反映的心态是：当事人是否尊重对方。

透过双臂看人心：最平常的动作不平常的心态

> 微反应关键词 双臂的无意识动作无疑是丰富多彩的，所以，除了本文介绍的这些常见动作之外，读者朋友们如果有兴趣的话，自己也不妨多观察这些动作之间的关系。

　　双臂是上肢最为灵活的组成部分，其表达的心理活动也较为精确和便于观察。所以，在肢体语言的研究上，双臂一直是个重点和热门课题。
　　很多社交学著作认为将两手相叠、双臂自然垂于躯干前方是表达谦卑的信号，所以很多大酒店和较为正统的娱乐场所的服务人员，都要求在待客和行礼时做这个动作。
　　实际上，心理学认为遮挡自己的私处是人们对自己的力量缺乏自信、准备忍让退缩时的表现。而谦卑这种态度，从一定角度上说，正是这种情绪的折射。
　　心理学家们甚至拿出了一组很著名的照片来证实：在"二战"临近结束时，雅尔塔会议上的三巨头，最左边的邱吉尔自始至终都把帽子放在小腹前段，而在国内，强硬的他一直习惯于把帽子举过头顶；中间的罗斯福左手惬意的夹着一根烟，右手自然地放在大腿上，躯干轻靠在椅子上；而右边的斯大林，躯干一直保持着前倾的趋势，双手时而相交、时而放于两侧。
　　从这组图片看，三人的肢体语言几乎完全表达了美、英、苏三国的国际地位：美国因"二战"大发利市，必定成为世界第一强国，所以罗斯福很轻松；前苏联仅次于美国，需要处处和美国较近，所以斯大林一直表现着旺盛的斗志；至于罗斯福——应该早就不是"日不落帝国了"，"二战"几乎完全摧毁了英国经济，在战后他们没有任何话语权，所以邱吉尔从始至终都用帽子遮挡了私处。

再说说双手交叉于胸口这个动作,很多人认为这个俗称为"抱膀子"的动作表达了一种戒备,这其实完全说不通,因为很多人在独处的时候,也喜欢抱着肩膀,比如周恩来和鲁迅。

实际上,抱膀子表达的含义相当多,单用一个戒备去囊括它是不负责任的。我们认为,这个动作更多地是在表达一种情绪的深化。如果其人正在认真地聆听你的话,那么,抱膀子就表示他更加认真。

所以,当我们在与人的交谈的时候,发现一个人抱起了膀子,并不是因为其心存戒备,而是因为对方对你的话、或者态度、或者你本人,开始认真起来了。

那么,什么样的上肢语言表示戒备呢?

这个动作其实很隐秘,那就是把胳膊垂直弯曲,然后用外侧朝向你。想象一下这个动作:当你做出这个动作的时候,你的胸腔和腹腔几乎都被你的胳膊阻挡了,对方想要触碰你的正面躯干几乎是不可能的。

这几乎是一种划分领地的动作,当对方与我们在交谈中做出这个动作,那么你心里就要有数,你的某句话或者某个行为让其与你产生了距离感,对方将不再愿意与你有更亲密的关系。

相对的,将胳膊完全放开,正面袒露胸腹,则是毫无戒心的象征。西方人表达亲密的方式往往是拥抱,在拥抱的时候,正面躯干会贴在一起。所以,自然谈话中的双臂展开、两手叉腰,这些会暴露胸腹的动作,往往都是无戒心的代名词。做这些动作的时候,对方的心态是亲善,至少是想要表达亲善。

当然这几种坦露胸腹的动作也略有区别。

◎ 双臂自然展开

双臂自然展开,肩膀自然放松,代表着信任。政客在演讲的时候,常常伸出双手,做出拥抱的姿势,这个动作证明自己的诚意。

◎ 双手叉腰

双手叉腰这个动作比较复杂,在无戒心的基础上,代表一种情绪的转化或深化。比如,在很大程度上,其表达的心态与前面讲过的抱膀子是相反的。

第四章 身体语言的读心策略

◎ 双手在背后交叠

双手在背后交叠，则是自信和风度的输出，用以表示一个人的风度和自信、甚至宽容等基于信任上的正面态度。我们在电视上看到的美国大兵标准站姿，就是双手后背，表达了一种个人英雄主义式的自信。

但是还有一种情况，就是我们在与身边的人交流时，对方突然将手背在身后。这时候，我们就要考虑一下是不是与对方的距离太过亲密了，因为双手背后的动作，也表达了一种"请不要靠近我"的信息。

其实，双臂的动作很复杂，本文本着认真和尽量精确的态度，找出了一些较为典型的动作。这些动作有的较为明显，有的很不起眼，所以，如果想要吃透本文的读心技巧，在生活中就要多多注意观察那些随处可见的动作了。

"心随腿动"：双腿动作体现出内心动向

微反应关键词 对于腿部动作的读心术，难于掌握的就是女性。由于传统，女性的坐姿和站姿都比较端庄，也可以说是呆板，这导致女性的腿部姿势是经过意识形态规训的，而非自然表露。好在男性的腿部姿势往往都很随性，能够比较完美地表达自己的心境。这就是我们可以利用的地方。

从他人处得到信息的时候，注意力往往是由上至下的。因此，人们往往对说话人的脸和五官观察得极为认真，其次是手臂和躯干。至于腿，则很少有人细心观察。

实际上，腿是所有路上生物的最基本器官。腿代表了人最基本的欲望和心理需求，所以，如何通过腿来读取心灵，是我们今天要探讨的课题。

我们先从站立姿势来讨论。

◎ 双腿并拢

双腿并拢，无论男女，都是一种保守心态的体现。想一想，在学校里学生接受老师训斥的时候，双腿必定是并拢的；在部队里，下级服从上级时的立正姿势，也需要双腿并拢；在生活中，一个即使不穿裙子的女孩，如果在陌生人面前也习惯双腿并拢。

这种保守，源于对对方的戒备，其实是一种紧张和不自信心态的表现。所以当我们与对方谈话时，发现对方双腿并拢，我们可以肯定一点：我们的压力让对方紧张。

除此之外，这种姿势还表示了一种戒备心态，这种心态使大腿肌肉紧绷，于是双腿自然并拢。

◎ 男性叉开双腿

叉开双腿，其实质在对裆部的展现，是雄性表达力量和自信的信号。同时，这个动作会让当事人占地面积扩大很多，所以这也是一个潜在的占领领地讯号。

我们回忆一下毛泽东同志的所有照片，双腿几乎都是叉开的；在美国的西部片中，所有的硬汉在站立的时候，双腿也都是叉开的。

◎ 稍息姿势

双腿自然叉开，中心位于一条腿上，另一条腿自然伸出，这就是军事训练中的"稍息"。稍息，字面上看是稍微休息的意思，实际上这个动作也确实起到这个作用。人在做这个动作时，没有戒心，精神较为放松。想想，欧洲中世纪画作里面，所有的绅士在站立时都用这个姿势。因为只有在无戒心的放松状态下，才能保持优雅。

关于稍息，很有意思的一点是：那个非重心脚所指的方向，往往就是当事人想要去的方向。聚会上，如果你发现了一个说话很中听的人，这只脚的方向就必定是指向他的。

站姿讨论完之后，我们再看看坐姿的几种腿型。

◎ 双腿并拢和叉开

双腿的并拢和叉开，即便在坐着的时候，也可以当成站立时看待。并拢的双腿代表一种警戒，而叉开的双腿则代表自信。

当然，女性在大多数的时候双腿都是并拢的，那么如何通过她们的腿部坐姿观察其心态呢？我们在后面会讲到。

◎ 二郎腿

所谓的二郎腿，就是一腿放平，另一腿的大腿部位自然搭叠在放平腿的大腿上。

这是一种心态轻松的体现，一个人在看书读报的时候，往往会做出这种姿势。与他人交谈时做出这种姿势，也是非严肃场合。一般来说，跷二郎腿的人，大脑都比较轻松，其要么在放任思绪蔓延，要么就是把精力落在了当下正在做的某种娱乐活动上。如果对方翘着二郎腿在听你说话，且没有干其他事情的话，那么说明你的话让他很轻松，他听得也挺认真。

◎ 横二郎腿

同样是双腿交叠的坐姿，二郎腿是把大腿交叠在另一条腿上，而横二郎腿是把小腿搭在另一条腿上。在美国，这种坐姿称为"4字腿"。

在心态轻松的同时，还要注意到，这种坐姿的双腿是叉开式的。也就是说，4字腿时，当事人释放的是自己的自信力。

因此，一个人如果不是因为肥胖原因无法摆出二郎腿，那么，一旦他做了横二郎腿，就说明他可能要与你有一番争端，并且有信心战胜你。比如，对于某件事情谁不服你。

◎ 女性特有的双腿交缠

几乎所有的男性对于女性的这个动作都极为迷恋，即一条腿绕上另一条腿，两条腿向一面倾斜。所有的社交礼仪课上，老师都会把这种女性特有的优雅坐姿教给女性；而在较为正式的场合，比如电视采访，这种坐姿几乎成了所有女性必会的坐姿。

而在其他场合，比如在商业会谈上，这种坐姿就成问题了。因为这种坐姿最大限度地展现了女人的魅力。

演绎法：行为细节的推理读心术

> **微反应关键词** 观察、思考、客观冷静，这就是算命先生交给我们的全部知识。看起来简单，但确实是值得我们学习一辈子的学问。更重要的是，这是一门实践知识，必须在生活中反复实践，才能得到最好的发挥。

最近有一种很流行的读心方式，号称通过第一次观察对方，就能得到很多有用的信息。可见，这其实是一门很实用的学问。

但是，早在2000年前的中国，有一类被称为算命先生的人，就已经能熟练地通过观察对方面孔来养家糊口了。

很多根本不懂算命的人，认为算命只是迷信；稍有些了解的人，认为算命是小聪明；而那些真正研究过算命的人才知道，这原来是一门比较深奥的学问。

下面，我们来介绍一位著名的算命先生，他叫曾国藩。

曾国藩，当然不是算命先生，他是军事家、政治家、书法家、理学家，官达总督，爵至侯伯。死后更是得到了人臣最高的谥号——文正。

但是，他却有着算命先生的本事。

太平天国运动爆发后，曾国藩组织团练，招贤纳士。

有一天，有三个人到曾国藩这里找工作，希望为清廷效力。

曾国藩得知后，对手下说："你告诉他们，说我正在开会，现在不便打扰，让他们三个等一等。"

手下便出去向三位访客传话。三人只能坐下等待。曾国藩让下人随时报告他们的举动。

一、两个时辰之后，三人开始行为不一：

第一个人面露急色，但止襟危坐，默不出声；

第二个人在房子里从容地踱步，面带思考之意，气度从容；

 **第四章　身体语言的读心策略**

而第三个人则是越来越不耐烦的样子，不断地向人打听曾国藩什么时候散会。

天黑之后，曾国藩才让手下去告诉那三个人：虽然散会了，但已经太晚了。三人的情况他已经知晓，不日便有妥善安排。

手下奇怪地问，大人明明没有与他们接触，怎么就能妥善安排了呢？

曾国藩说："第一个人比较稳重，但没什么胆识气量，作文书相比是一把好手；第二个人，则是人才，沉着得体，勤于思考，必有所成就；第三个人有胆略，但性子太急，如果不改，将来免不了死于杀场。"

多年后，三个人的际遇果然像曾国藩所说的那样：第一个姓王的书记官，庸碌一生；第二个人便是有"雪帅"之称的彭玉麟，他是中国近代海军的奠基人，官至总督和兵部尚书；第三个人是江忠源，以勇猛著称，后来在庐州战死。

看，这就是曾国藩的"算命"，一眼就看出了三人的未来，神奇吗？其实你也能做到。其重点在于，观察细节。

人的行为举止，其实有很多细节可以观察。而任何一条容易被遗漏的小细节，实际上都能体现人物的心里活动或者性格特质。曾国藩就是通过三人对于"等待"这一行为的细节观察，了解了三人的性格，而"性格决定命运"，所以曾国藩通过这些来预测三人未来的人生轨迹，也就不足为奇了。

其实，柯南·道尔笔下的神探福尔摩斯也是一位读心术专家，他称其为"演绎法"。就是说，通过对案件现场的不断演绎和推理，得出最终答案。

实际上，在面对犯罪分子的时候，读心术更有其巨大的作用。

在《福尔摩斯侦探集》里有这样一个片段：在实验室里初次见到华生的福尔摩斯，热情地握住了华生的手。

福尔摩斯的握手让华生有些吃痛，他简直无法想象，对面的这个人力气有这么大；但是更让他惊讶的是，他还没有介绍自己，福尔摩斯就说出他去过阿富汗，还当过军医的事。

"他究竟是怎么知道我以前的事的呢？我没有跟任何人提过啊。"对于这一点，华生百思不得其解，而福尔摩斯给他的解释是这样的：

他是这么推理的："这位先生有着军人的气概，但同时还有医务工作者的翩翩风度，那么他很明显就是一位军医了；他的脸色黝黑，但是手腕上包裹在袖子里的皮肤却是白色，因此，他一定是刚刚从热带回来；他面容憔悴，左臂还受过伤，动作很是僵硬不便，因此这清楚地说明了他是历尽艰苦、大病初愈。试问，一位英国的军医，在热带的地区受尽艰苦，臂部负伤，那还能在什么地方呢？自然是阿富汗了。"

就这样，通过对华生外表、气质、动作等方面的观察，福尔摩斯在刚一见面时，就精确地判断出了他的职业与经历，让人着实佩服。

其实，无论叫法有什么不一样，这种"算命"的思维方式大体上都是差不多的。

你要做的第一步就是观察，第二步是推理，第三步是决断。

一个人，一举手一投足，都代表着其内心的想法变换，透露出其性格的特征。动作开阖很大的人，内心往往热情、冲动，具备行动性；总是喜欢摸鼻子、眨眼睛，动作畏缩的人，平时也习惯于说谎，心中充满了不自信；喜欢不自觉抖脚、咬紧下唇、握拳的人，会经常性紧张，不能放松自己。

最后，需要注意的是，无论是观察还是思考，切不可让主观思维占据大脑，过于主观和感性的认识，会使你的推理和观察双双"失真"。所以，要客观冷静，才是行为细节读心术的要点。

刺猬法则：距离可以判定当事双方的关系

<mark>微反应关键词</mark>要知道，有很多人在社交时的表现常常与他们的内心需求不符合，这与性格、地位等因素都有关系，数学老师的外冷内热和英语老师的外热内冷即是如此。但这种社交距离，是很难隐藏的。所以，想要破译人真实的心理需求，就必须根据对方与你之间的熟悉程度，来判定其对这段关系的预期。

在社交场合，一位与你谈笑风生的人是否在真诚地接纳你？一群人在一起交谈，怎样能快速地辨别出任意两人之间关系的亲疏远近？

回答上面两个问题其实不难，通过人与人之间的距离，就可以看清它们的关系。

第四章　身体语言的读心策略

美国人类学家爱德华·霍尔把人与人的距离分为四种：

一是 3.7～7.6 米是公众距离；二是 1.2～3.7 米是社交距离；三是 0.45～1.2 米是个人距离；四是 0.15～0.5 米是亲密距离。

上述结论，包括了人们心里普遍对各种社交关系的"距离预期"。也就是说，当两人之间距离始终保持在 3.7 米以上，那么说明他们之间没有什么实际的个人关系；当两人之间的肢体距离保持在 1 米多到 4 米之间的时候，说明他们之间有相互的交流，但言谈之间应该达到礼貌程度；而若有人与你保持半米到 1 米左右的距离，则说明你们可以成为朋友，聊一些私密的话；当你们之间的距离时常在半米以下时，那么恭喜，你们已经是至交好友了。

陈莉有一次和几位中学同学回母校探望以前的老师。

几个人首先探望的是班主任数学老师。数学老师是位 40 岁左右的女性，在几人还是学生的时候，对大家的要求就十分严格，所以大家都有些害怕数学老师，虽然看到她很高兴，但大家都不敢太过放肆。而老师虽然也很高兴，但由于对学生们一直以来十分严格，言语之间也不好太亲近。

只有陈莉，离数学老师最近的她一下抱住了数学老师，数学老师略微惊讶之后，马上回抱住陈莉，拍了拍她的头。

之后几人去看英语老师。在母校的英语组办公室，英语老师很热情地接待了他们，并且给他们在办公室里找了座位，并分发了一些水和零食。

同学们都觉得英语老师比数学老师要和蔼可亲得多，有几个同学甚至觉得，这时候陈莉应该又上去抱老师一下吧。结果陈莉从头到尾虽然同样热情礼貌，但并没有对英语老师做出过分亲热的举动，这让男生们很奇怪。

探访结束之后，同学们很奇怪地问陈莉："为什么你对严厉的数学老师上前拥抱，对英语老师就没那么热情？"

陈莉笑着说："因为距离啊。你看数学老师虽然还是那么不苟言笑，但她离我们很近。严肃只是她的性格，而实际上她是亲近我们的。而英语老师虽然对我们很热情，但都是到礼貌为止，热情中带着距离。所以……"

仔细想想，生活中实际上有不少陈莉这样的人：他们能在第一时间判断出对方与自己的亲密程度，既不会在对方没有准备的时候过于亲近，防止显得交浅言深；也没有在对方向自己示好的时候有任何生硬，而忽视对方的善意。

秘诀很简单，就是因为他们读懂了社交的"距离密码"，他们敏感地通过对方与自己之间的距离，抓住了对方想与自己建立怎样的关系。

走路姿势：性格心理的密切写照

> 微反应关键词 世界上没有两片相同的树叶，世界上也没有走路姿势一模一样的两个人。这不仅是身体上的差异，更重要的是个性上的差异。不同的走路方式，折射出的是每个人的个性。

平时在路上，除了列队行走的军人，人们走路的姿势是各式各样的，不可能完全一致。时间长了，你就会发现，一个人的走路姿势与人的性格、心理密切相关。一般来说，可以总结成下面几种类型：

◎ 标准步姿

腰板挺直，收腹收胸，步伐有弹力，手臂自然摆动，眼睛平视前方。这类人一般都乐观、自信，对人友善且有远见。

◎ 走路时手插在裤兜里

一只手插在裤兜里的人，走路显得很潇洒，比较重视自己的形象，很重感情，也很懂感情。两只手同时插在裤兜里，为人一般比较懒散，个性上有点多愁善感。

◎ 走路时两臂在身后摆动

这类人有点自高自大，什么账都不买，什么都不怕。性格比较蛮横，别人很难与其进行言语上的沟通。他们爱打抱不平，喜欢指挥别人，不愿意被别人指挥。虽然如此，但是这类人思维敏捷，做事有条不紊，有很强的组织能力，具有做领导的潜力。

 第四章　身体语言的读心策略

◎ 走路时两臂在身前摆动

这类人往往胆小谨慎，唯唯诺诺，看上去没有精神，非常柔弱。他们承受不住一点精神上的打击，情绪很容易崩溃。但如果是故意装出这样的走路姿势，说明此人油里油气，别人很难看清他的真实为人和目的。

◎ 走路时上身微微前倾

这类人大多个性内向，为人谦虚而含蓄。他们与人相处时，表面沉默寡言，但极重情谊。他们表面看起来很平和，内心却十分火热或急躁。

◎ 走路速度很慢

走起路来气定神闲，比一般人慢半拍。这样的人能严格自律，为人谨慎，做事有条理，对任何人都十分宽容。为人精明而稳重，不轻信人言，重信义，守承诺。虽然看上去有点懦弱，但实则十分有思想、有主见。

◎ 走路速度很快

这类人大多聪明能干，精力比较充沛，勇于面对生活中的各种挑战，有很强的适应能力。他们做事讲究效率，从不拖泥带水，只要是想办成的事情，就一定会朝着目标努力，严肃而认真，是个"言必信，行必果"的人。

◎ 小步快走

就像古代臣子见君主时的样子，用小碎步急急行走。这类人可能长期处于被管理、被领导的地位，养成了这样的行走习惯，或是本身就性情急躁，抑或心情急迫。

◎ 走路时大踏步

这类人一般都有强健的体格，自信心比较强，个性顽固且好胜，做事十分干练，讨厌别人拖拖拉拉。他们心地善良，别人有事相求一定会尽力帮忙。

◎ 走路时脚拖地

这类人走路不抬脚，鞋跟与地面摩擦严重。这类人常有疲劳、不快乐及苦闷的心情，做事没有积极性，墨守成规，没有开拓性，也没有突出的才

能，常会在命运方面受阻或受挫。

总结起来，最好的走路方式是：抬头挺胸，眼向前看，步伐不紧不慢。这样，才能给人一种自信、积极向上的感觉，也容易获得他人的信任和好感。

站立姿势：人之秉性的真实体现

> 微反应关键词 在长辈的教导下，可能人人都知道，什么样的站姿是优美的。人们也都想做到"站有站相"，但这并不容易完成。因为，人的站姿其实和个性有密切关系，有什么样的性格就有什么样的站姿。所以，人的性格千差万别，站姿也就千差万别。

在我们的成长过程中，长辈们总是教导我们要"坐有坐相，站有站相"。尽管如此，人们的站相还是千姿百态，不尽相同。每个人都有自己习惯的站立姿势。美国夏威夷大学的心理学家指出：人们的"站姿"其实是由一个人的性格特征决定的。

◎ 站立时，双手叉腰

这类人多是领导，具有很强的自信心和权威性。如果他的双脚分开比肩宽，整个身躯微微向前倾，往往表示其具有潜在的进攻性，你就要做好对方要发火的心理准备。

◎ 站立时，习惯将双手插入口袋

这类人一般城府较深，不会轻易地向人表露心思，而是暗中策划行动。他们的性格偏于内向、保守型，凡事步步为营，警觉性很高，不会轻易相信别人。

 第四章 身体语言的读心策略

◎ 站立时，习惯一只手插入口袋

这类人往往性格复杂多变。有时会亲切随和，与人推心置腹，极易相处；有时则对人冷若冰霜，处处提防，将自己层层包裹起来。

◎ 站立时，习惯把双手置于臀部

这类人往往有主见，比较自信。做事绝对认真，为人稳重不轻率，具有驾驭一切的魅力，比较有领导才能。他们最大的缺点是，主观意识太浓，而且听不进劝告，所以有时候表现得很固执。

◎ 站立时，将双手置于背后

这类人性格保守，最大的特点就是尊重权威，遵守约定俗成的规则，而且极富责任感；不过，只要给他们一定的时间，他们也能够接受新思想和新观点。另外，这类人的情绪不是很稳定，因此，往往显得有些高深莫测。优点是富有耐性，做事不怕麻烦，无论遇到什么困难，都能够坚持到底。

◎ 站立时，双手交叉放于胸前

这类人大多个性坚强，在困难面前不屈不挠，不会轻易低头。同时，他们过分追求个人利益，且有很强的戒备心，与人交往时，常常摆出一副自我保护的防范姿态，拒人于千里之外，往往给人冷冰冰的感觉，令人难以接近。

◎ 单腿直立，另一腿弯曲或交叉在一侧

这是一种持保留态度或者有轻微拒绝倾向的站立姿势。习惯这样站立方式的人，往往自信心不足，性格比较腼腆，到了一个陌生环境或者不熟悉的人中间会觉得很受约束。但是，他们待人很真诚，内心也比较火热，喜欢帮助别人。

◎ 双脚并拢，双手交叉

这类人为人处世谨小慎微，而且凡事喜欢追求完美。从外表看起来，他们稍显懦弱，似乎缺乏积极的进取精神；实则，这类人性格中有很坚韧的一面，他们认准的事情，就会坚持做到底，绝不轻言放弃。

◎ 习惯倚靠着物体站立

他们不是靠着墙，就是靠着桌子，没有任何物体的时候，还会靠着别人。这类人比较好的方面是，为人坦白爽直，也容易接纳他人；不好的方面是，缺乏独立性，做事总喜欢走捷径。

身体语言往往比嘴巴更诚实，嘴巴经常有意识地撒谎，身体语言却是无意识地流露出真实状态。我们只有仔细观察一个人的站姿，才能从中可以看出他是一个怎样的人。

随意坐姿：内心状态泄露出的秘密

微反应关键词 坐在你对面的人，他在想什么？这可能是每个人都非常想了解的问题。其实很简单，要想知道他的内心状态，看看他放松时的坐姿就行了。坐姿不会说谎，它会告诉你当事人真实的心理状态。

你觉得怎样坐着最舒服？你的这个看似不经意的坐姿可能会"出卖"你，它会透露出你的性格特点和内心秘密等一些信息，下面让我们一起来看一看。

◎ 正襟危坐的人

两腿并拢，整个脚掌着地。这类人为人真挚诚恳，襟怀坦荡，天生古道热肠。因此，虽然性格直爽，但不会激怒他人。他们的特点是，做事有条不紊，但比较容易钻牛角尖，力求周密完美。并且，他们从不冒险行事，也缺乏足够的灵活性，难免给人留下拘泥于形式和呆板的印象。

 第四章 身体语言的读心策略

◎ 跷着二郎腿的人

这样的坐姿显得很自然，说明此类人比较自信，懂得如何处理复杂的人际关系，也比较会享受生活。但是，如果一条腿勾着另一条腿，则说明此类人为人谨慎、矜持，没有足够的自信，做起事来经常犹豫不决，性格也显得比较复杂。不过，因为能掌握待人处事的分寸，也能得到他人的喜欢和好评。

◎ 脚尖并拢，脚跟分开

这类人做事太过认真，一丝不苟，常会显得犹豫不决。他们虽然知道这样做会耽误事，却往往不能改正。他们不太喜欢交际，总是独处，或只跟最亲近的几个人交往。他们的洞察力很强，能以最快的速度准确地判断出陌生人的性格；但有时候，会过高地评价自己的能力。

◎ 两脚并拢，脚尖抬起，脚跟着地

这类人谨慎小心，孤僻自闭，不敢融入人群，对人常持远观和防卫态度。这和他们天性异常敏感有关系，他们不能够承受一点点指责和议论。周围人能感觉到他们的这一特点，因此常会避免和他们谈论一些问题，这会让他们产生一种被隔离的孤独感，更增加了他们的防卫心理。

◎ 双脚向前伸，脚踝部交叉

男性出现这种坐姿时，常会双手握拳放在膝盖上，或者紧紧地抓住椅子扶手；女性则双手自然放在膝盖上，或将双手交叠。这类人通常喜欢发号施令，而且还有强烈的嫉妒心，总是想在各方面争第一，喜欢支配和控制他人，所以，他们可能很难相处。另外，此类人做事有点犹豫不决，尤其是在个人生活上，经常会害怕做不好，出现紧张、恐惧心理；同时，他们会防御别人，避免受到他人的支配和攻击。

◎ 双腿分开而坐

这类人胸怀坦荡，可能具有主管一切的偏好，有指挥者的气质或支配他人的性格。他们一般都很外向，无所畏惧，甚至有些不知天高地厚。如果是女性，则说明其缺乏生活经验，甚至有些自以为是。

◎ 坐着时，腿脚不停抖动

这类人很自私，凡事从自己的利益出发，极少考虑别人，对人很苛刻，对自己却很纵容，没有什么人缘。但他们善于思考，经常能提出一些别人想不到的问题。

可能我们很难猜出对方内心所想，但如果做个有心人，认真观察陌生人的坐姿，在三、五分钟内，即使你们没说话，也能对对方的兴趣有个大概的了解，这是一个很不错的公关策略。

示爱本能：异性间示爱时的身体信号

> 微反应关键词 研究发现，一个人向外界传达完整的信息，有55%是由肢体语言完成的。男女示爱尤其主要靠肢体，它不但是一种本能，而且因为害羞或者不确定，肢体语言能避免很多尴尬。所以，异性之间示爱时，会发出一些肢体语言信号，等待对方做出心照不宣的回应。

对于很多人来说，都有过这样的体验：当我们走在大街上的时候，如果迎面走来了一位美女或者帅哥时，我们就会本能地挺胸收腹、容光焕发，甚至连那些平时有着"啤酒肚"的人也会不由自主地收腹抬头，使自己看起来更加挺拔威武，而且走路的步伐也会变得轻快起来。其实这一切的目的就是希望将自己最好的一面展示在异性面前，凭借其自身魅力博取异性的青睐。

可以说，肢体语言是人们在向异性示爱过程中最基本的交流工具，因为几乎所有的想法和情绪都能够通过肢体语言表现出来。在这一点上，总是女人在掌握决定权。在90%的情况下，首先示爱的总是女性。通常，女性发现了心仪的男性之后，她就会通过眼睛、身体或者面部表情不断地向对方发送一些旁人不易察觉的示爱信号，直到她认为对方已经注意到了她和她发出的

第四章　身体语言的读心策略

示爱信号，并且做出了某种回应。

人们的示爱过程也要遵循一个步骤。比如，一位女性发现了一位极富魅力的男性，那么她首先会静静地注视对方，直到对方也发现了她的存在，彼此进行眼神交流；随后，这位女士的脸上会浮现出一种稍纵即逝的微笑，这是一种默许的信号，女性常常会借此暗示异性采取下一步行动；第三步就是整理仪容，借此来凸显自己的魅力，吸引异性的注意；第四步是说话，走近对方，试图以闲聊的方式拉近两人之间的距离；第五步是肢体接触，有时候女性会看准时机"无意间"触碰一下男子的手臂。

尽管这五个步骤看起来显得无关紧要，但这对一段新关系的确立具有至关重要的影响。在这五个步骤中，肢体语言将起到决定性的作用。比如，在整理仪容中，男人和女人的基本动作都是一样的，这其中包括梳理头发、整理服装、将一只手或者双手置于臀部、用脚尖和身体指向自己感兴趣的对象等。在一方没有接收到明确信号或给予明确表态的前提下，另一方都会想方设法地通过肢体语言来示爱。

基本来说，女性在示爱时最常使用的肢体动作和信号有13种，她们正是借此来传达自己的单身信息的：

（1）仰面与抚弄头发，这是女性在发现心仪对象时最先使用的两种信号。

（2）温润的嘴唇、噘嘴以及略微张开的双唇。

（3）自我抚摸，女性的这一行为能让她产生一种被男人爱抚的幻觉。

（4）展示自己柔软的手腕，借此来表示自己柔弱恭顺的心意，以期得到异性的关注。在男人眼中，拥有柔软手腕的女子格外娇柔动人。

（5）对圆柱形物体的热情抚摸，比如，玩弄香烟和手指，或者耳环等任何与男性生殖器形状相似的物体。这一动作其实是行动者内心想法外显的一种下意识行为。

（6）将手腕内侧那面平滑柔软的肌肤暴露在她感兴趣的男子面前，而且随着兴趣的增高，女性闪动手腕的频率也会逐渐增加。

（7）扬肩外带斜视的目光，扬起的肩头突出了女性特有的珠圆玉润的曼妙身姿。

（8）摆动自己的臀部，于无形中突出了男女间的性别差异。

（9）扭动自己的胯部，女性在站立时的扭胯动作往往能够显示出其卓越的生育能力。

（10）如果女性将手提包放在一个靠近异性的地方，从而让异性注意到它的存在，或是碰触到它，那么，这表示她对这位异性十分感兴趣，表示愿意接受对方。

（11）女性常常将一条腿弯曲后压在另一条腿之下。每当这时候，她们弯曲的那条腿的膝盖指向的往往就是那个让她最感兴趣的人。

（12）将脚伸出鞋外，只用脚趾钩住鞋子来回晃动的动作，也是一种暗示行为者放松心态的动作。

（13）女人们常常会有意识地用两腿合而为一的姿势来让对方注意到自己的双腿，这是一种最能让男性心动的女性坐姿。除此之外，缓缓地将双腿交叉，然后分开，同时用手指轻轻地敲击大腿，这同样也是女性暗示其内心渴望被抚摸的欲望。

女性的示爱动作可以说是展示自己的魅力，而男性的示爱动作和姿势从本质上来说就是一个展示其权力、财富和身份的过程。男性在示爱时最常用到的肢体语言动作基本上都是围绕其裆部展开的。

比如，在面对女性时，男人能够做出的最直接凸显其两性差异的动作就是极具侵略性的拇指勒紧皮带的姿势，从而让其裆部显得更为突出。而且，男性还会将身体和脚尖慢慢朝向心仪的女性，然后用一种暧昧的眼神长时间地凝视着她，将她的注意力吸引过来。在坐着的时候，甚至会故意叉开双腿，露出裆部。这些都是男性在一些公共场所最常做的向女性示爱的动作。

可以说，很多时候男女最初都是在肢体语言的推动下才向异性示爱的。因此我们每个人都有机会去修饰自己的外形，从而加强自身对异性的吸引心理，以赢得更多的接触机会。男女之间的示爱信号很多，如果发射的信号够强，穿透力够大，那么一切都将水到渠成。很多人有时候碍于羞涩和勇气而不敢直接表白，那么通过上面的肢体信号，如果你也钟意对方的话，就给对方一个明确的回应吧。

第五章

面部动作的读心策略

　　当你与一个人面对面的时候,很难清晰地观察他的四肢和躯干,此时,你只能在对方的脸上"做文章"。但千万不要以为这样就无法读心,要知道,五官里的学问,也深得很。

 第五章　面部动作的读心策略

头部的简单动作体现出内心动向

> 微反应关键词 我们在观察别人时，第一眼看到的就是人的头部。我们通过头部的动作，可以分析出他的内心想法：是赞成还是反对、是友善还是敌意、是感兴趣还是厌烦，等等。

我们在观察别人的动作时，首先是观察人的头部。这不仅仅因为头位于身体的最上面，最为明显；更重要的是，头部动作所传递的信息很多。下面，我们就来看看头部的动作所传达的信息。

◎ 直竖着头

中国古代哲学中有"不偏不倚谓之中"的说法，意思是说，头部的姿势如果保持正常状态，说明其人对你提出的观点既不赞成，也不反对，而是保持中立的态度。这类人可能老谋深算，城府极深，要想说服他，就必须要说出有利于他的条件。

◎ 斜偏着头

一般来说，当我们对某件事或某个人感兴趣、或者对某一观点表示赞同时，会有这样的动作，还会伴随着不断地点头。因此，当别人在对你说话时，你只需要斜着头点头微笑，就会使对方有温馨的感觉，愿意继续与你交谈下去。

◎ 向下低头

这种头部动作意味着否定。比如，你向领导汇报工作时，如果他听到一半就低下了头，一定是对你的工作不太满意，不愿意再继续听下去。这时，你就应该知趣地停下来，主动将工作完善。另外，当受到批评时，人们也会

下意识地低下头，表达歉疚的感情。

◎ 双手在脑后托头

这类姿势常被认为是成功人士的专利。在社交场合，像会计师、律师、业务经理等，一些自信又有优越感的人，常常会做出这种姿势。

◎ 不断点头

点头表示答应、同意、理解和鼓励，大多表示同意的意思。当听某人讲话时，只需要向他点点头、笑一笑，就能给对方留下很好的印象；但是，如果这个动作过于频繁，就会给人留下敷衍的感觉。

◎ 头向后仰

这个动作代表着骄傲或自信。但通常情况下，会给人留下不好的印象。比如，在影视剧里的势利小人，面对地位不如自己的人会经常做出头向后仰、鼻子朝天的姿态。在生活中，一个人把头部向后仰，其情绪变化大概是从沾沾自喜到自命不凡，再到自认优越。基本上，这种动作会让人觉得你是在挑衅，因此要尽量少用。

◎ 头部突然上扬

如果是不熟悉的人，头部上扬代表吃惊；如果是熟悉的场合，则表示当事人猛然醒悟，突然明白过来。一般来说，在商务场合，这类动作会给人留下不稳重、不值得信赖的印象。这样的身体语言也是非常不受欢迎的。

◎ 头部突然低下

头部突然低下可以隐藏脸部，表明当事人是谦卑和害羞的。但如果在竞争场合把头低下，则表示当事人承受不了再多的压力，希望能早点结束争辩。

头部属于人体的"司令部"，最先传达给我们的是他人的内心语言，这一点大家不要忽视。

第五章 面部动作的读心策略

笑容：不同的笑容背后隐藏的意义大不同

> 微反应关键词 未曾开口人先笑。笑通常被认为是表示友好的信号。但是，心理学家发现，笑容有很多种，真诚的笑、开心大笑、掩口而笑、假笑，等等。这是由人的性格以及不同的心理状态所决定的。

笑通常被认为是表达喜悦和友好的信号。不过，心理学家研究发现：笑还能反映出一个人的内心世界，作为一种沟通方式存在。比如，苦笑就不是发自内心的笑，而是苦闷心理的发泄；微笑能让人际关系更和谐。人们笑的方式有很多种，究竟在这些笑容背后都隐藏着什么样的秘密呢？下面就为您揭晓答案。

◎ **经常捧腹大笑**

这类人大多爽快开朗，不会掩饰自己的感情，想哭就哭，想笑就笑，活得很自在。他们富有幽默感，别人跟他们交往会觉得很放松。他们还很有爱心，总会热心地帮助需要帮助的人。他们不会嫌贫爱富，更不会嫉妒比自己强的人，所以很值得交往。

◎ **静静地微笑**

这类人个性安静，不爱热闹。哪怕是身处嘈杂的场所，也能开辟出一块属于自己的小天地，静静地观察着周围的人。他们头脑冷静，尤其是遇到紧急事情，别人焦头烂额的时候，他还能理智地分析，并能找出解决问题的方法。生活中，他们从不轻易地向人袒露心事，显得默默无闻。

◎ **窃窃而笑**

这类人大多性格保守，为人处世小心内敛，与人交往时，表现得有点羞怯。他们对别人的要求很高，如果别人做不到，就难讨其喜欢。不过，一旦有人满足了他们的要求，他们就会将这个人视为好朋友，并能与其患难与共。

◎ 附和别人而笑

这类人性格随和，乐观开朗，热爱生活，人缘一般都不错。他们遇事从不着急，喜欢顺其自然。他们对生活没有太多的要求，自己也没有什么远大志向，只要每一天过得平平淡淡、开开心心就好。

◎ 掩口而笑

这类人大多性格内向，与人交往时比较害羞。如果是女性，则不会主动与人打交道，也不会轻易吐露心声；如果是男性，则多少有些娘娘腔，跟其他人相比显得格格不入。

◎ 笑中带泪

经常会肆意狂笑，以至于眼泪都出来了。这类人感情比较丰富，富有同情心，常向别人伸出援手而不求回报。他们热爱生活，对任何事情都保持着热情，能够积极进取。

◎ 笑声干涩

他们笑起来若断若续，略带冷漠。这种人在生意场上比较多见，大多比较现实和实际，有敏锐的观察力，能够通过细节观察别人的内心，掌握别人的想法。他们对人也很冷淡，只考虑自己的利益，一旦对方没有利用价值，就不再热情。

◎ 笑声柔和

这类人在个性上温柔敦厚，不喜欢与人争执，处处谦让。他们一般都深明事理，凡事都能看得开，为别人着想，因此能得到别人的尊重和爱戴。他们还善于处理人事纠纷，帮助安抚当事人情绪，能做到公平公正，让双方都心服口服。

在我们的生活当中，能听到各种笑声，了解了隐藏在笑容背后的性格秘密，就能听声识人，提前知道他们的性格和内心想法。

第五章 面部动作的读心策略

嘴部活动：内心活动的即时反映

> 微反应关键词 嘴巴是个人情感宣泄的重要渠道。人们无论在高兴、愤怒还是惆怅的时候，多是通过说话来发泄的。这时候，你如果仔细观察他的嘴巴就会发现，心情不同，他的嘴巴也会出现不同的小动作。

在五官当中，嘴巴和嘴巴周围的肌肉异常发达，嘴巴也是最灵活的部位。吃东西需要用嘴，说话的时候要用嘴，高兴时大笑，生气时噘嘴，嘴巴或张或合、或紧或松，组成了丰富的动作。同时，也传递出人们此时此刻的内心活动。

◎ 微笑

嘴角向上，成一个弧形微微翘起。一般来说，这种动作表示精神愉悦，它是人真情实感的自然流露，包含着真诚、信服、友善、爱恋、喜悦、娇羞等情绪。无论是他人还是对方，都会感到身心舒服。多微笑，哪怕是可以装出来的微笑，也是人际关系的润滑剂，能促进人际关系的和谐。

◎ 大笑

嘴部大张，甚至有点不顾形象。一般来说，这种动作代表极其开心，而且表示很信任对方，跟对方的关系很亲密，所以才不怕自己的形象受损。在陌生人面前，人们很少有这个动作，一般都是在熟人面前，情绪处于极其放松的状态下，人们才会张开嘴大笑。

◎ 张圆嘴巴

嘴巴张成一个圆，相应的表情还有眼睛睁大、眉毛挑高。嘴部显示这种动作，可能是遇到或者听说了什么不可思议的事情，感到非常震惊和诧异。

比如，非常非常丑的某个人竟然娶到了一位很漂亮的新娘，熟悉他的人听到这个情况，一定会张大嘴巴，仿佛在问："真的是这样吗？"

◎ 嘴巴抿成"一"字形

做这个动作的人可能正面临着紧急的事态，或者需要很快做出人生的某个重大决定。抿嘴的动作，表示他们已经做好某个决定，但是感到压力很大，会不自觉地做此动作来给自己打气，给自己信心。如果一个人经常做这样的动作，则说明他性格倔强，遇到困难不会临阵退缩，所以获得成功的可能性很大。

◎ 牙齿咬住嘴唇

交谈的时候，对方用下牙齿咬住上嘴唇，或者用上牙齿咬住下嘴唇，这表明他们正在认真聆听你的谈话，同时在心中仔细揣摩话中的含义。如果是在谈判桌上，这种动作表示他对你的产品很感兴趣，或者比较认可你提出的条件，接下来，不用费多大力气，就能很轻松地说服对方。

◎ 嘴唇歪斜

嘴唇歪斜说明这个人内心焦虑不安，可能是遇到了比较大的麻烦，或者深处困境之中。比如，在等待交警处理问题的司机脸上，就会看到这种嘴型。

另外，还有一些嘴部动作很迅速，动作幅度很小，如果不细心观察，很难被捕捉到。

◎ 嘴唇向前撇

嘴唇微微向前突出，好像噘嘴的样子，但幅度很小。这表明他对接受到的外界信息持不相信、不确定的态度，希望能得到肯定回答或者更详细的解释。

◎ 嘴唇往前嘟起

嘴唇比上一个动作更往前突点，变成了嘟起。这表明此人的心理可能正处于某种防御状态，并试图说话。这时，任凭你说什么，他都不可能相信，不如给他一次说话的机会，事情可能会出现转机。

 第五章　面部动作的读心策略

通常，嘴巴所传出来的内心信息是比较容易观察到的，也是比较容易理解的；不过，如果单独观察嘴巴，不一定十分准确，还需要配合面部其他动作来进行最后的判断。

眼部肌肉越灵活，暴露得越多

微反应关键词 脸部肌肉的不同运动方式，会呈现出不同的心理活动。眼部周围的肌肉最为灵活和微妙，所以眼部肌肉所表达的感情也最为微妙。想要了解一个人当前的细微心理动态，观察他的眼睛，是最佳的办法。

作为心灵之窗，眼部能够泄露出许多秘密。所以，仅仅是判断视线的交汇与闪避，无疑是对这个最容易泄露出情绪的"窗口"大材小用。学会观察眼部细微的活动，我们才能够读到更多对方心中的想法。

除了看视线之外，还有很多微观的眼部表情。这些微观表情往往能表达出丰富的感情，我们可以从瞳孔和眼睑的涨缩、眼球的运动来看出这些心理活动。比如：

眼睑和瞳孔同时急剧收缩，代表对方极端的愤怒；

瞳孔和眼睑同时放开，则代表对方的震惊；

恐惧会让人的瞳孔收缩、眼睑放大，或干脆闭上眼；

人在悲伤时瞳孔不会有太大反应，但眼睑会缓慢地小幅度地收缩；

喜悦会让人的眼睑较快收缩，但不会使瞳孔产生太大变化；

人在思考的时候，眼球会稳定不动，焦距也很散漫；

在负面心理压力下的思考，眼球则会水平移动，代表此人在撒谎；

眼球向上大幅度活动，也就是俗称的翻白眼，则是代表其对接受信息感到荒唐。

在用到眼部活动读心术时，有一点需要特别注意，那些做过美容手术的人，比如，扩大眼角会对眼睑活动有影响，使其悲伤的表情很难在脸上看出

来。由于我们看人是否悲伤是从眼部肌肉的活动来判断的，但眼部整容手术会在很大程度上破坏一个人的眼部肌肉，这种破坏使得人们无法灵活自如地使用眼部肌肉，无法做出那些细微的表情。

那么，对于这种情况，我们依据什么来读心呢？

FBI的罗斯探员，就曾经利用巧妙的读心手段，从当事人嘴里得到了他想要的信息。

一个夏日的早晨，20岁的女大学生被发现死在她家不远的山坡上，FBI马上成立调查小组，前期调查由资深探员、心理学专家罗斯探员负责。

于是，他第一时间来到了被害女孩的家。这是一个单亲家庭，女孩的母亲莫顿女士是当地州法院的一名法官，所以她们的经济条件很不错。

罗斯探员试图从莫顿女士脸上发现悲伤，但却没有找到。这令罗斯探员很震惊：单亲妈妈跟女儿的关系往往比较要好，亲生女儿死了，做母亲的怎么可能不伤心？莫非这里面有什么隐情？

罗斯探员正在怀疑的时候，忽然注意到，虽然莫顿女士已经年过四十，但很注意保养和穿着，脸上画着不浓却非常得体的妆。于是罗斯探员心思一动，问道："莫顿女士，你是否做过整容？"

莫顿女士虽然惊讶于罗斯探员的直接，但也老实地回答："是的，年纪大了之后，鱼尾纹增多，所以我曾很大范围地整过眼睑。"

罗斯点了点头，沉吟许久之后，他问了一连串非常失礼的问题：您为什么和前夫离婚？您有外遇吗？被您女儿看到了吗？……

直到罗斯和搭档被怒气冲冲的莫顿女士赶出了房子。

他的搭档埋怨道："你这是干什么？"

罗斯："我想看看莫顿女士是否因为女儿的死感到悲伤。现在可以确定的是，她确实感到了悲伤。虽然因为眼睑手术伤到了眼部肌肉甚至泪腺，所以她不会哭泣，不会做出悲伤的表情。但她是悲伤的，因为我激怒她之后，愤怒的刺激会使她已经萎缩的肌肉得到复苏。在她愤怒的一瞬间，我确实看到了她悲伤的表情。"

总之，观察人的眼睛，主要就是从视线和眼部"零件"两个角度来观察。除了掌握本节所列的观察眼部的读心技巧，我们更需要结合实际情况，才能够将眼部活动读心术用到尽善尽美。

 第五章 面部动作的读心策略

眼神：从眼神破解他人内心密码

> 微反应关键词 很多说谎的人都会避免与别人眼神接触，而人们表达爱意的时候同样会深情地注视着对方的眼睛……可以说，一个人内心的秘密，全部写在眼神里。要想读懂他人，就一定要识别其眼神。

古代人说，看人要看"精气神"，其实，这个神指的就是眼神。成功的社交离不开对人察言观色，任何时候都必须用脸色的变化来调整进退，而脸上变化最具特点的就是眼神。所以，识别别人的心思，最重要的是会识别他人的眼神。

如果一个人眼神沉静，说明他对你着急的问题已经胸有成竹，稳操胜券，只是因为某种原因，他不便对你明说。所以，这个时候就不要多问，静候对方行动即可。

如果一个人眼神散乱，说明他对你的问题也是毫无办法，向他请教是没有任何用处的，不如平心静气，另外想办法解决。

如果一个人眼神横着瞥过来，仿佛带刺，说明他态度异常冷淡。如果有所求，不如暂时搁置下来，退而研究对方冷淡的原因，先修复感情，再谋求帮助。

如果一个人眼神阴沉，则说明对方为人凶狠。与这样的人打交道，一定要万分小心。如果没有必要，就不如离他远一点，这样会更安全。

如果一个人眼神流动频繁，说明他是个心怀诡计、城府极深之人。遇到这样的人，一定不要过分相信对方所说的话，尤其是好听的话，也许这就是鱼钩上的饵，需要格外小心，步步为营。

如果一个人眼神呆滞，则说明对方是个愚钝之人，为人胆小懦弱，思维缓慢。遇到问题时，千万不可问他。必要时，要给他一些点拨，这有可能会获得对方的无尽感激。

如果一个人眼神犀利异常，则表示他正处于愤怒之中，火气很大，有一点点火星，就会马上暴发。这时，千万不要跟他针锋相对，而要适当妥协，谋求转机。

如果一个人眼神恬静，且面带笑意，说明他对某事或某人特别满意。想讨对方喜欢，不妨多说几句恭维话。如果对其有所求，这也是一个很好的开口机会。

如果一个人眼神游移不定，则表示他对你的话已经感到了不耐烦，再说下去会让他越来越讨厌。所以，应该赶紧停下来，或告辞，或寻找新话题，谈点对方爱听的事。

如果一个人眼神凝视着你，很可能他对你的话特别感兴趣，迫不及待地想要听下去。这时，你所说的一切，他必然会很乐意接受。

如果一个人眼神下垂，说明必定触碰到了对方痛苦的回忆。所以，要就此打住。

如果一个人眼神上扬，很可能是他不屑于听你的话。不要妄想用充分的理由和高超的技巧说服他，他已经看破了你的小心思，会因此更加不屑一顾。还不如戛然而止，另寻机会再谈。

总之，眼神有的呆滞、有的灵动、有的阴沉、有的明净、有的犀利、有的平和，仔细参悟之后，必能从中发现一个人真实的内心世界。

眉毛变化体现一个人的喜怒哀乐

眉毛的功用是保护眼睛，但它还能传递人心理动态的信息，眉毛的一举一动都代表着一定的含义。可以说，人的喜怒哀乐、七情六欲都可以从眉毛上表现出来。

了解一个人的心境，并不一定要与他通过言语交谈，观察他眉毛的变化也是很好的途径。因为每当我们的心情改变，眉毛的形状也会随之改变。因此，我们便可以根据一个人眉毛的变化来揣摩一个人的内心。

 第五章 面部动作的读心策略

具有侦查能力的人可以在与人初次见面时将对方的性格猜得差不多，原因何在呢？关键就在于他们善于捕捉这些小细节。美国的一位 FBI 被人们称为"读脸专家"，他发现，眉毛最能表露一个人的心理：当眉毛向下靠近眼睛时，表示他对周围的人更热情，更愿意与人接近；而眉毛上挑，则表示这个人需要尊重，需要更多时间适应现在的场合。所以说，眉毛还能传递人内心的许多秘密。

眉毛常见的动态大致可以分为以下几种。

◎ 扬眉

当眉毛扬起时，会略微向外分开，造成眉间皮肤的伸展，使短而垂直的皱纹拉平，同时整个前额的皮肤挤紧向上，造成水平方向的长条皱纹。

扬眉可以分为双眉上扬和单眉上扬。当一个人积聚在心里的某种不快得到解决时，就会眉飞色舞。如果对方出现眉毛上扬这种动作，则说明此时他的心情很好、内心舒畅，或者为了对你表示亲切，在对你的意见表示认可的时候也会出现同样的动作。

当你和对方商谈一件事，正在谈的过程中遇到困难，希望对方能给予帮助，你看到对方眉毛扬起来，喜形于色，此时，你便可以具体谈要求，对方会乐于对你进行帮助，因为他的"扬眉"指示了他能够并且会帮你走出困境的信念和力量。

但同时也要认识到，一个人眉毛上扬有时则代表他正想逃离庸俗世事，或是受到了严重的惊吓。在这时就要注意了，此时对方的心情一定不会太好，起伏一定比较大，若是你有什么事情要跟对方说，不妨等到对方平静了再说。

单眉上扬，则说明一个人对别人所说的话或做的事有些疑惑或不理解，正处于思考之中。

◎ 皱眉

皱眉可以代表很多种心情，例如：惊奇、错愕、诧异、快乐、怀疑、否定、无知、傲慢、希望、疑惑、不了解、愤怒和恐惧，等等。

皱眉的情形包括防护性和侵略性两种。防护性的皱眉只是保护眼睛免受外来的伤害。但是只皱眉还不行，还需将眼睛下面的面颊往上挤，眼睛仍睁开注意外界动静。这种上下挤压的形式，是面临外界攻击、突遇强光照射、

强烈情绪反应时典型的退避反应。

至于侵略性的皱眉，其基点仍是出于防御，是担心自己侵略性的情绪会激起对方的反击，与自卫有关。真正侵略性眼光应该是瞪眼直视、毫不皱眉的。最常见的皱眉，常被理解为厌烦、反感、不同意等情形。

眉头深皱的人，一般都是很忧郁的，他们基本上是想逃离目前所处的境遇，却经常因为某些原因不能如此做。如果一个人在大笑的同时皱眉，说明这个人的心中其实有轻微的惊恐和焦虑，他的眉毛泄露出明显退缩的信息。虽然他的笑可能是真的，但无论他笑的原因是什么，都可能会给他带来困扰。

◎ 耸眉

耸眉一般表现为眉毛先扬起，略停留片刻，而后再下降，同时还会伴着嘴角迅速往下一撇，但脸上其他的部位不会有什么大的反应，这代表的是一种不愉快的惊奇或是无可奈何。

此外，当人们在谈论某件事时，为了强调自己的看法，也经常会做出相似的动作，主要是为了让对方对他的观点表示赞同。

◎ 眉毛抬高

这种眉毛动作可以分为全部抬高和半抬高。全部抬高是对某件事持完全不相信态度的一种形态。如果突然遇到某件无法想象或难以理解的事情，眉毛就会全部抬高；如果遇到某件令人十分惊讶的事情，他的眉毛就会本能地做出和全部抬高高度不相同的动作，类似于半抬高。

我们重点说一说女性高抬的眉毛。女性抬起眉毛时，眼部轮廓也跟着扩张，会使眼睛看起来更大（当然这里的大眼睛与男性瞪大眼睛不一样）。另外，有些女性喜欢用抬高的眉毛和微闭的双眼展现出一种睡眼惺忪的模样，显得楚楚动人，这显然是在向异性传达爱意。

◎ 眉毛降低

这种眉毛动作可以分为眉毛半降低和眉毛全部降低。当一个人对他人做出的某种举动表示不理解时，就会出现眉毛半降低的形态。如果眉毛完全放下，就说明他现在正在为某件事而十分气愤，已经到了忍无可忍的地步，这个时候最好不要去招惹他，待他平静下来再说。

第五章 面部动作的读心策略

◎ 眉毛闪动

眉毛闪动通常是指眉毛先上扬，然后又忽然降低，像流星划过天际，动作迅速敏捷。这种动作是一种大众化的动作，代表着人类通用的表示欢迎的信号，是一种向别人表示友好的行为。

当一个人与久别重逢的好朋友相见的那一瞬间，通常会做出这种反应，并且同时还会伴着扬头和微笑；但是在握手、亲吻或拥抱等亲密行为的时候，是很少会出现这种动作的。此外，眉毛闪动若是出现在对话时，则起了加强语气的作用。当要强调某种观点时，希望对方能记住自己说的每一个字时，他的眉毛就会扬起来，并在短时间内迅速落下。

探视鼻子的瞬间动作传递出的信息

人的鼻子有没有身体语言？许多人对此看法不尽相同，有人说有，有人说没有。认为鼻子没有身体语言的原因是，鼻子本身不像耳朵或其他器官那样可以动。但是，曾经有位专门研究身体语言的FBI，就关于"鼻子会不会说话的问题"做了一次观察"鼻语"的旅行。他专门去一些人多的地方观察，比如车站、码头、机场等。他旅行了几天后，得出了这样的结论：人的鼻子是会动的，因此说鼻子也是有身体语言的器官。

根据他的观察，在有异味和香味刺激时，鼻孔有明显的张缩动作，严重时，整个鼻体会微微地颤动，接下来往往就出现"打喷嚏"现象。他认为，这些"动作"都是在发射信息。此外，据他观察，凡是高鼻梁的人，多少都有某种优越感，表现出"挺着鼻梁"的傲慢态度。关于这一点，有些影视界的女明星表现得最为明显。他说，在旅途中，与这类"挺着鼻梁"的人打交道比跟低鼻梁的人打交道要难一些。

由此可见，虽然从静态的鼻子中探索一个人的性格和心理相对会有些难度，但是鼻子也会"说话"，我们不妨从一个人鼻子的细微"语言"来窥视这个人的内心世界。

如果一个人出现皱鼻子的情况，表示这个人有厌恶的感觉；歪鼻子表示这个人对人或者事物有些不信任；抖鼻子是一种紧张的表现，或者是感到恐怖或发怒；哼鼻子则是表示排斥某些人或者事情；如果鼻子出现明显的伸缩现象，就表示有异味或者辣味刺激，甚至可以带动鼻子打喷嚏。这些动作都是内在信息的反射，我们要多注意观察。

一本小说中有一段关于鼻子动作的描写。书中的男主角看到一位漂亮的小姐，为了表现出他与众不同的吸烟法，他向空中吐着烟圈，然后烟圈飘向那位小姐。小姐没说什么，只是皱了一下鼻子。男主角便问道："你讨厌烟味吗？"那位小姐没有回答他，只是继续皱着鼻子。其实，皱鼻子的身体语言已经表达出了那位小姐的讨厌情绪，遗憾的是，男主角竟然没有看出来，反而去问一个不该问的问题。这样做自然要碰钉子。

在生活中，我们还经常看到有的人鼻头冒出汗珠子，其实这在一定程度上表明对方的心理非常紧张和急躁。如果你面对的是一个重要的交易对手，对方鼻尖冒汗，表示他想马上达成协议，是无论如何也要完成交易的表现。因为心理的急躁和紧张，所以鼻头有冒汗的现象。

小亮明天就要参加中考了。晚上，妈妈给他做了一顿丰盛的晚餐，其中还包括小亮最爱吃的"宫保鸡丁"。吃饭期间，妈妈一再叮嘱小亮明天一定要好好答题，争取考出好成绩，以便进入梦想中的重点高中。突然，小亮的脸色变得很难看，鼻子上淌下了豆大的汗珠。看到这种情形，妈妈紧张地问："儿子，你是不是病了？"小亮接过话茬，不耐烦地说："妈妈，求你别再提中考的事好吗？你一说我就烦，饭都不想吃了！"

小亮的表现说明，紧张和焦虑确实会引起身体上的反应，包括鼻子上的汗液增多。当然，紧张过度时并非仅有鼻头会冒汗，有时腋下等处也会有冒汗的现象。如果双方不存在利害关系，而对方出现这种状态，表明他可能心有愧意，受良心谴责，或是为隐瞒秘密而紧张。

如果有人在谈话的过程中，鼻子会微胀，多半表示他有一种得意或不满的情绪，也可能正在压制某种情感。一般而言，人的鼻子胀大是表现愤怒或者恐惧，因为当人处在兴奋或紧张的状态中，生理上就会发生变化，呼吸和心律跳动会加速，所以会产生鼻孔扩大的现象。可以说，"呼吸很急促"一语所代表的是一种得意状态或兴奋现象。至于对方鼻子出现扩大的现象，究竟是由于春风得意而意气昂扬，还是由于抑制不满及愤怒的情绪所致，就需要从他在谈话中的其他反应来判断了。

 第五章 面部动作的读心策略

鼻子的颜色并不经常发生变化，但是如果鼻子整个泛白，就显示对方的心情一定是畏缩不前的。如果是交易的对手，或无利害关系的对方，那么多半是他踌躇、犹豫的心情所致，比如，交易时不知是否应提出条件、或提出借款而犹豫不决时常出现这种状态。有时，这类情况也会出现在向女子提出爱情的告白却遭拒绝时，由于自尊心受损、心中困惑、有点罪恶感、尴尬不安的心理，鼻子泛白。

说话时摸鼻子是一种不雅观的动作。交谈时，时不时会做这种动作的人往往都是思想不成熟的人，性格有些幼稚，大多喜欢捉弄他人。然而，当不好的事情发生时，他们绝对不会去承担任何责任。"哗众取宠"是他们最大的爱好，看到你咬牙切齿，他们却根本不在意，反而还会在一旁幸灾乐祸。但是他们的防范意识很差，容易受他人的使唤，许多事情只会跟着别人的意识去做。如果去商场购物，售货员最喜欢这种人，或许他一开始没有购买任何产品的想法，但只要有人跟他说某些产品好，他就会毫不犹豫地买下。

其实，鼻子动作或表情极为少见，而平常人更不会去注意这些变化。但如想知人知面知心，要多加注意鼻子所表现出的各种各样微妙的语言，并加以其他相关信息配合，从而可以快速地看透对方的心理。

下巴动作是个性的"显示器"

心理学家称"下巴是个性的标语"。虽然下巴是脸上动作最少、最简单的部位，但是只要仔细观察，还是能够从中发现对方心理活动的一些端倪。不过，从下巴的动作来观察一个人的心理，需要比较细微的观察能力，而且要结合其他体貌方面的"语言"来综合分析一个人的性格和心理活动，才能更准确更全面地了解一个人。

日常生活中，我们将下腭称之为下巴。从生物学和解剖学的角度来看，下巴仅仅是能够担任发声和咀嚼功能的器官。从外部形状来看，男性的下巴普遍带有少许棱角，很有骨感；而女性的下巴则比较圆润。因此，男性想要

乔装为女性，最难遮掩的就是他们的下巴。同时，下巴的形状基本上决定了一个人发声的音质。

心理学家认为，根据下巴的形状能够推断出一个人的性格。比如，有的人下巴比较尖细，往往暗示出他们比较神经质；有的人下巴多肉，则显示出他们习惯养尊处优。虽然这些推断具有一定的道理，但是除了下巴的形状之外，我们还不能忽视下巴的动作。

提到下巴的动作，我们很容易看到的两种形态是：下巴向前突出和往里收缩。一个人在重压之下，会做出伸长下巴的动作，扛大包的码头工人、挑重担的农民都会不由自主地做出这样的动作来。这从生理上来说，是为了伸直脖颈，使呼吸更为畅通；从身态语言的角度来看，突出下巴的动作，属于攻击性的行为表示，可看做有"扑上去狠揍他一顿"的意图。相关人士认为，突出的部位表示带着有意识侵犯对方势力范围的性格。下巴的突出也同此理，乃是用来表现自我主张的工具。

石娟是某公司经理，出差时与下榻的宾馆服务人员发生了一点儿争执。她坐在沙发上，对方站在她的对面。石娟说："你不用说了，把你们经理找来。"她说话时，高高抬起下巴，却不是为了把视线落在站着的服务生身上，因为她望向了另一边。

当对方位置比我们的视线高时，我们可能会抬起头来与他讲话，但石娟显然不是为了这个目的才高抬下巴的。她的整个姿势给人一种盛气凌人的感觉，高抬的下巴和望向另一边的视线都在向对方表示"和你谈话没有兴趣"。

和女性相比，男性在面部线条上更为粗犷，比如，他们拥有宽阔的下巴。我们观察以动作片闻名的男影星的海报上的照片，他们总是以高抬的下巴来显示自己的雄性特征。而女性在这一点上似乎要略弱一些，因为大部分女性并没有宽阔并且硬朗的下巴线条，所以高抬下巴成了一些女性用来增添威严感的姿势。通常这样的女性都位高权重，比如，英国的前首相撒切尔夫人。撒切尔夫人的很多照片上摆出的头部姿势都很相似，坚毅的表情和扬起的下巴显示出她的强硬和威严。

就像上例中的女经理石娟一样，她在这个时候高抬下巴与她在下属面前高抬下巴有不同的含义。在下属面前，她用这个姿势来增添权威感，就像上面说到的撒切尔夫人一样。而此时面对出错的服务生，她高抬的下巴则显示了一种傲慢和自认为高人一等的态度。我们也可以从电影中的贵族所展现的姿态来说明。英国贵族们总是喜欢抬高下巴来表示他们的尊贵身份，就连为

 第五章 面部动作的读心策略

其拉车的马也用缰绳拉紧,使其能抬高头。

高抬下巴表示高人一等也有着它的渊源。我们必须承认高度很能影响一个人的气度,虽然这不是绝对的,拿破仑就是很好的反面例子。而现实中人们乐于从一些细节上来提升身高,比如高抬下巴。这样在潜意识里就是想要比对方高出一些来,于是用伸长脖子并且高抬下巴的姿势来强调自我。

伸出下巴是为了表现自我,那么,缩紧下巴又包含什么意思呢?

当外国政要下了专机,在《迎宾曲》中检阅三军仪仗队时,仪仗队的士兵们个个保持着直立不动的标准姿势。他们保持头部正直、缩下巴、两眼平视前方、挺胸、缩下腹、两手自然下垂的姿势,表现出了"泰山崩于前而色不变"的军人气概。这种由军队严格训练出来的姿势,很明显地表达着它的意思。相关人士指出,直立不动地挺直着腰背,意味着服从;同样,缩紧下巴的动作和直立不动的姿势一样,也是一种顺从心态的表现。它还表示,不仅不敢侵略对方的势力范围,而且还在有意地缩小自己的势力范围,甘愿接受对方的侵入的含义。

除了下巴向前突出和往里收缩表示不同的心理以外,下巴指示动作也有特殊的含义。当你希望向对方借某样东西的时候,如果对方的双手此时空闲着,但他却不愿意用手来为你指出,只是朝那个方向抬抬下巴,意思是:"在那边,自己去拿吧。"这个时候你就要注意,对方实际上是不情愿的。下巴指示动作有一种轻慢的含义,这个姿势的幅度很小,所透露出的信息是"我不愿意为对方多付出什么"。而有些时候,用下巴指代某人还有一种蔑视的含义。如果你向一个人询问某人的时候,对方用下巴指示方向"就是那个",那么你就可以认为,你要找的人在这一群人中名声不太好。

第六章

生活习惯的读心策略

不同的个人习惯代表了不同的性格和想法,而几乎没有哪两个人的习惯完全一样。就算两个人都喜欢打桥牌,但握牌的姿势不一样,其性格和想法也会迥然不同。

 第六章 生活习惯的读心策略

从打电话和接电话的行为读心

<微反应关键词>我们不妨先对自己进行一下分析：仔细想想，你接电话时的习惯，是本文介绍的哪一种，而你的性格和当时的心理动态，是否与文本的描述相符呢？

生活习惯多种多样，有的人的习惯就比较特殊，比如，喜欢收集本子，收集自己剪掉的指甲等。怪异的行为往往因人而异，比如，一个喜欢收集蟑螂的人和一个喜欢收集自己汗毛的人，经常会让普通人咋舌。

而那些常见的行为，虽然也有不同，但需要仔细辨认。要知道，恰恰是行为上的差别，才更能体现出人的心理动态。

在我们生活中最最常见的、也是最最容易被人忽略的行为之一，就是接电话和打电话。

说起打电话，我们可以从以下三个方面来分析：打电话时的身体状态、打电话时的伴生动作以及接电话的习惯。

◎ 打电话时的身体状态

一个人打电话的时候身体是松弛还是紧绷，往往取决于电话对面的人是什么身份以及两人在电话中聊了什么。这是一种很简单的解读方式：当一个人打电话的时候，姿势随意，神情放松，那就说明电话里讲的事情并不紧急，而此人对电话对面的人也没有太大的敬畏；而如果打电话的时候，其人身体紧张，神情专注，那么说明的问题则正好相反。

还有一种人，无论是接电话还是打电话，无论电话那头在说什么，他的反应都没有太大变化。这样的人，可能性格懒散，看起来邋邋遢遢，也可能精明干练，但无论怎样，其内心必定极为强大。

◎ 打电话时的伴生动作

打电话时的伴生动作有很多,但大概分为两种:有人喜欢做一些与电话内容无关、但却略带趣味的事情;有人喜欢下意识地做一些遵守一定节拍、频率较快的无意义动作。这些动作看似无意义,实际上,在心理学都可以纳入"代偿行为"的范畴。

在打电话的时候,画点东西或干其他一些与电话内容无关的事情,说明这次通话很无聊,他必须找点事情做,让心理空虚得到填充。

不停地用手指敲击桌面,或者不停地抖动腿,这是不耐烦的表现。一个人无意之间做了这种动作,便说明电话那边的话即使不无聊,但也让他很难受。

没有伴生动作的通话,往往意味着其人的自控力极强,能靠理智抑制住潜意识的动作。

◎ 接电话的习惯

接电话的时候,人们往往处于无意识状态,所以第一反应很难伪装。

首先,我们要观察对方接电话时,注意来电显示的时间。电话响起,拿起电话,盯着来电显示看了好久,迟迟不知道该不该接电话。这往往代表着来电者会让他与身边的人造成尴尬。比如,正在陪女友逛街的男孩,接到前女友的电话,即使接了电话,他也是把话往隐晦的方向谈。倘若大大方方地看来电显示,然后接电话,通话语气也比较正常,那就说明电话对面的人并不太让他感到异常。

接电话和打电话都是十分常见的行为,但却常常被我们忽视。这对于训练读心术来说,是十分好的机会。要知道,人们恰恰是在做这些细小的行为的时候,才是最没有戒心的,我们也就能趁此时机,抓住对方的心理动态。

第六章 生活习惯的读心策略

敲门方式体现心态和性格

> 微反应关键词 敲门是一件小得不能再小的小事，却能够反映出一个人的心理状态。所以，事情虽小却不可不察。从现在开始，就不妨养成一个习惯：观察你朋友的性格和他敲门的习惯，加以总结之后，必有所得。

除了接电话之外，在生活中还有一个被人忽略的习惯性动作——敲门。敲门几乎是我们每一个人每天都在做的事情。而在读心术中，敲门可以从三个方面来讨论分析：敲门的间歇节奏、敲门的持续时间和敲门的声音类别。

◎ 间歇节奏

关于敲门的节奏，每个人都不尽相同：有的人敲门时习惯敲两下，有的人习惯敲三下，有的人习惯敲四下。目前没有确切的证据证明，敲三下的人与敲四下的人有什么性格差异；但比较科学的说法是，每一声敲门之间的间隔，能够体现敲门者的心理动态。

比如，敲门声响起，迅速的"当当当"三声，不到三秒，又是三声"当当当"，这就说明，敲门的人一定有很紧迫的事情；反之，不紧不慢敲门的人，往往没有太着急的事情，又或者是性格本来就十分温和。

◎ 持续时间

一个人敲门，"当当当"三声之后，没有反应。那么，接下来持续地敲门，则很能看出一个人的性格。

如果第一次敲门无应答之后，直接转身就走的人往往是比较怯懦的。至少，敲门的人对于开门的人，有一定程度上的敬畏或抵触。一个从未离开家的孩子忽然独立，往往会有这种表现。

如果第一次敲门无应答，又只敲了一次的人，说明其没有常性，性格里缺乏坚持到底的耐性。

如果敲了三次，这人往往比较中庸。

而坚持敲门三次以上的人，性格里肯定有固执的一面。

◎ 声音类别

用手部的不同位置敲门，发出的声音完全不一样。

用手掌拍门的声音，沉闷，穿透性差，音量很大，门的振动范围很大，所以可能会出现门框响动的噪音。习惯用这种方式敲门的人，性格大大咧咧、风风火火。

手心朝向门，用指骨第三关节敲门，声音较清脆，穿透力较强，音量适中，杂音较少。习惯用这种方式敲门的人，性格往往比较温和，行为合乎逻辑。

手背朝向门，用指骨第一或第二关节敲门，声音很清脆，穿透力强，音量较大，无杂音。这几乎是当代人最常见的敲门方式。因为过于常见，所以我们很难通过这种方式对人的性格特质有明确的判定。

此外还有一种人，用拳头砸门甚至用脚踢门，无论是在东方文化还是在西方文化范畴当中，这都是极其不礼貌的表现。这样的声音，往往代表着挑衅或试探。当发生这种情况的时候，我们应该判断当时的状况，倘若事情紧急的话，甚至应该考虑报警。

关于这种敲门方式，在美国缅因州还曾发生过与之相关的一出惨剧。

一位离群索居的老夫人，在一幢房子里独居了很多年。有一天，下午一、两点钟，习惯午睡的她，被一阵猛烈的敲门声惊醒。

敲门声很大，而且听上去就像是用粗木棍等重物用力砸门一样。

生活平淡的老太太立即有些惊慌失措，她知道一个正常的有绅士风度的人是绝不会这样敲门的，于是，她马上拨打了911。电话接通后，警署接线员问她发生了什么事情。

老妇人赶紧说："有人在敲门，声音很大，你都听得到吧。你们快来救我。"

由于那时正是午后，接线员不认为会有歹徒出现，只觉得这位老妇人是在无理取闹，于是不耐烦地说："夫人，请您镇定，说不定只是什么重物被风刮起来砸到你的门上了。现在是下午一点，匪徒不会在白天抢劫的，请相信我们警方的震慑力。"

老妇人正要说"可是我的房子在山林里"的时候，电话被接线员无礼地挂

第六章 生活习惯的读心策略

断了。

半个月后，来山里露营的一群年轻人在这栋散发着尸臭的空房子里，发现了老妇人的尸体。

饮食见人心，吃相与心理息息相关

<u>微反应关键词</u> 中国人喜欢在饭桌上联络感情，便有了饭桌文化、酒桌文化。当时的气氛可能很容易使人沉迷，但聪明的人这时候就要少说多看了。因为此时人们的心理防御较低，容易暴露心底的秘密。多观察，你一定会有所得。

衣、食、住、行是人类最基本的四种生活行为，而其中最重要的就是"食"。不分地域、民族、信仰，因为任何人最先需要满足的就是生存需要，就是吃。而这看似寻常的行为，却能在不经意间暴露一个人最心底的秘密。而揭开这个秘密的通道，就是一个人吃饭的形态，我们可以将其称为"吃相"。

吃相有很多种，也可以从很多角度去讨论。我们首先从速度上来说，可以分成两种，即"狼吞虎咽"型和"细嚼慢咽"型。

关于狼吞虎咽，北方有一句俗语，叫"吃饭出汗，一辈子白干"。什么意思呢？吃饭快的人，往往出汗多。而这种人多为从事体力劳动的人，或者性格比较直爽的人，用孟子的话，即"劳力者"。而这种凡事不多思考、"行而后三思"的人，体现在吃饭习惯上，往往是狼吞虎咽。当然，俗语只是一个时代的产物而已，并不是所有吃饭狼吞虎咽的人都不善于思考，只是他们执行力强，做事果断坚决，所以，切不可因为一个人吃饭快，就认定他不会成功。

而细嚼慢咽的人，性格则偏细致。他们做事之前，考虑的问题比较多。这种类型的人往往遵从"三思而后行"的准则。他们做事比较慎重，属于精明型的人；但也不是说细嚼慢咽的人就不真诚，只是他们凡事比别人多了些思考，少了些冲动。

除此之外，吃饭时非利手（一个日常生活中做技巧性活动时不习惯使用的那只手）的姿势，往往容易被人忽略，但却能很准确地表达出一个人的想法。

比如，一个人用右手使用餐具，那么在吃饭的时候，他左手的姿态就很值得研究。

左手一直规规矩矩地放在碗旁边的人，往往比较严谨，做事一板一眼。

左手放在桌子下面，身体重心向左靠拢的人，则说明此人很随性，原则性不强；身体重心保持端正，没有倾斜的人，则说明此人有些拘谨放不开，相对有些弱势。

有的人习惯在吃饭的时候用左手端着餐具，这是典型的掌控者的姿态：即凡事喜欢掌握在自己手中，有着较强的支配欲。

另外，还有一些人喜欢把不同的菜肴放在自己的碗里，一起吃干净，这样的人性格比较不拘小节，不敏感。因为将很多菜肴混在一起，会导致其产生轻微的变味。而对于最终是味觉享受的中国人来说，只有那些不敏感的人才会对这种变味不以为意。

相对的，吃完一样再夹另一样菜的人，虽不能说绝对的工于心计，但至少条理分明、错落有致。

当然，还有一种人是介于这两种人之间：同样是一道菜，准备吃完再夹其他的菜。但这时饭桌上出现了另外一盘很好吃的食物，他会立即上去夹一筷子。这种人欲望强烈且并不掩饰，当出现足够诱惑他们的事物的时候，他们可能会放弃一些原则。

座位选择暴露出心境与意图

微反应关键词 不同的座位位置会体现出一些微妙的关系来。对坐的人在聊天或博弈，侧坐的人在联络感情，近斜坐的人之间礼貌而有距离，远斜坐的人关系寡淡。在用座位读心的时候，也要细心观察有没有一些客观因素。比如，两人斜坐，或许并不是因为关系浅，而是其中一个靠窗户的位置光照太强。

 第六章 生活习惯的读心策略

说起座位，我们不得不先探讨一个词——主席。

在我国古代，人们习惯席地而坐。请客的时候，众多客人坐在客席上，而主人则坐在主席位置上。这种位置，在广东被称为埋位。

后来，主席一词演变成了"有发号施令之权的领袖"、"主持事务之人"的意思。例如，国家主席、某公司董事会主席等。

无独有偶，主席一次的英文是"chairman"，释义为"椅子上的人"。在古代欧洲，召开宴会的时候，主人会坐在高大的椅子上，而宾客们则坐于长凳之上。后来，这个词也从"主人"演化成现代的主席之意。

除了主席一词之外，关于座位的典故比比皆是：梁山一百单八将确定身份的时候，叫排座次。古代不列颠明君亚瑟王为了以示公平，发明了圆桌御前会议。

可见，无论在东方还是西方，座位都是极为重要的。但重要到什么程度呢？难道只是确定人的地位吗？

当然不是。

我们试想一下，通过座位去确定人在社会群体里的地位，有没有什么心理学原因使然呢？

由此可以得知，坐在不同座位上的人，是否也有不同的心理动态呢？

答案是肯定的。

克里根和朋友在一起厮混的时候，会经常玩一个游戏：在餐厅里或酒吧里，看到有其他客人坐在一起，就猜测他们之间的关系身份或其他一些事情。他们常常会用这种游戏搞一些无伤大雅的小赌博。

而克里根是最精通此道的，几乎从未输过。

有一次，两男一女三个年龄相仿的年轻人进入了餐厅，三人之间显得很亲密。于是克里根和他的朋友们纷纷猜测，其中哪个男孩才是女孩的男友，并纷纷给各自的答案下了注。

只有克里根没有动作，其他朋友自然催他下注。克里根说等一会儿等一会儿。

其他朋友起哄道："快下注，否则等一会儿哪个男孩吻了女孩，就晚了。"

直到那两男一女坐到了座位上，克里根才狠狠地拍了一下桌子："我赌了！"

大家纷纷问下注给谁。

克里根说："下注给他们俩！"

"什么？我们赌的是，他们两个谁是那女孩的男友。"

克里根："你们不懂我的意思吗？我赌谁都不是，那两个男孩是同性恋！除非他们三人没有任何恋爱关系，如果有的话，必定是那两位男孩是恋人。"

同伴惊呼："怎么可能，虽然这种游戏你赢得最多，但这次可太离谱了。别开玩笑啦，你确定吗？"

克里根："八成确定，我压十块，他们是同性恋。如果我赢了，桌上的钱全归我，怎么样。"

"成交，不过你输定了，老兄。"同伴们的话音刚落，就发现那两位男孩竟然亲密地抱在一起，看样子绝不是普通的朋友，任何人都看得出他们是同性恋。

大家目瞪口呆，只有克里根笑嘻嘻地准备把桌上的钱揣进自己包里。

同伴们见状连忙制止他，一名同伴说道："拿钱可以，告诉我们你是怎么做到的？"

克里根回答道："笨蛋们，看他们的座位。如果三个或更多的人吃饭，其中的情侣肯定并排坐，而非对坐，更不可能斜坐。你看他们，并排坐的是那一对男孩。所以要么他们三个人之中没有形成一对恋人，要么他们两个是情侣。"

事实证明了克里根的分析是正确的，下面我们分别说明一下不同桌子不同座位时，人的不同心态。

圆桌不纳入我们的考虑范围之内，因为圆桌的各处位置都是一样的，所以圆桌的座位在读心方面上，参考价值较低。

在这里，我们只讨论方桌。把方桌看成一个长方形的话，那么，就产生了两种方桌：一种是餐厅式的，即只有两条对边可以坐人的方桌；另一种是会议室常见的，四条边都可以坐人的方桌。

由此也就产生了以下几种座位关系。

◎ 对坐

就像克里根所言，一对情侣在吃饭的时候很少选择对坐。因为对坐其实是一种博弈性座位。两个人进行下棋、商谈、掰手腕等博弈状态时，两人会选择对坐。很多老板在找下属谈话的时候，会选择让下属坐在办公桌对面，因此下属常常感到压力巨大，也是这个原因。

当然，这并不是说对坐的两人就一定是有敌意的。由于对坐的空间距离极短，而且两人在观察对方的时候，最为方便，也最为便于两人之间的信息

第六章 生活习惯的读心策略

传达,你会看到很多普通好友坐在咖啡厅里聊天的时候,也喜欢这种方式的座次。

◎ 并排相邻坐

并排坐是一种亲密的表现。虽然对坐的空间距离比较短,但由于桌子的隔挡,对坐两人是无法发现对方腹部以下玄机的。而并排坐完全避开了桌子的隔挡,两人腹部以下的状态一览无余,可以说并排坐的两人互相之间隐私度是最小的,所以这样做的两人往往也是关系最为亲密的。

在职场里,相邻坐则是一种合作或寻求合作的表现。

◎ 隔角而坐

即两人坐在相邻的边上,正好占据了桌子的一角。

这种座位,就像音乐中的C和弦,最为简单干净。隔角坐的两人,必定关系不亲不淡,这样坐可以很方便地传递信息,不会给彼此造成过大的压力,又不会显得过于亲密。

所以,一个好的面试官,往往会和被面试者这样坐。

◎ 斜角而坐

这是一张方桌可能出现的最远距离。所以,一般来说,如果只有两人在一起的话,根本不会选择这样去坐。

通常,这个座位是留给"第三人"的。比如说洽谈双方对某些技术问题不理解,请一位工程师为双方解答疑难,工程师就会坐在这个位置上。

对待金钱的态度反映出一个人的价值观

> 微反应关键词 所谓"君子爱财,取之有道",生活中的每个人都离不开金钱;但是,并不是拥有金钱就能买来幸福,更不能为了钱不顾一切。从一个人对金钱的态度,能看出其对生活的态度和为人处世的价值观。

有一句老话"男人有钱就变坏，女人变坏就有钱"，此观点虽然不完全正确，却反映了金钱对一个人价值观的影响。对一个人来说，钱是挣来花的，但他们对金钱的态度能反映一个人的价值观和性情品质。

◎ 视金钱为粪土

这类人多为放荡不羁的年轻人。他们为人洒脱，好交朋友，常常呼朋唤友，出入各种娱乐场所。挣钱对他们来说，不过是为了满足生活的需求而已。

他们更看重感情，为朋友两肋插刀，但对男女感情，却能够轻易地拿起放下。同时，这类人热爱生活，往往有一项或两项兴趣爱好，当成生活中必不可少的东西。

他们不崇拜权利，不习惯约束，所从事的工作一定是自己喜欢的，往往随心所欲，追求自由洒脱的生活。

这类人，一般没有什么计划性，意志力相对弱一些，遇到困难，就会退缩不前，甚至放弃。

◎ 葛朗台式的吝啬鬼

这类人一般都比较自私，只会为自己考虑，尤其对金钱和财富更是一毛不拔。吝啬鬼往往很会算计，他们尽可能地少付出、多获得。

在人际交往中，他们采取不付出也不接受别人的恩惠，只让别人求我、我不求人的策略，处处小气不大方，也不理会他人的议论，我行我素。因此，这种人的人际关系一般都不会和谐，甚至有些孤僻。

他们的个性优柔寡断、循规蹈矩、守旧拘谨、教条审慎，生活刻板单调，情感也比较贫乏。

这类人，追求自我的安逸舒适，一般没有什么社会责任感和同情心。

◎ 有钱没钱都乐呵

这类人心胸豁达，脾气温和，对人对事一团和气。他们为人比较民主，善于尊重别人的想法，即便不同意也不会去反驳，更不会强迫别人接受自己的意见。

对待金钱，他们没有太多的欲望，有则多花，没则少花。他们不注重生

第六章 生活习惯的读心策略

活品质，只注重生活的舒适与否；并且，为人谨慎，没有什么投资观念，有风险的事情也不会去做。

他们重视家庭，将家庭视为生活的重心；而且，富有社会责任感，喜欢主持正义，严格遵守传统的伦理道德。

◎ 将挣钱作为人生目标

这类人往往精力充沛，野心勃勃，他们不满足于普通的生活，希望自己的人生比一般人更有意义和价值。

他们如同捕食的猎豹，瞅准一切赚钱的机会就会迅猛出击。他们善于理财、投资，而且一旦投资成功，消费起来也会风卷残云。因为他们追求金钱，只是把这视为一种成功的标志。所以，对待财物并不是很吝啬。

他们有一定的社会责任感，并且付诸于实际行动来回报社会，比如，捐资助学、做慈善，等等。

这类人就是一般意义上的成功人士，他们人生全部的重心就是不断扩大投资规模，争取赢得更多的资金回报。

其实，金钱是身外之物，并不是有钱就一定能够幸福。从一个人对金钱的态度，观察他的价值观，发现这个人的品质、性情，才能知道他到底能不能给你带来幸福。

购物习惯体现出一个人的生活态度

微反应关键词 购物是一件再平常不过的事情，有的人是冲动型购买，有的人喜欢精挑细选、货比三家，有的人是购物狂，有的人只购买自己需要的东西……这千差万别的购物方式背后，隐藏的是每个人不同的生活态度。

购物对于每个人来说再平常不过。仔细观察，每个人购物的方式各不相同，其实，这也反映了每个人不同的生活态度。因此，我们完全可以从一个人的购物方式看出他对生活的态度。

◎ 购物时货比三家的人

这样的人通常比较实际，生活中精打细算，斤斤计较，会给人留下很吝啬的印象。另外，他们做任何事情态度都很谨慎，通常会先经过认真仔细的考察，才做进一步的行动。而且，他们为人固执，遇到事情虽然会和别人商量，但到最后，还是会坚持自己的观点。他们对待生活严肃而认真，遵守传统道德规范，对家庭富有责任感。

◎ 冲动型购物的人

这样的人性格急躁，做事冲动，在生活中经常头脑发热，不考虑后果，不经过深思熟虑就做决定。他们对生活持游戏态度，往往不会考虑将来，也不喜欢遵守条条框框以及各种道德的约束，而是随心所欲，当下活得快乐就好。

◎ 容易被售货员说服的人

这样的人一般没有主见，容易受外界的影响。在生活中，他们可能长期受到父母的保护，或者生活在父母严厉的教育下，无论什么事情，都不能自己拿主意，久而久之就会相当依赖他人。他们对待生活很认真，既不允许自己犯错，也不允许他人犯错。

◎ 会仔细核对账单的人

这样的人做事有规律、有计划，但是没有创新精神，不能随机应变，遇到突发事件，往往会手足无措，不知道该怎么办。他们对待生活的态度是渴望细水长流，对他们来说，不需要轰轰烈烈，平平淡淡的日子才是幸福。而且，他们会用自己的勤奋和努力，一点一点地经营家庭。他们对待朋友，不会意气用事，但真诚而长久，常会有几个不错的死党。

◎ 喜欢和家人一起购物的人

这样的人重视家庭，家人在他们心中的位置最高。他们所做的一切，都是为了照顾家人，有很强的家庭责任感，会是一个很合格的父亲、丈夫和儿

 第六章 生活习惯的读心策略

子。他们对待生活的态度是非常实在的，重视人与人之间的真情，对物质一般没有太多的要求。

◎ 购物狂型的人

这样的人性格开朗，不拘小节，和他们交往总是让人感觉很愉快。他们有足够的耐心，对自己也非常好，但是不懂得怎么控制自己的欲望。他们对待生活，总是得过且过，对未来没有什么规划，更不会考虑别人，信奉"一人吃饱全家不饿"。

◎ 购物时直奔目标而去的人

这样的人一般都很忙碌，把工作日程安排得很满。对他们来说，购物不过是不得不做的事情，不值得浪费太多时间。在生活中，他们是传统保守的一类人，喜欢付出，不求回报，会尽量做到让周围的人对自己满意。

开车的方式与人的个性紧密相连

> 微反应关键词 有的人喜欢开快车，有的人喜欢开慢车，还有的人开车不紧不慢。不要忽视开车的小细节，其实，它反映出的是不同的人不同的个性。在交际场合，我们可以观察其开车方式，从中可以看出他人的性格，从而掌握交际主动权。

你是按规定速度开车，还是超速行驶？你是绿灯一亮抢先往前冲的人，还是绿灯亮后最后一个发动车的人？ 其实，一个人控制汽车的方式和控制自己的方式是有许多相似之处的，从开车的方式可以看出一个人的性格。

这听起来似乎很玄奥。但是，如果你仔细观察一下那些正在开车的人，就会发现每个人的驾车方式绝对不一样。这恰恰是由于每个人的个性不一样。

◎ 按规定车速开车

对于他们来说，开车不过是到达要去的地方，而不是真正体验快乐或刺激。一般来说，这类人个性比较传统保守，做任何事情都是中庸的态度，即使有很大胜算，也不会贸然行事。他们为人诚恳，从来不做出格的事情。他们诚实可信，不马虎、不敷衍，人际关系通常都比较好。

◎ 行车速度比规定速度慢

坐在方向盘后面令他感到害怕，觉得无法操纵一切。这类人性格懦弱，胆小怕事，即便得到授权，也会自己把权限缩至最小，常常令人失望。对于这一点，他们自己也很苦恼，他们想奋起直追，可又缺乏足够的自信，很难跨越出自我的屏障，所以，他们容易嫉妒那些超越自己的人。

◎ 喜欢超速行驶

这类人自主意识比较强，不会受制于任何人。他们憎恨金钱和权势，不允许他人为自己定下规矩。如果有人强行这么做，他们很可能就会采取极端且危险的方式进行阻止，以维护自己的权益。虽然小时候叛逆心比较强，但长大后，他们生活态度是积极、乐观和向上的。

◎ 大声摁喇叭

马路上大声摁喇叭的人，在生活中性格外向，暴躁易怒，遇到不如意的事情，会经常大喊、尖叫、发脾气。他们无法自如地应对挫折，并且时常感受到威胁，总是感觉焦虑、不安。他们自身能力和做事效率并不突出，看不到他们有什么成就，但总是显得匆匆忙忙。

◎ 开车时不换挡

这类人就像独行侠，他们不喜欢被别人安排生活，而是愿意探索一条自己喜欢的道路来行走；即使在探索的路上遭遇的困难比较多，他们也很少向人请教。因为，他们不喜欢被告知该怎样做，相反，还会时常热情地帮助他人。这样的人有一定的责任心，是值得依靠的人。

 第六章　生活习惯的读心策略

◎ 绿灯一亮，抢先往前冲

这类人头脑大多灵活，反应比较敏捷。凡事比别人抢先一步，这是他们的生存方式。他们喜欢胜利的感觉，不愿意被看做失败者。因此，他们比一般人更具竞争意识，生活态度也比较积极；但是，往往会因为经验不足而遇上挫折。

◎ 绿灯亮后，最后发动车

这类人害怕和他人争吵，也害怕别人会伤害他。他们个性冷静、沉稳，在为人处世的时候，小心谨慎。对于目标，总是要等到有一定把握后才行动，这样安全而有保障，即便失败，给自己带来的损失也不会太大。为了保护自己，他们很懂得收敛，不会锋芒毕露。

眼镜，折射出心理活动的"万花筒"

微反应关键词 眼镜，是折射人心的万花筒。细心观察一个人戴眼镜的习惯，我们会有很多所得。从习惯的动作、眼镜的样式、种类、材质等等方面，都可以折射出人的心理活动。

眼睛是心灵的窗户，那么，眼镜则是这扇窗户的外延。通过配戴的眼镜读心，也成了题中应有之义。下面，我们将通过眼镜种类、眼镜材质以及几个典型的配戴眼镜时的动作，来介绍通过眼镜如何来读心。

首先，从动作入手。

◎ 在谈话时擦眼镜

这是一种掩饰心理紧张的行为。其实不只是擦眼镜，所有在谈话中与谈话无关的、做出各式的小动作，都属于掩饰心理紧张的行为。当事人希望通

过这种行为，缓解一下紧张的情绪。所以，当你遇上这种情况时，不要以为对方是不尊重你，很有可能是因为你给对方压力了。

◎ 咬眼镜腿

成年的猫有时候会用两只前爪在人的肚皮上反复踩踏，很多人以为这是猫咪在给主人按摩，其实这是"踩奶"，是猫在小时候喝奶的时候养成的习惯。

哺乳动物都有类似的哺乳本能，咬眼镜腿就是这样一种人类哺乳本能。出现这种动作时，当事人必定在寻求某种安全感。这种安全感或许是很深层次的，或许并非由你直接给予对方的。除非你想继续施压，否则无论如何，都不要在做某种让对方感到受压迫的事情了。

◎ 从眼镜上端窥视

这是一种威严的眼神，即使一个老妪戴着老花镜，当她低下头睁开眼睛从眼镜上端看你的时候，你也会感到对方的威严。

就是这个动作，会给当事人带来被审视的心理。

有铁娘子之称的英国前首相撒切尔夫人，出身于保守党家族，从小受到过良好的教育。成年后，她与其他英国女皇一样，冷静、理性、温柔、待人有礼貌。

在做首相之前，她是教育部长。即便在单独会见工党的政敌时，她依然会在对方说话时摘下眼镜，因为这样显得礼貌客气。

后来，她成了英国首相之后，很多阁臣虽然看上去很恭敬，但都有些轻视她。撒切尔夫人嘴上不说，但心里很明白。

不被人尊重的苦恼，不能与别人说，否则别人会以为她更软弱，所以她回家后向她的丈夫撒切尔先生倾诉了一番。

睿智的撒切尔先生听完后，说道："亲爱的，有个习惯你该改一改了。那就是以后听人说话的时候，不要摘掉眼镜。"

撒切尔夫人："但这样的话，就会很不礼貌。"

撒切尔先生："就是要不礼貌，而且要更过分。你要让镜框低一些，以便你从镜框上端看对方。这样的话，我想至少被你看着的人，不敢再轻视你了。"

撒切尔夫人照做之后，果然很有成效，不少阁员在跟她交谈的时候，常

 第六章 生活习惯的读心策略

常因为她的审视而结结巴巴。而靠着这些改变，撒切尔夫人在英国政界的地位越来越稳固，威信也越来越高。

下面来谈谈眼镜的材质、样式和形状。

◎ 材质偏重的眼镜

一般来说，戴着厚重的黑框眼镜的人，看上去都比较诚实；戴着金丝眼镜或无框眼镜的人，看上去比较有心计。而事实上，除非是为了遮掩自己的真实性格，否则，这种印象确实是正确的。一个喜欢厚重镜框的人比较老实，值得信任。

◎ 普通镜框和花边镜框

镜框的形状千奇百怪，有的如蝴蝶状，有的如鸡蛋状。我们认为，一个人如果戴着传统的矩形镜框，那么说明此人性格保守。越是戴着花样独特的眼镜，其性格就越活跃甚至叛逆。

除此之外，眼睛的种类也有一定的参考价值。

◎ 普通透明眼镜

戴着这种眼镜的人，是一个正常的工作状态，在职场里发现这样的人，不足为奇。但如果一个人生活中只戴这一种眼镜，要么这人死板顽固，要么这人对外貌要求低。

◎ 有色眼镜

有色眼镜通常给人神秘的感觉，甚至比较酷，在生活中戴有色眼镜其实并不能反映一个人的性格。但在职场中就不一样了，一个习惯戴有色眼镜的人，多少都是有些目中无人的，因为有色眼镜在一定程度上会隔绝人与人之间的眼神交流。除此之外，在与较为亲密的人见面的时候，习惯戴有色眼镜的人往往是真的很"酷"、很无情。

◎ 隐形眼镜

隐形眼镜能够令人的瞳孔放大，眼睛看上去水润、有光泽，但绝对会使一个人精明干练的形象下降。所以，在职场中，如果某位女士忽然戴了隐形眼镜，那么，就说明她正在经历一场办公室恋情。

人的内心往往并非像衣着那样光鲜

> **微反应关键词** 买名车名表、去高档餐厅、请著名人士……这些其实都是名牌心理的一种衍生。在与这些人交往的时候,千万不要被其珠光宝气的外表震慑住。要知道,一个人越是在意这些,内心就越是虚弱。

名牌服装的特点是:制作品质相对精良,价格相对昂贵,最重要的是,名牌服饰拥有广泛的知名度。

所以,喜欢穿名牌的人大致分为两种:一种人是看上了名牌产品质量上乘,因此成了某一类或几类名牌的忠实的粉丝,电子商品大多数都是这种情况。而另一种人,则是对名牌服饰有好感,他们并不是真的看重名牌服饰的使用价值,而更多地是看重名牌服饰的知名度。也就是说,在这些人眼中,有一件名牌服饰在身,就往往代表着更高的社会地位——这也是大多数爱穿名牌衣服的人的心理。

在消费心理学上,这种心态被称为"展示型消费"或者"表现型消费"。受这种心态影响的消费者,在消费时在意的并不是商品的使用价值,而是商品的知名度。

在这些人眼中,一件标价800元的某某牌上衣,会给他们贴上"800元"这个标签,意味着他有800元的消费能力、800元的审美档次。而当这种消费者的消费能力提高,他则会提高对名牌价位的追逐,由800变为8000,这其实是一种典型的不自信心态。

当然,人们都希望得到认可,不同之处则在于,有些人更看重自我内心的肯定,有些人则更看重别人看待自己时的目光。前者往往是一个人内心强大的表现,而后者则很容易引起不自信,因为他们自己并没有什么东西,但却仍然渴望得到别人的认同。怎么办?只能靠名牌武装自己了。

喜欢名牌的人,也有一些确实是真心喜欢一个牌子的实用价值,或者是

第六章　生活习惯的读心策略

其具有的文化内涵。这样的人也常常是一身名牌，但他们和因不自信而穿名牌的人是有很大不同的，你只要看他们对自己穿着的炫耀程度就能区别开了。

看重实用价值的人，往往不爱炫耀，即使炫耀也只是说"这双鞋穿起来很舒服"、"这个牌子有 800 年历史，在某圈子里很有口碑"；而不自信的人则往往都爱说"这件衣服值 1000 多块呢"。

所以，当一个人穿着一身名牌服装出现在你面前，高调地宣称他的一双鞋子等于你半个月工资的时候，千万不要自卑——只有内心虚弱的人，才会如此在意衣服的价格与知名度，你所面对的，只是一个自信力缺失的可怜虫罢了。

莉莉是某知名大学的女大学生，她长相很甜美，不少男生追求过她。而在她众多追求者当中，让她产生好感的有两个人：一个是她的同乡兼高中同学，高诚；另一个是一位有本地户口家境殷实的同系同学，闵建。

高诚家里条件很一般，父母都是下岗职工，靠一些小买卖来维持生活，供高诚读书。虽然家里困难，但是高诚很上进，为人也善良正直。

相比之下，闵建永远是一身名牌，每次聊到穿衣服的事，他常说自己身上没有 300 块钱以下的衣服。

在旁观者的眼里，闵建比高诚强太多了，高诚很不注重穿着，他和莉莉偶尔在校园里闲逛聊天，莉莉打扮得花枝招展，而高诚则是短裤、拖鞋的行头。

但最终莉莉还是选择了高诚，这令很多人大跌眼镜。只有几个好朋友知道莉莉如此选择的原因。有一次闵建带着莉莉出去吃饭，服务员不小心把汤汁洒在闵建衣服上。闵建破口大骂：XXX，你知道这一件衣服多少钱吗？顶得上你半个月工资！

莉莉对此非常反感，没吃饭就离开了餐厅。她说在闵建这种人眼里，人的价值已经被金钱量化了。闵建其实是个很自卑的人，所以要通过名牌服饰来寻找高人一等的平衡。

果然，两年后，闵建的父亲由于投资失败，破产了。陷入贫穷的闵建自杀了两次未果，被学校提前劝退了。

第七章

性格人品的读心策略

　　撒切尔夫人在晚年曾说：性格决定命运。而在当代社会，身边人的性格，同样与你息息相关。你必须要清楚你的上司是否敢当重任，你的伙伴是否轻言寡信。

第七章 性格人品的读心策略

谦逊随和的人更能共谋大事

很多人都认为：和那些看起来趾高气昂的人一起谋求大事，才更"靠谱"。但心理学研究证明：实际上谦逊随和的人，才是最值得信任和托付的对象。

在心理学术语中，自我被称作是自我意识或是自我概念，指的是个体对于自己存在状态的认知。简单来说，自我就是我们觉得自己区别于周围其他人或物的想法，是我们认识自己、指导行动的主观念头。一个人若是以自我为中心，那么，他就是一个极端注意自己、重视自己，甚至可能是自私自利的人；而一个人若是不那么自我，那么，他则是一个更关注他人、不注重自身，也有可能是个没有主见的人。

而自尊则是自我尊重，是个体对其社会角色进行自我评价的结果。除了自我尊重和爱护之外，自尊还表现在要求他人，或是社会对自己尊重的期望上；也就是说，当他人或是社会触犯到自尊的底线时，人们往往会生气、发怒，甚至暴跳如雷。

自尊代表荣誉感与自信。拥有正常自尊的人，可以同时善待自己和他人；自尊过低的人，可能会通过各种手段来满足自己的需求，而不在乎他人的看法；而自尊过高的人，则是过于注重内心或是他人的看法，不能容忍自己的行为有任何失误。

而我们要说的谦逊随和的人，代表的就是"小自我、高自尊"的典型。

说起谦逊随和的典型，莫过于三国中的刘备，莫过于人人都熟知的"三顾茅庐"的典故。

汉末群雄四起，天下大乱。本是汉宗皇室的刘备，因为没有好的"智囊"，被曹操逼得投奔袁绍，而后，在投靠刘表的过程中，刘备前往隆中请到了诸葛亮。

听闻徐庶和司马徽说，诸葛亮乃是人中之龙，刘备对他十分敬仰。于是他带着关羽和张飞，亲自备好礼物来到诸葛亮的草庐前，却被告知诸葛亮出去了，只得失望而归。

过了几日，刘备再次带着二将，冒着暴风雪去找诸葛亮，可是没想到被告知诸葛亮再次出去云游，仍不在家中。性急的张飞便嚷嚷着要走，刘备只好留下一封信，表明了自己求贤若渴的心情，再次回去。

又过了一段时间，刘备更衣沐浴，吃了三天的斋戒，这才毕恭毕敬地想要再次去隆中求贤。这一回，关羽说什么也不陪他去了，而莽夫张飞则一瞪眼睛，说由他去将诸葛亮捆来。刘备将二人训斥了一顿，带着二人第三次去请诸葛亮。他们到达诸葛家门前时，诸葛亮正在睡午觉，刘备一直站在门外，直到先生醒来之后，才与他谈论天下大事，请他出山。

事情的结果家喻户晓，刘备因为请得了诸葛亮，才成就一方霸业，由一个卖草鞋的落魄皇族成为蜀汉昭烈帝。而他的谦逊随和，也伴随着他的霸业一同流传天下，成就了一方美名。

刘备的谦逊，正源于他性格中的"小自我、高自尊"。

他的小自我，体现在他从不将自己当成一位"皇叔"，而是与平民百姓"同席而坐，同簋而食"，对于身份地位毫不看重。也正是因为如此，他才能够三次拜访诸葛亮，在烈日炎炎下于茅屋外等候，也丝毫不以为忤。就凭这一点，如果换做是一个作威作福、横行霸道的诸侯，是绝对做不到的。

而同时，刘备也有着高自尊的体现。对于他来说，自身一时的荣辱并不是重要的事，心中的"大义"才是最为重要的。可以这么说，刘备心中的"大义"，代表的正是他的荣誉、自信和身为汉朝皇室后裔的使命感，也正是因为这种"义"，才促使了他谨小慎微、忍辱负重，忍受了许多常人难以忍受的苦。

当然，谦逊随和的人不仅仅存在于古代，在现今社会，也存在许多"小自我、高自尊"的人。

被称为"巴神"的内蒙古小伙儿巴特尔，是中国能与姚明比肩的世界级篮球中锋。他在2001年，就与丹佛掘金队签约，成为第一位在中国首发的NBA球员，随后，又加盟了圣安东尼奥马刺、多伦多猛龙、纽约尼克斯等队伍，是第一个获得年度NBA总冠军殊荣的中国球员。

篮球是一项激烈的体育运动，那些身材高大威猛的球员们，脾气也与个头呈正比。按理说，言语不通，又是黄种人的巴特尔，在篮球队里应该被多

第七章 性格人品的读心策略

数人排斥才对，可是现实情况正好相反。不论是他曾经的队友，还是教练，都对他予以非常高的评价。丹佛掘金队的总经理基基·范德温赫曾这样评价他："巴特尔是一个优秀的篮球选手，他与球队处得非常融洽，队友们也特别喜欢他。"

能得到这么多的肯定，与巴特尔的"好脾气"分不开。一般情况下，像这样有能力、有才华的篮球手，都会眼高于顶，或是不习惯跟言语不通的异国人打交道。可是对于巴特尔来说，却不存在这个问题。即使是无法沟通，他也会在场外与队友们说说笑笑，有时候，一个会心的拍背，或是一个友善的冲撞，就能够为他解决所有的沟通问题。

每个人都喜欢与谦逊随和的人交往，他们会友善地跟你打招呼，而不是视而不见；他们会理解你的处境，而不是自私自利；在你犯错误时，他们不会轻易生气；在你贸然行动时，他们会谨慎地拉住你；同时，他们心中又有着自己的坚持，正是这种坚持，才让人觉得更加值得依靠与敬佩。

与谦逊随和的人相处，是一件很快乐的事。他们的小自我，会让他们关注他人的想法，慷慨大气；而他们的高自尊，则会让他们严于律己，兢兢业业。与这样的人一同共谋大事，即使他们拿不出雄厚的资金，或是绝妙的点子，你也绝对可以信任他们，依托他们，因为他们会尽自己最大的努力，以不让彼此失望。

自私自大的人通常独断专行

微反应关键词 对于自私自利的人来说，功劳永远是自己的，而黑锅永远是别人背。就算是做错了事情，他们也会一口咬定是他人的过失，而不是自己的决策失误。

清朝的乾隆，可以说是清史上一个毁誉参半的皇帝。他励精图治，延续了康乾盛世，但在他执政后期，却好大喜功，自吹自擂，为清朝末期的衰败铺垫了道路。

有一次，乾隆皇帝宴请大臣。在席上，他诗兴大发，出了一道上联，让臣子们应对："玉帝行兵，风刀雨箭云旗雷鼓天为阵。"

这对联委实是有些难，众位大臣们个个抓耳挠腮，没一个人能对上来。乾隆十分得意，便指名叫知名的大才子纪晓岚来对。

身为当世才子，又岂会连一个对联都对不上来？纪晓岚稍作思索，张口吟道："龙王设宴，日灯月烛山肴海酒地当盘。"

话音一落，群臣赞叹不已，纷纷夸赞纪晓岚才思敏捷，但是这一下，乾隆可不高兴了，他原本想卖弄一下自己的学问，让才子也在自己的诗才之下拜服，可谁知纪晓岚这样厉害，让自己折了面子不说，还抢了风头。

纪晓岚一看皇帝脸色发青，神情发怒，半天不说话，也醒悟了过来，知道自己得罪了皇帝，连忙恭维道："圣上为天子，所以风、雨、云、雷都归你调遣，威震天下；小臣们都是酒囊饭袋，因此希望连日、月、山、海都能在酒席之中。可见，圣上是好大神威，而小臣只不过是好大肚皮而已。"

乾隆听了这番话，才露出了一丝笑脸。为显示自己胸怀宽广，能够容人之量，也夸奖纪晓岚道："尽管饭量甚好，但若无胸藏万卷之书，又哪有这么大的肚皮。爱卿果然是才华过人！"

中国古代史上，有不少能够进言纳谏的皇帝，当然，也少不了像乾隆一样好大喜功、自大自负的皇帝。像乾隆这样的人，在心理学中，代表的是大自我、低自尊的人，就是我们通常认为的自私自大的人。极大的"自我"会促使他们养成不可一世、高高在上的习惯，正如帝王一贯的秉性；而低自尊，也会促使他们对身边的人进行征服和索取，稍有不如其意，便大发雷霆。

大自我、低自尊的人并不只是在帝王中存在，在我们的生活中，也有许多这种类型的人。他们咄咄逼人，行为傲慢，初次见面让人觉得充满活力，极具能力；但是接触得深了，我们却会发觉，这些人经常会为了昂起他们高贵的头颅，而做出一些让人瞠目结舌的事情。

第一次见到郑经理时，小冯很就被他吓住了。这位"成功人士"西装革履，大腹便便，一开口便是"这个公司80%的业务都是我拉来的，如果没有我，公司早就倒闭了"这样的话，让小冯对他奉若神明，无比崇拜。

然而，跟在郑经理手下干了两个月，小冯却渐渐地头大起来。这郑经理平时还好，一遇到做决策的时候，简直跟希特勒没有什么两样。明明应该全队的人一起商讨的事情，他却总是独断专行，一个人就做了决定，而一旦执

 第七章 性格人品的读心策略

行后有了问题,就立刻责怪手下的人办事不利。

这样的事情发生了两、三次,小冯觉得有必要跟郑经理沟通一下。可是,当他鼓足勇气提出了一个跟郑经理意见截然相反的建议时,得到的并不是称赞与夸奖。郑经理几乎没有等他把话说完,就气势汹汹地打断了他:"你懂什么?才来两个月的家伙。"

"我来几个月,和我提建议有什么关系?"小冯满腹不平,跟郑经理争执了几句,不欢而散。

幸运的天秤没有倾向小冯这边。又一次的单子,郑经理谈得十分顺畅,拿到支票时,他还专门跑到小冯跟前耀武扬威了一番,从鼻孔里冷哼道:"才干了几个月的毛头小子,就想教训我?"

气愤不过的小冯准备辞职,但就在他刚作做下这个决定时,郑经理由于跟高层意见不合,闹了起来,一连丢失了几个大单子。

这下他总该知道教训了吧?小冯如是想。

然而,隔了几天,小冯却得知了一个惊人的消息:郑经理由于嫉恨与他争吵的高层,私吞了500万的公司货款准备卷铺盖走人,却不料被发现逮捕,本该是人生最精彩的年华却锒铛入狱。

像郑经理这样的人,在商场中并不少见。这样的人给人的第一印象是有能力、有魄力;但与此同时,死要面子、固执己见、掌控欲强也是他们致命的缺点。像这样的人,就是典型的大自我、低自尊的人。

这种人需要时时刻刻成为他人的焦点所在,从各个方面,都需要他人的侧目和关注,可以说,他们是以他人的注意力为精神食粮的。也正是由于这种特性,他们表现得极富控制欲望,坚持自己是唯一正确的"真理",无法接受任何反对的意见。对别人说出的观点,他们会在第一时间内说"NO"。

另外,大自我、低自尊的人,会对任何让他们觉得"不公"的事情而做出激烈的反应,对于物质的享受和自我的吹嘘有着明显的炫弄行为,为此,他们甚至会做出让常人意想不到的高风险的甚至是违法的事来。

与自私自利的人相处,无疑是一件痛苦的事。他们缺乏对他人的尊重和肯定,对他们来说,如果你不对他们付出,那么就是"有问题的",他们会有意识甚至是无意识地针对你,表现出强烈的攻击性。

在这种情况下如果你与他们针锋相对、斤斤计较,那么,会激起他们更高昂的"斗志",像一只红了眼的斗鸡一样争勇斗狠,不择手段。因此,遇到这样的人,不妨把好心和建议收起来,离他们远一点,这样更安全一些。

逆来顺受的人难以承担重任

微反应关键词 逆来顺受的人往往显得很悲伤，沉默寡言，甚至会无视自己的需求与价值观，变成一个阿谀奉承、见风使舵的小人。因此，不要把重任交给他们，在大多数的情况下，他们会逃避，或是直接办砸。

在这个世界上，有自私自利的人，必然也有逆来顺受的人。一个傲慢无礼的人身边，总会有一个或是一群自卑、没有自信的家伙，似乎这样，才能达到巧妙的"平衡"。

说起逆来顺受的人，在《红楼梦》里，当属邢夫人为首。

邢夫人说起来也是大户人家的女儿，只不过嫁到贾府这种"豪门"来，自家的那点儿身家，也就说不上话了。

她嫁给了贾家长子贾赦，是贾府的长媳。可以说，贾府内阁里论辈分，除了贾母之外，就数她最高。可是，我们纵观红楼梦，见到的都是王夫人精明厉害，王熙凤手段刁钻，这两个人扛起了贾府的半边天，而邢夫人这个长媳，多半是在逢年过节时露个脸，讪讪地笑一笑，在贾母那儿讨点儿没趣，就灰溜溜地退场了。

说起这位邢夫人的逆来顺受，那可真是让人无比拜服。老爷贾赦年过半百，看上了贾母的丫鬟鸳鸯。按理说，邢夫人作为正室，对这种事起码要持一点吃醋的态度。可是素来受贾赦气的这位大夫人，一听丈夫吩咐自己"和老太太讨去"，便忙不迭地冲上了最前线，跟贾母没有谈成，还亲自去劝说鸳鸯，许了她："过一年半载，生下个一男半女，你就和我并肩了。"

为了自己的丈夫能讨得一房心爱的小老婆，邢夫人可谓是受尽了屈辱，被贾母和身为丫鬟的鸳鸯连番讥讽。也正是因为她如此地逆来顺受，贾府的权势才都落到了王夫人和王熙凤的手里，而她则落得个昏庸无能之名。

这逆来顺受的人，在心理学中，被称为是小自我、低自尊的人。这种人

第七章 性格人品的读心策略

的小自我，甚至比谦逊的人还过犹不及，达到了完全忽视自己的地步。与自私自大的人完全相反，他们觉得自己是那么的卑微渺小，自己的需求完全不重要，而他人的需求才是最重要的。因为觉得自己没有价值，所以他们更倾向于在他人那里寻找价值，内心的空虚感让他们特别害怕被别人讨厌。

同时，这种人所拥有的低自尊的特性，导致他们完全不会为自己辩护。即使不是自己的错，他们也会立即跟他人道歉，为的仅仅是讨好别人。可以说，小自我、低自尊的人，他们虽然看起来谦逊沉默，但是缺乏主见和魄力，完全是为了他人而活着。

我有一个邻居，是重点名牌大学的硕士生，论起学历来，他可以让社会上多数人都为之侧目。可是偏偏就是这样一个高材生，毕业后却一直找不工作。

不忍让他的才华埋没，我介绍他去了我们公司，恰好专业对口，总裁也对这个"高材生"寄予了厚望。

不愧是名牌大学的硕士生，一进公司，小伙子的能力就展现了出来，几个策划案的技术性工作做得非常到位。总裁赏识他的能力，想派他制作并执行一个现场活动的策划。这样的机会在任何有才能的人眼里，都是可遇而不可求的。

但是，我的邻居却犹豫着说道："可是我没有一个人策划活动的经验……"

"那……找几个老员工来协助你吧。"总裁略一沉吟，觉得他说的也有道理，于是退让了一步。

"可是……可是我没有管理经验啊。"这下，邻居更紧张了，连说话声音都开始结巴。

总裁十分失望，只好把策划案交给了另一个比较有经验的同事去做。

"你怎么那么傻啊？"听闻了此事，我恨铁不成钢，"这是多好的机会啊，人家想还想不来呢。"

"我是真的不敢确定我能不能做好啊。顺利的话还好，万一出了什么纰漏，影响到月末的工资和奖金就郁闷了。"邻居的回答让我无话可说。

接下来的日子里，他几乎沦为了公司打杂的小工。这个同事想喝咖啡，会把零钱朝他桌上一扔，那个同事中午不愿意出去，也会叫他去给自己买饭。而他也笑呵呵地陪着小心，对任何人提出的任何要求都不拒绝，哪怕会耽误自己的工作时间。

明明是技术过硬，又正当风华正茂的年纪，但我的这位邻居，却像是拉车的老牛一般，打一鞭子才走一步，即使他那一步比任何人跨得都要远。

没过多久，他的这种"消极怠工"就让总裁不满了。干了几个月，他仍旧在原地踏步，没有做出一点儿成绩，终于让总裁下定决心开除了他。

我的这位邻居之所以会失业，想必这其中的原因大多数人都能看得出来。他没有自信，极度自卑，对自己的能力抱以怀疑的态度，对于将要担负的"责任"感到无比恐惧。正是因为他的小自我、低自尊，他才痛失了一次又一次的工作机会。

逆来顺受的人是谦逊的，可是却谦逊得过了头，他们消极地评论自己，从来不为自己辩护，而是不断地道歉，对于他人的赞美，也非常不适应。由于严重缺乏安全感，这种人会受到各种各样心理疾病的折磨，一旦环境和人让他感觉到不安全时，他就会非常焦虑紧张，更别提协力，甚至是独力去担负起一定的重任了。

与逆来顺受的人相处，我们要注意，不要刺激到他们脆弱的自信心，把一些简单而重复的工作交给他们，他们会中规中矩地完成。但是一些比较重要的、决策性的工作，最好还是不要让他们担负，因为在他们的意识中存在着害怕犯错的想法，会让他们原本就恐惧的内心，变得更加迟钝麻痹，甚至会产生逃避的行为。

轻诺寡信的人千万不可深交

微反应关键词 古往今来，信守承诺一直是被提倡的传统美德。古人讲"一诺千金"，信守承诺的人受人尊重，轻诺寡信的人则只是为了将眼前的事情应付过去，至于事后如何，从不认真考虑。这样的人，不值得我们信任。

在人际交往中，很多人都喜欢吹嘘自己，为了提高自己吸引他人的目光，快速引起公众的关注，他们总是会夸出一些不切实际的"海口"，简直是信口开河。甚至对于别人的求助，他们有的会满口应承没问题的；有的说尽

 第七章 性格人品的读心策略

量想办法帮你解决的；有的答应帮你留意要你回去等消息的；还有的郑重其事拿出本子记下备忘录的，让求助的人感动无比。

但事实呢？随着日子一天一天过去，你会发现，他们的承诺只图嘴上痛快，其实没有任何价值。"狼来了"的故事谁都熟悉，生活中也一样，谁会相信一个一而再、再而三地说谎的人呢？

在《郁离子》一书中曾记有这样一则故事：

有一位商人驾船过河，结果行驶到一半突然遭到变故，船开始下沉。这位商人连忙呼喊"救命"，一个在附近的渔人听到呼喊后立即划船相救。

这时候，商人许诺说："你若救了我，我就付你100两金子。"渔人没有说什么，立即将商人救到了附近的岸上。结果商人只拿出了80两金子。这位渔人则怪商人言而无信，商人则反责渔人太过于贪婪。渔人无颜地走了。

后来，这位商人再次从这里经过的时候，船又遇险。商人只好再次大声疾呼。这时候，上次救他的渔人带领着几个人出现了，商人再次向渔人说："你若救我上来，我给你200两金子。"但渔人指着他对其他人说："他就是那个言而无信的人。"

于是，众渔人皆停船不救，最后商人因为自己的言而无信淹死在了河中。

这就是轻诺寡信带来的后果。诚信是人一生中最重要的资本，对不应办或办不到的事，千万不能轻易应允，而一旦许诺，就要千方百计地去兑现。一个人如果糟蹋了自己的信用，无异于在拿自己的人格做买卖，卖得越多，留下得也就越少。我们要事事以"信"为重，恪守信用，要对自己的承诺履行责任和义务，要做到"言必信，行必果"。做人没有诚信，到头来吃亏的还是自己。

在日常生活中，朋友之间相互帮忙、向朋友承诺是常有的事，承诺也的确可以收到预期的效果。但是，承诺的话容易讲，日后不能兑现承诺则很难办，这会导致自己的"信任危机"，并会给朋友之间日后的交往带来难以逾越的障碍。因此，在我们必须做出承诺的时候，首先要考虑自己实现诺言的实力，不要过高估计自己的办事能力。帮助别人要量力而行，不要因为顾及自己的颜面而做出"自不量力"的承诺。

一个言出必行的人，讲诚信、讲信誉，这是我们人生中最宝贵的财富。

有一个生意人，由于时运不济，结果债台高筑，自己也因此得了重病。临终前，他把自己年仅12岁的儿子叫到跟前，然后说："孩子，如果你有志气自立的话，要替爸爸还清债务，免得遭人唾骂。"刚刚12岁的儿子含泪点了点头。

其实按照法律规定，这位生意人的债务完全轮不到他的孩子来承担，所以生意人的很多债权人都万分懊悔。但这时候，生意人的儿子主动上门，并许下诺言，给他20年时间，他会一一还清父亲欠下的全部债务。

20年，是这个小男孩儿最值得拼搏的20年，他却承担起了本不应该他承担的债务。刚开始，那些债权人以为这只是小孩儿安慰他们罢了，并未抱有任何希望。但事已至此，也别无他法，只有听之任之了。于是小孩儿开始了他的还债生涯，到了27岁那年，他还清了所有债款，竟然比预期的提前了5年！

是什么原因让这个小男孩儿这么快就还清了债款呢？很简单，一是自己许下的诺言成为一股强大的动力，促使他不断朝着自己的目标去奋斗；二是随着自己不断兑现自己的诺言，债权人对他产生了极大的信任，比以前更加愿意与他合作了。而且，自己的诚信让大家蜂拥而至与他合作，生意做得越来越大，因而钱也就越赚越多，这不仅使他提前还清了欠债，而且成了一名富有的商人。

也许当初这位小男孩儿并没有意识到，这笔债务能让他获益终生。由于他花了15年时间去还一笔本来不属于他承担的债务，他的信誉在生意圈中产生了一股巨大的力量，几乎没有人不愿意与他发生生意往来关系，信誉为他赢得了巨大的财富。

任何时候，信守承诺的人都是值得交往的，无论他的能力大小，因为信守承诺是人生中最宝贵的财富。如果一个人不信守承诺，那么，他就会失信于人。

所以，永远不要轻诺寡信，一旦你信口开河，那么，你将再也得不到信任。在当今社会，一个缺乏信任的人又能做成什么呢？

拘泥细节的人很难有大成就

<u>微反应关键词</u>古人说："成大事者，不拘小节。"这句话是很有道理的。做事时，需要关注细节，但是，如果只拘泥于细节，则很难看到全局，也容易使自己劳心伤神。这样的人，很难有大成就。所以，我们做事不要太过拘泥于细节。

第七章　性格人品的读心策略

在生活中，无论做什么事情，都不会一帆风顺，正所谓有得必有失。如果一个人总是在一些小的细节上争争吵吵，不愿放弃，那么，这样的人很难有大成就。

比如，在广告中，我们经常可以看到人所共知的一些品牌，时刻在更新着自己的广告。也许你会认为，他们已经做得那么大，已经被公众所熟知了，那么，广告费就没有必要再付出那么多了。而事实正与我们所想的相反，品牌做得越大，那么，广告也做得越大。现在很多跨国集团所创的世界名牌，一年的广告费就高达几个亿，当然，他们的利润更高。

这就是不拘泥于细节的好处。在某种意义上说，这种小节不拘的越多，所能获得的回报也就越多。你放弃的也许只是一个小"点"，但你能获得的将是一整个"面"。如果你始终在那些小"点"上苦下工夫，那么，你将可能失去很多的"面"。所以说，拘泥于小节的人很难成就大事业，过于苛求完美的心态只会让我们离完美更远。

日本人仓冈天心所写的《茶之书》中，有这样一则有趣的故事：茶师千利休看着儿子少庵打扫庭院。当儿子辛辛苦苦地打扫完整个庭院的时候，茶师却说不够干净，要求他的儿子再打扫一遍。没有办法，少庵于是又花了一个小时的时间重新打了一遍庭院。然后告诉父亲说："父亲，已经没事可做了。石阶我已经洗了三次，石灯笼也擦拭了多遍。树木冲洒过了水，庭院里没有一枝一叶留在地面。"

这时候，茶师却斥道："傻瓜，这不是打扫庭院的方法，这像是洁癖。"说着，茶师步入院中，用力摇动一棵树，摇落了一地树叶。然后说道："打扫庭院不只是要求清洁，也要求美和自然。"

其实，茶师的意思就是告诫儿子，在做事情的时候不要过度地去拘泥于细节，苛求绝对完美的心态与做法是违背自然的。

很多时候，人们总在说"细节决定成败"。的确，在很多方面，细节的确引导着成功的方向，但任何事情过了头都不好，过于关注细节，拘泥于细节，就会让一个人难以把握事物的整体发展趋势，在工作过程中也很可能赶不上整体进度。就像在工作中，如果一个领导者过于关注一些小事，那么，在大的发展方向上就会出现偏差，从而导致全局的失败。

毫无疑问，那些把企业做强做大的成功人士都是注重细节的，但他们绝不只盯着细节。比如，奥康集团董事长王振滔就曾说："每个人都有自己的特点、自己的目标，我认为我国的鞋业发展很快，每年以 66.7% 的速度发展。但放到整个国际市场中它还是很小很小，所以它的扩展范围还是非常广的。所以，我想把这锅水烧开，烧到 100℃。我的目标就是鞋王，世界鞋王，烧到这个世界鞋王的时候才达到我的目标。我想，每个人不可能做很多行业，隔行如隔山，还不如把自己的专业做强做大。"他关注细节，却并不只盯着细节，在他的心中有大目标，而且他能够始终坚持自己的主张，因而取得了超出一般人的成就。

我们没有那么多的时间和精力去顾及这些细节，始终抓住重要的事，才是真正成大事者的方法。只盯住细节的人只会拘泥于眼前，永远也无法登上事业的巅峰。

嫉贤妒能的人难当领导之位

微反应关键词 人或多或少地都有些嫉妒心，这是一种正常心理。但是，嫉妒心过重的人，容不得别人比自己优秀，对比自己强的人会排斥和打击。因此，对这种人不能委以大任，过高的权力会成为他打击贤能的武器。

人，很多时候都会嫉妒别人，这可以说是一种正常的表现。有时候我们前进的动力正是来源于自己的这种嫉妒，不甘落后。比如，我们在看到别人勤奋工作受到表扬时，就会给自己定下目标，要超越对方，这就是一种积极的动力。所以，我们不能说嫉妒心就是一种消极的表现。

但是，如果一个人的嫉妒心太强，那么，他就很容易在内心之中产生一种怨恨，会把别人看成是挡在自己面前的绊脚石。这时候，人们往往会做出一些偏激的事情来，甚至愤而谋叛也毫不为奇。

一个领导者如果嫉贤妒能的话，那么，他绝对不是一个好的领导者，因此不能对他委以重任。三国时的周瑜不能不说是一位帅才，但还是因嫉妒心太强而一败涂地，最终被足智多谋的诸葛亮气死，留下"既生瑜，何生亮"的感叹。

第七章　性格人品的读心策略

被誉为美国汽车大王的亨利·福特及其孙子福特三世，在事业发展的巅峰时变得刚愎自用、嫉贤妒能，绝对不允许员工"功高震主"，一旦有这种感觉，就不顾一切将不顺眼的但对公司的发展立下汗马功劳的员工解职。正是这一套做法，导致其事业大滑坡，今天的福特汽车公司早已失去当年的那般威风。

到最后，63岁的福特三世被迫忍痛割爱，宣布辞去福特汽车公司董事局主席的职务，把掌管了35年的业务经营大权让给福特家族以外的菲利普·卡德威尔，由他组成顾问团，采用专家集团的领导体制来管理。这一举措，彻底宣告了"万年福特王朝"的结束。

一个管理者需要的是有容才之长的肚量，因为真正优秀的人才是任何人都掩盖不住的，必然会脱颖而出。高明的管理者，对高才是喜不是忧，是扶不是压，是求不是弃。因为，高才是事业成功的希望，不敢用比自己强的人是嫉贤妒能、排斥异己，不敢使用比自己强的人，或者对才能超过自己的人更是欲置之死地而后快，这种"武大郎开店"式的思想只会害了自己。

美国著名历史学家诺斯古德·帕金森指出：一个不称职的官员可能有三条出路：第一是申请退职，把位置让给能干的人；第二是让一位能干的人来协助自己工作；第三是任用两个水平比自己更低的人当助手。这第一条路，99%的人是不会选择的，因为那样会丧失许多权力；第二条路，80%的人也是不会选择的，因为那个能干的人会成为自己的对手。看来只有第三条路最适宜，于是，两个平庸的助手分担了他的工作，他自己则高高在上发号施令。两个助手既然无能，也就上行下效，再为自己找两个更无能的助手。

由此可见，管理者在管理中一定要保持低调，不要怕员工的光芒超过自己，不要怕员工功高盖主，只有这样才能将员工的智慧拿来为自己所用，借此打造一流的企业！

卡内基本人对钢铁的制造、钢铁生产的工艺流程，按照他自己的话说，知道得并不多，但他手下有300名精兵强将在这方面都比他精通，他的卓越才干就是善于用人、用好人。在他去世后，他的墓碑上刻着这样一句话："这里安葬着一个人，他最擅长的能力是把那些强过自己的人组织到为他服务的管理机构中。"卡内基之所以成为钢铁大王，除了他本人杰出的管理才能和眼光之外，还因为他善于用比自己强的人，他能看到并发挥他们的长处。他曾说过："把我的厂房、机器、资金全部拿走，只要留下我的人，4年以后我又是一个钢铁大王。"

西方有一句名言："我活着，也允许别人活着。"套用这句话，可以说："我优秀，也允许别人优秀。"那些生怕员工比自己强，怕他们超过自己、威胁自己，并采取一切手段压制别人、抬高自己的人，永远不会成为高效的管理者。管理者要有甘当绿叶的宽广胸怀，把来自员工的挑战当做一种鞭策和激励，而不是威胁和冒犯。

那些嫉贤妒能的人是不能委以大任的，因为在他们的眼中根本就容不下他人的优秀。庞涓因嫉妒将旧日同窗孙膑处以髌刑；曹操因嫉妒而强加以"动摇军心"之罪名无端杀害良臣杨修，等等，这些都是嫉妒心理在作怪。嫉贤妒能心理，产生的后果绝非只是简简单单地失去某一个人才，也绝非只是打击了某个人才或是某些人的积极性；更为重要的是，嫉贤妒能最终失去的是诚信、是和谐、是机遇、是全局，甚至还可能是唾手可得的巨大成功。

因此，不要在那些嫉贤妒能的人身上抱有什么希望，不能对他们委以大任，别让自己成为他们嫉妒的对象，以免成为受害者。

体察己过的人更易得人信任

> 微反应关键词 善于反省的人，从不抱怨；善于反省的人，从不推卸责任；善于反省的人，对所做的事情有着清晰的认识。善于反省的人，往往能够发现自己的优点和缺点，扬长避短，自我修正，因此可以不断进步，足以担当重任。

反省，就是人对自身的所做所为进行的一种思索和总结，是对自己说过的话、做过的事进行反思，主要是反省那些不理智的举动、不和谐的话语、没有做到的事情，等等。善于反省的人敢于面对自己的不足，敢于正视自己的态度，能够及时、反复地进行自省。这样的人，从不推卸自己的责任，能够及时反省自己的不足之处，并加以改进。所以说，善于反省的人足以担当重任。

《论语》中说："吾日三省吾身：为人谋而不忠乎？与朋友交而不信乎？传不习乎？"于是每日"三省其身"成了后人中很多"为君子者"的座右铭。很

 第七章 性格人品的读心策略

多有建树的人均具有"反省"的优秀品质。

比尔·盖茨就是一个善于反省的人，作为微软公司的总裁，其繁忙程度可想而知，但是他无论多么忙，每周总要抽出一天的时间找个安静的地方独自休息一会儿。他用这一天的时间专门思考和反省，反省自己有无失误，并思考下一步的行动计划。

一个善于自我反省的人，往往能够发现自己的优点和缺点，并能够扬长避短，以发挥自己的最大潜能。特别是在职场上，持有自我反省、自我修正态度的人，一定能够不断进步，获得老板的器重，从而担当重任。

王强大学毕业后，经过应聘，成为一家外贸公司的小职员。毕竟新职员没有什么经验，所以公司会安排新员工从最基层做起。

基层的工作是枯燥烦琐又无聊的，对于那些简单的知识，即使是高中毕业生，学习几天也能够熟练操作。因此，在办公室里，新来的员工们都抱怨不断，不停地到处埋怨。唯独王强没有这么做。

他什么也没有说，只是按部就班地做着自己的本职工作。他每天都认认真真地去做每一件领导交给他的工作，帮助其他员工去做一些最基础、最累的工作。而且，他还是一个非常有心的人，他对自己的工作每天都会做详细的记录，比如做什么事、出现了什么问题、需要改进的地方、是不是还有更有效的方法，等等，他都一一记录下来。如果遇到自己不能解决的问题，他就抽时间向老员工请教。因为他非常虚心，所以别人都很愿意帮助他。

和他同时入职的同事都在嘲笑他，说他"傻"，但他还是坚持自己的工作态度，坚持自省反思。他所做的这一切，公司的老板都看在眼里。一年以后，王强不仅掌握了基层工作的要领，还改进了原本费时费力的工作流程，提高了工作效率。他被提升为办公室主任后，依然保留着反省的工作习惯。半年后，他成了部门的经理，而和他一起入职的其他员工，依然在基层无休止地抱怨着。

善于反省的人，会把反省当做一种学习的过程。他们通过不断反省自己做事情的经过，然后努力寻找种种解决问题的方法，从中领悟失败的教训和不完美的根源，然后全力以赴地去改变。无论在什么岗位上，他们从来不会去抱怨，只会去反省自己，去学习更多的相关知识。这样的人，无论在哪里都能够获得他人的赏识。

如果你是一位管理者，那么，你需要什么样的员工呢？我相信那些善于自我反省的人一定能符合你的条件。因为这样的员工能够让老板放心，无论

交给他们什么工作，他们总是能够给老板一个满意的答复。

那么，我们怎样去发现那些能够自我反省的员工呢？

首先，善于自我反省的员工从不抱怨。

在工作中，我们时常会听到很多员工在不停地抱怨着，但那些善于自我反省的员工绝对不会去抱怨。因为，更多的时候，他们在忙于发现自身的缺点，而不是去抱怨工作。工作是不会有问题的，有问题的是我们的内心。一个总在抱怨的员工如何能够获取老板的信任呢？

其次，善于自我反省的员工从不推卸责任。

当工作产生问题造成严重后果的时候，善于自我反省的员工绝不会急于推卸自身的责任，而是立即反省，找出产生错误的原因，找到解决问题的方法，他们对于自己该负的责任从不推卸。

最后，善于自我反省的员工对工作有清晰的认识。

尽管很多人都在做工作，但很少有人能够真正对自己的工作有一个清晰的认识。更多的时候，他们是在应付工作，应付自己。善于自我反省的员工则绝不会那样做，即便是再枯燥无味的工作，在他们的眼里也是一视同仁，没有高低贵贱之分。在他们的眼里，工作不是他们养活自己的一种工具，而是成就自己的平台。

为什么世界上那么多财富都落在了犹太人的手里呢？因为犹太人习惯于在周六长时间反省。因此，他们虽然在第二次世界大战中遭受毁灭性打击，但是战后却能够迅速崛起，成为世界上最有名的商人。自我反省是人身上一种最优秀的品质，只有经常反省的人才能取得进步。如果企业能够拥有这样的员工，那么，有哪一位老板会不放心呢？

行事果断的人处处受人尊敬

> **微反应关键词** 做事果断是一个人成功的基础。现代社会，信息多而繁乱，抓住每一次稍纵即逝的机会，做出一个你认为正确的选择，并且要为这个决定所带来的后果负责，这样的人才会受人尊重。

第七章　性格人品的读心策略

俗话说得好："当断不断，反受其乱。"当年楚霸王在"鸿门宴"上放走了刘邦，结果给自己带来了自刎乌江的后果。而在今天这个竞争激烈的社会，"战情"更是惊心动魄，那些不能当机立断、优柔寡断的人，也只会贻误时机，最终将一无所获。

曾经有一项调查结果显示，获得成功有八个条件，其中最重要的一条就是行动要果断，办事要有魄力。如果你善于留意、观察，那么你会发现无论是经济界的标杆，还是娱乐界的大腕，他们做事都会有一个共同的特点：做事果断、行事干练、雷厉风行。相对于那些性格优柔寡断的人，富有果断魄力的人更容易赢得别人的尊敬。

印度第四大私人财团的比尔拉集团有着令其他巨头羡慕不已的一笔财富，他就是被誉为商界奇才的年轻的集团主席库马尔·比尔拉。为什么年纪轻轻的库马尔·比尔拉能够在这个位置上坐稳呢？这与他果断的做事方法有着莫大的联系。

比尔拉集团是靠种植业起家的，从库马尔的曾祖父开始到1947年印度独立时，比尔拉集团已经控制了164家企业。印度独立后，比尔拉集团发展更是迅速，成为印度规模最大的种植业集团，规模已与当了100年印度首富家族的塔塔集团相差无几。等到库马尔的父亲接班时，比尔拉集团开始向铜业和铝业进军，变成了覆盖纺织、造纸、航运、报业、汽车、机械、银行和保险业的综合性集团。

1995年10月，库马尔的父亲埃迪亚因病逝世，集团的重担全部压在了年仅27岁、刚从伦敦商业学院毕业的库马尔身上。上任伊始，比尔拉集团旗下两大骨干企业——格拉西姆公司及印度人造丝公司的股票就全部大幅下跌。因为人们对这个初出茅庐的年轻人并不放心，在集团的董事会会议上，库马尔看到的也是一片不信任的目光。毕竟，库马尔太年轻，对于他能否打理好这个百年的大企业集团，董事会的人都持有一种怀疑的态度。但很快，库马尔就让所有人见识到了他优秀的管理才能。

首先，他大刀阔斧地对管理机构进行了改造，规定集团董事会成员60岁退休，引进新人。他还要求40多位资深主管对他的领导能力、管理风格评分，大幅度地改变了父辈们"中央集权"的管理方式。

同时，他果断地砍掉了不符合集团整体战略的经营项目，无论这个项目是否盈利。他甚至还关掉了一些种植园，卖掉了石化公司的股份。库马尔看到，当前印度经济发展前景最广阔的是基础设施领域，而非种植业。在他的策划下，集团水泥公司的年产量从500万吨增至3000万吨，并收购了加拿大英达尔铝业公司，在绝缘体、纤维胶和纱线市场上也是名副其实的龙头企业。

库马尔的这一系列果断措施为他赢得了董事会成员的尊敬。现在，每当他走进会议室，总有不少年长的董事为他拉椅子。很多人坦言，这并不是因为他是主席，而是佩服他将集团业务推上了一个新的高峰。

的确，只有在大事上果断的人，才最值得我们尊敬。因为他们能够抓住每一次转瞬即逝的机会，能够使用雷厉风行的手段。当初，在确定圣彼得堡和莫斯科之间的铁路线时，总工程师尼古拉斯拿出了一把尺子，然后在起点和终点之间画了一条直线，用不容辩驳的语气斩钉截铁地宣布："你们必须这样铺设铁路。"结果，铁路线就这样诞生了。而优柔寡断，拿不定主意，则是做事的大忌，不仅浪费了机会，甚至还会连累别人。

在大事上果断的人之所以受人们尊敬，与他们自身强大的意志力是不无关系的。因为对他们来说，他们既能拿得起又能放得下，能够说到做到，这样的人，注定会成功。

判断草率的人容易带来损失

微反应关键词 生活中，有些人喜欢凭借一时冲动，或者先入为主的主观意见，对一件事情草率下结论。这样做看似果断，其实却欠缺对事情客观、全面的了解，很可能会将事情办糟。对于草率下结论的人，千万不能轻易信任；否则，只会给自己带来损失。

生活中的任何事情，无论大事小事，一定会存在着各种各样的问题。做事情说到底其实就是解决这样或那样的问题。因此，无论对待任何事情，我们都不能轻易做出判断。如果一个人轻易就断定没有任何问题，这至少表明

# 第七章　性格人品的读心策略

他对这件事看得还不够深入。这种草率作风是极不牢靠的一种表现。如果让他来做一些重大的事情，那么得到的也只能是一些失望的结果。所以不可轻易相信这种人，否则上当的只能是自己。

有时候，即使我们眼见的也未必为"实"，所以，我们不能够凭借一时的冲动和鲁莽做出判断，这样只会给他人或者我们自身造成难以预料的伤害。不要过于相信自己的直觉，毕竟，直觉有时候也会出现错误。

曾经在电视上看到过这样一个广告：

有一位厨师正在忙着煮意大利面，家里的白色波斯猫突然跳到炉台上叫个不停。这时候厨师正在切菜，只好一手拿切菜刀，一手赶那只猫。在慌乱中，厨师不小心打翻了炉子上那锅猩红的西红柿酱。结果西红柿酱洒了一地，这时候，炉台上那只猫恰巧也跌进地上的酱汁中，沾了一身猩红的西红柿酱。

厨师抓住了猫后颈的毛，准备将它提起解围时，大门开了，进来的助手只见他一手拿刀一手抓猫，满地是"血"……

这时电视画面打出一行大字：不要太早下判断。

的确，这个公益广告真是发人深省。很多时候我们"亲眼所见"、"亲耳所闻"，真是我们所"以为"的那样吗？

判断草率是我们人生之中时常可见的处事方式。《世说新语·任诞》说，"尚性轻率"就是"不拘细行"。草率的判断，在生活、工作中却往往会以一种极为堂皇的形式表现出来，使我们似乎觉得话语果断、办事干脆、处事利落；但实际上，草率的判断让我们对事情的真相无法去触摸。

所以，在任何时候，都要先听而后下结论，不要草率地去判断，这样不仅可以避免犯错误，还能让自己显得更具有智慧。对别人说些什么，很少认真地去听而急于做出结论的人，只会一次次地与机会擦肩而过。

美国作家马里杰·斯比勒·厄格曾讲过这样一个故事：

有一次，一位老人对我讲了他年轻时的故事："我年轻时曾经自以为了不起。那时候我打算写一部伟大的小说，为了在书中加入点地方特色，我利用假期出去寻找。我想要在那些穷困潦倒、懒懒散散混日子的人们当中找一个主人公，我相信那里可以找到这种人。事实上也是如此，有一天，我找到了这样一个地方，那里到处都是荒凉破落的庄园，到处都是衣衫褴褛的男人和面色憔悴的女人。最令人激动的是，我想象中的那种懒惰混日子的状况也找到了。一个满脸长着大胡子的老人，穿着一件深褐色的衣服，坐在一张椅子

上为一块马铃薯地锄草，在他的身后是一间没有油漆的小木棚。

"当时我想立刻转身回家，恨不得马上就坐到打字机前开始这部伟大小说的创作。但是当我绕过木棚在泥泞的路上拐弯时，又从另一个角度朝老人望了一眼，我下意识地突然停住了脚步。原来，从这一边看过去，我发现老人的椅边放着一副残疾人的拐杖，老人有一条裤腿空荡荡地垂在地面上。顿时，那位刚才我还认为是好吃懒做混日子的人物，一下子就成为一个百折不挠的英雄形象了。"

这位老人说："从那以后，我再也不敢对一个只见过一面或者只是简单聊上几句话的人轻易下判断和做结论了。感谢上帝，让我又回头看了一眼。"

这位老人得到的人生经验的确是值得每个人借鉴的。在日常生活中，肯于多思多想、不轻易下结论的人，一定是聪明人，这样的人无论是在外交还是商业等重要场合，都能够避免因失误给自己造成的损失。

不草率下结论，在表面上看的确会给对方留下一种婆婆妈妈、优柔寡断的印象，然而它可以给人创造出权衡利弊的时间与机会，可以让人趁机通过听取他人的意见来决定自己的判断。这样，即使有些方面没有顾及到，没有考虑到，也能立刻补正，把事情办好、办妥。因为真相只有一个，我们不能因为我们的草率而掩盖了真相。

第八章

兴趣爱好的读心策略

　　一个人的天赋是与生俱来的，或许不会影响性格；但他的兴趣爱好却是他性格的最根本的反映，因为这完全是他根据自己的喜好选择出来的。所以，你可以根据一个人的喜好，来判定他的性格特质。

第八章　兴趣爱好的读心策略

不同种类的体育运动，诠释着不同的心理形态

在当代，完全不碰体育运动的人，几乎没有。而只要对方与体育运动有交集，你就可以从其爱好的运动方式上，揣摩他的性格了。

体育运动，种类繁多，田径、球类、搏击、冰上运动……每一种都有着为数不少的爱好者和"粉丝"。而这些人和职业运动员一起，构成了一个巨大的群体。通过他们对体育运动的爱好种类与方式，我们可以揣摩其心理形态，以对他们做到更深的了解。

关于体育的分类有许多种，最基本的分法是竞技体育和非竞技体育。

喜欢竞技体育的人，往往有着争强好胜的一面。在荧屏前大声为自己喜欢的一方喝彩，在比赛现场谩骂不喜欢的球员，甚至亲自在赛场上与对手激烈角逐……所有热爱竞技体育的人，无论外表怎样温文尔雅，但骨子里都有一颗争强好胜的心。他们不争斗也只是因为争斗的目标他们不在乎而已。

相对还有一些人是单纯地为了运动而运动，他们并不喜欢运动中包含的竞技因素。这一类人就是非竞技体育爱好者，比如，一个人喜欢每周去游泳池游泳三小时。要知道，当体育运动离开竞技性，便往往会成为一件枯燥的事。几乎没有人能在十千米的长跑或两小时的自由泳中体验到一场足球比赛的乐趣。即使枯燥无味，但这种运动的爱好者也在咬牙坚持，挑战心理和肉体的承受力。所以，无论这类人是为了锻炼身体还是别的，都有着强大的意志力和韧性，他们极其自律，在控制自己这一方面很有心得。在这里，我们可以举出两位知名人士。

第一位是日本著名作家村上春树。

据他自己说，他每天五点起床，出去跑五千米，然后用最快的时间洗漱叠被，吃一顿简单但营养丰富的早餐。

接下来是工作，他的工作态度很特别：每天只写或译八千字。即使今天

文如泉涌，也只写八千字。即使今天一个字写不出来，也要憋出八千字的废话来。

剩下的时间，自由支配。

他称自己的这种心态为"慢跑者心态"。所谓的慢跑者心态就是，正常人的一天拥有24个小时，而慢跑者只有23个小时，因为有一个小时的时间必须用来跑步，雷打不动。

"并不是因为喜欢才去跑，正因为不喜欢，所以才跑。"——村上春树如是说。

第二位是新加坡管理模式的缔造者，新加坡前总统李光耀。

李光耀是华人，拥有着华人与生俱来的韧性。为了锻炼身体和意志，他每天早晨都要在户外跑上十千米，寒来暑往，从未间断。

而就是这种韧性，让他成功地把新加坡带出了1997年"金融危机"造成的东南亚经济泥潭，使新加坡率先成了崛起的国家。

行政管理学界对李光耀的成绩致以了最高规格的赞赏，他们说：如果诺贝尔奖有管理学奖，那么，第一枚诺贝尔管理学奖必须颁发给李光耀，还要颁发两次！

此外，喜爱竞技体育的人，还可以分成两类。

一类是典型的"球迷"，他们喜欢在电视机前或赛场里摇旗呐喊，却很少走到赛场上一试身手。观看体育节目对这些人来说，更多的是一种欣赏——就像看一部好看的卡通片一样。这类只喜欢观看的人，性格里往往有被动的一面。他们是好的倾听者和分析师，但能动性偏低。

而另一类人则是典型的"运动员"。与做一个旁观者相比，他们更希望参与到赛场中，与对手一决高下。这类人有着强烈的征服欲望，他们执行力极强，其中有一部分性格也比较直接。他们是最好的执行者。

而在现实生活当中，很少有"只看不练"或"只练不看"的人，大部分人，既喜欢欣赏运动之美，也同样喜欢亲自上场。这时候，你只要观察他喜欢哪一个种类多一点就行了。

第八章 兴趣爱好的读心策略

打牌下棋：对战型爱好隐藏着争斗之心

> 微反应关键词热爱棋牌的人都拥有强大的争胜之心，但这并不是说所有棋牌高手都有这种心态，确实有一些人是因单纯的聪明和运气好才能取胜。所以，仅通过爱好判定此人有争胜之心有失偏颇。评判标准应该是此人对游戏的投入程度、享受程度，而非其游戏水平。

棋牌游戏，在人类进化到刚能够进行复杂思考的时候就已经诞生，发展到今天，种类已经极为繁多，其中有复杂的西洋象棋、有规则简单的五子棋、有看似简单却最是变化无穷的围棋，等等。

很多人认为，下棋是一项高雅的运动，这点不假。但不少人认为，下棋的人是心态淡泊的人，这就大错特错了。要知道，无论哪一种棋，说到底，都是博弈。下棋的目的，只有一个，就是战胜对方！所以，这种高度需要求胜心态的活动，其参与者怎么可能是寡淡之人。

牌类运动同样如此，只是牌类比棋类多一些运气成分，但对输赢的渴求更直接。

有些人品茗下棋，这看似高雅，但如果他是真的喜欢下棋，那么，请记住，无论他姿态再怎么淡泊，其骨子里的争胜心态都从未停止过。

谢安，东晋名士、宰相，中国战争史里著名的以少胜多的战役之一——淝水之战，就是他指挥打胜的。

虽然战功卓著，位高权重，但是在人们的印象里，谢安就是一个心性淡泊之人。平日里经常跟后来被尊为"书圣"的王羲之等人游山玩水，喝酒下棋。而其中，下棋是谢安的挚爱。抽空跟人下一盘棋，对于他来说往往是最大的愉悦。

至于出仕为官，东晋朝廷曾经多次找他进司徒府，他一概拒绝。扬州刺史请他出山辅佐，他也拒绝了几次，但见对方执意恳请，他才点头应允，只干了一个月便罢工。后来朝廷继续征召多次，他仍旧拒绝。

很多朝臣对谢安极为不满：虽然你年纪轻轻便盛名极富，但也不能这么端架子啊。朝廷甚至决议对谢安终身禁锢，经皇帝下诏才得以赦免。对此谢安仍然是哂笑一声便继续我行我素。

这么看来，谢安似乎真的是个心性淡泊到极致的人。

升平四年，大将军温桓准备西征，开幕建衙，征召谢安从军。当时所有朝臣都认为，即使温桓权倾朝野，也要碰钉子，却没想到，谢安竟答应了温桓，做他的大司马。温桓得知后，极为高兴，拉着谢安的手对府里佣人说："你们接待过这么有才华的人吗？"

而满朝文武已经为此事闹得沸沸扬扬：一直以来刚正不阿的谢安，竟然在没有被催逼的情况下出仕了！

但很多人不了解谢家当时的境况，便自以为了解了他出仕的原因：谢奕病死，谢万被废，使谢氏家族的权势受到了很大威胁，谢安为了家族利益，不得不牺牲自己的名士节操……

这个推测其实有很多疑点：连终身禁锢都不在乎的谢安，会为了家族利益而做自己不喜欢做的事情吗？

实际上，谢安这次出仕的原因很简单：投入征西大将军的幕下，就等于有仗可打。谢安不是武夫，却一直有着一颗博弈的心。他争强好胜，只是世俗的功名利禄在他眼里实在没什么挑战性，所以，他把目光投向了真实的战场。

但很可惜，温桓虽然喜欢谢安，但却并没有把谢安当成一名真正的将军。所以这次西征，谢安可以说全程旁观。最后温桓打了败仗。

好在这并无损谢安的名声。由于主动出仕，便不能像以前那么散漫。谢安开始投身政务，才华能力皆出众的他，很快成了东晋朝中实权人物。

而这时，温桓篡位的野心也开始暴露。大权在握的他，废了皇帝，后来由于没有得到皇帝的禅让诏书，便领兵逼近京城。

这令满朝上下人心惶惶，都指望谢安能够想出回天的办法。谢安却丝毫不乱，只是轻松地说：带我去见温桓。

满朝大臣纷纷阻止，要知道，这时候谢安如果出了问题，朝廷也就没有了主心骨。而温桓见到谢安，实在难保会不会起歹心。

谢安不理众人，来到温桓营帐，侃侃而谈："我听说优秀的诸侯，都会带兵镇守四方，大将军您这是要干什么？"

第八章 兴趣爱好的读心策略

毕竟与谢安有交情，而且对方名气太大，又占着大义名分，温桓不好把事情做绝，也就只好讪讪退兵。

温桓回到自己的老巢没多久之后就病死了。

其实谢安一直知道温桓的身体状况，他知道温桓迟一天发动兵变，自己就多一份胜算。

像谢安这样的人，表面上无论再怎么优雅淡定，其骨子里都是一个博弈者。

其实我们思考一下棋类的共同特点，就能明白此中玄机：所有的棋都是由棋子和棋盘组成，棋盘就好比是社会大势，棋子就好比是一个个鲜活的人物；而牌类游戏的赌性更重，对于打牌的人来说，胜利是唯一的，也是最终的目的。所以，有人说：迷恋棋牌类活动的人，对于棋子和牌局都有着强烈的掌控欲望，因此，他们往往是最具有争斗之心的人。

修身养性：文化型爱好者的性格特质

文化型爱好者的特质是：他们的脑子不会太差；他们有形而上的追求，不会为了胜利不择手段；他们性格里有善思寡断的一面。只要你确定一个人真心喜爱这种文化型需求，那么，他必定有这些特质。

诸葛亮曾给自己的儿子诸葛瞻写过一封家书，这就是后世闻名的《诫子书》，里面有这样一段话："非淡泊无以明志，非宁静无以致远。夫学须静也，才须学也，非学无以广才，非志无以成学。淫慢不能励精，险躁则不能治性。"

"非淡泊无以明志，非宁静无以致远。"曾被为数不少的文人把这话当做自己的座右铭，他们懂泼墨，品香茗，通读《二十四史》或《十二经》，这些爱好成了他们梳理性情的通道。所以要淡泊、宁静，以此来明志、致远。

事实上，真正喜欢舞文弄墨的人，性格里确实有这种倾向，更推崇理性认识但情感细腻丰富；追求形而上的东西，对良心和道德非常看重；或许爱热闹但受不了喧嚣……

当然，也有很多人即使外表看起来粗犷，实际上心思也非常细腻。

张飞是三国时期蜀国大将。传说他满面虬髯，说话粗声粗气，又生于屠户之家，所以行为很有些豪放。长坂坡一役，他凭借一声吼叫吓退了魏兵，这彻底奠定了他的一世威名。

所以，人们一提到张飞，必是豹头环眼，鲁莽老粗，并且性情暴烈不讲道理的形象。其实，张飞不但是猛将，还是智将。曹操取荆州，追击刘备的时候，张飞只带了二十余骑兵马。但曹兵势大，于是张飞想到了一个主意：把树枝悬挂在马上，这样弄出的烟尘仿佛是数千骑兵，成功地吓到了曹操和他的兵马。

后来，张飞领军攻打巴郡。巴郡太守，乃老将严颜。此人颇有勇武忠信的名声，虽败给张飞并被他俘虏，但仍然是一副凛然不可侵犯的样子。

张飞见严颜坚贞，很是敬佩，甚至恭敬地亲自给他松绑。严颜被感动，才向蜀国投降，并帮助张飞拿下成都。

很多人都认为这是张飞"反常"的举动：张飞这种大老粗就应该鞭打将士、没有脑子才对。殊不知，这才是真正的张飞：他十几岁的时候，父亲就请来著名的学者和画师教他写字画画，其《仕女图》在明朝引起了当时士大夫的疯抢。后来张飞以少胜多，用智谋打败张郃之后，在战场八蒙山的石壁上，亲手书写了一篇书法界著名的碑文，名为《立马铭》，释文：汉将军飞，率精卒万人，大破贼首张郃于八濛，立马勒铭。书法家评论：笔画丰满道劲，气势刚健凝重，结体浑朴敦实。横画"蚕头"暗藏，"燕尾"明显，既具时代特征，又显个人风格，而且极具婉转圆通的韵味。

外表看起来再怎么粗犷的人，一旦喜欢上舞文弄墨，就必然有勤于动脑的习惯和某种文人情怀。张飞义释严颜，就是这种情怀的典范：我觉得你为人忠烈凛然不可侵犯，那么，就算放过你又如何。可见，舞文弄墨之人对形而上精神的追求是极高的。

当你知道一个人真心热爱舞文弄墨之后，那么，无论其外在性格看起来多么粗鲁莽撞，只要用心观察，就一定能看到他细致温柔的一面。

我国新民主主义革命家瞿秋白曾这样说过："我向来没有为着自己的错误而奋斗的勇气……优柔寡断，随波逐流，是这种文人必然的性格。"

瞿秋白的这段话，有自省的含义，所以未免言过其实。但我们在这段话

第八章 兴趣爱好的读心策略

里不难发现"文人"们的一大特质：勤于思，惰于断。

这一特质几乎是与打牌下棋之人的最大对立：对战游戏的爱好者善于断，文化型爱好者勤于思。因为所有的文化型爱好，都需要灵活开动大脑。在做这些事的时候，他们已经养成了动脑的习惯。所以，一个舞文弄墨者，绝不会太笨。

相反，你要担心的是如何走进他们的内心。

他们的内心障壁是相对厚实的，与对战不同。对战只是逻辑能力和智商以及求生心态上的博弈，而所有的文化活动都几乎能构成自己的世界。也就是说，文化型爱好者，无论是读诗、看小说、写字赏画，他们都可以单独构成一个脱离于世俗社会的新世界。所以绝大多数文化型爱好者，都相对地有自闭倾向。

音乐品味：性格与价值取向的标签

微反应关键词 无论走到哪里，都能听到美妙的音乐声。音乐是人们表达情感的一种方式，但同时，剑桥大学的研究人员告诉我们，从一个人喜欢的音乐风格中，也能判断出他是一个什么样的人，有着什么样的心理秘密。

音乐可以给人带来愉悦，能让人放松心情；甚至，音乐可以治疗某些心理疾病，它可以在医学中作为辅助手段，帮助病人减轻痛苦。

音乐的种类有很多，不同的人喜欢听不同的音乐。剑桥大学研究人员表明，人们可以通过喜欢的音乐来判断对方大概是怎样一个人。一项针对全世界36000多人的调查显示，人的音乐品位与个性紧密相连。

◎ 爵士乐

自尊心强烈的爵士乐"发烧友"大都有着丰富的想象力和惊人的创造力，他们心态安然，喜欢自嘲，常常沉浸于宁静充满情调的夜生活中，对人生充满了信心和向往。

◎ 古典乐

安静沉稳的古典乐爱好者，有着很强的自尊心，他们不在乎社会圈子够不够宽，但在很用心地经营着难求的知己情分。文化素质较高的他们，自始至终地追求着尽善尽美的境界。

◎ 灵魂乐

灵魂乐爱好者，在广泛的人际交往过程中，通常会给人留下温文尔雅之感。平和的心态之下有着强烈的自尊心，在工作和生活中有着惊人的创造力。

◎ 民族音乐

避开世俗的喧嚣，民族音乐爱好者大多醉心于山水之乐。在生活中，他们总在刻意展现着独立坚强的一面，害怕不经意间流露出内心的孤独和寂寞。

◎ 摇滚、重金属敲打乐

彪悍的和弦加之粗暴的声音构成了摇滚和重金属嘈杂不羁的风格，这类音乐爱好者多为热情奔放的年轻人，他们有着极强的爆发力和冒险精神，在事物面前始终保持着独到的见解。他们不喜欢苦干，但有着很好的创造力。不爱交际展现出内心不够自信的一面，但骨子里充斥着一定的破坏力。

◎ 甜歌

喜欢听甜歌的人大多比较多愁善感，喜欢幻想，追求浪漫多彩的生活。这种人性情柔弱，做事优柔寡断，容易受他人影响，在困难和挫折面前常常会裹足难行。

◎ 伤感乐

多愁善感的伤感乐爱好者，常常把太多的好心情葬送在莫名的感伤中，这种人感情细腻，心地善良，悲天悯人的同情心却也常常被一些别有用心者所利用。

◎ 流行歌曲

流行什么歌就喜欢听什么歌的人性情不是很成熟，喜欢追风赶潮，容易

第八章 兴趣爱好的读心策略

受周围环境的影响，缺乏主见和个性，但生活中不乏活力和创造力。

在生活压力不断增长的今天，音乐在缓解压力的同时也成了用来标注个人性格和价值取向的标签。同时，也可以由此判断出一个人的个性爱好，并将其作为如何与他相处的参考。

收藏爱好：人生态度的真实写照

微反应关键词 谈到收藏，并不一定非要是有升值价值的贵重物品，很多时候，人们都是凭自己的兴趣爱好来收藏某些他认为有价值的东西。从这些千奇百怪的爱好中，我们可以窥探出一个人特有的人生态度。

有人喜欢收藏奖状，有人喜欢收藏手表，有人喜欢收藏明信片……弗洛伊德的投射理论告诉我们，不同的收藏爱好，反映出一个人对现实状况的看法。比如，喜欢收藏奖状的人，往往对自己现状不满，觉得自己应该继续享受荣誉和鲜花；喜欢收藏刀剑的人，一般都有强烈的进取心，等等。不同的爱好，看出对人生的不同态度。

◎ 收藏书籍的人

这类人有学识和上进心，喜欢在家里享受看书的乐趣，一人独处，自得其乐。他们喜欢藏书，是为了显示自己的博学，以追求知识，作为生活中的最大乐趣。而在其他方面，他们总是慢人一拍。

◎ 收藏古董、艺术品的人

古董、艺术品代表高雅，同时也是财富的象征。这类人注重自己的文化修养，同时对物质也有不懈的追求。他们注重自己的身份和社会地位；并且，他们具有极强的竞争和好胜心理，不甘心落于人后。

◎ 收藏照片、明信片的人

这类人有怀旧情结，想让美好的回忆保留在其内心深处，他们非常害怕遗忘。所以，收藏这些相片或明信片，以便看到时能迅速勾起对曾经的回忆。他们把自己的人生当成一场戏，自编自导自演，力求做到完美。

◎ 收藏旅游纪念品的人

这类人生性洒脱，凡事都能看得开。他们不断地追求着新鲜、奇特的生活，讨厌平凡。他们很看重自己的人生经历，并喜欢以此为资本向他人炫耀。这类人对物质的要求并不高，非常在意某种成就感。

◎ 收藏旧票据的人

这类人组织能力和领导能力都很强，办事细心、有条理；但是，他们过于注重细节和几乎没有意义的过程，从而浪费了大部分精力，有点杞人忧天。他们喜欢按部就班，虽然偶尔也想寻找点刺激，但考虑到众多的细节，总是无法真正付诸行动。所以，他们的生活几乎是波澜不惊、一成不变的。

◎ 收藏旧玩具的人

这类人留恋过去，并对曾经拥有过的一切感到自豪。不同的是，他们有一颗天真爱玩的童心，回忆起童年就感到幸福和兴奋。他们总是设法保持年轻，喜欢跟孩子一起玩，也很有孩子缘。

生活中，这类人很容易得到满足，恋家，喜欢安逸宁静的生活。

◎ 收藏旧衣物的人

这类人大多爱打扮，注重自己的外表，内心渴望受到众人瞩目。他们喜欢大肆挥霍，也坚信旧款式的衣服会重新流行起来，到时候不但省钱，更能走在别人的前头，会被称为高瞻远瞩。他们的生活态度很积极，努力去追求自己想要的，而不管是否能够成功。

从普通人到明星，爱好收藏的人其实很多。有的明星喜欢收藏手表，体现自己低调不张扬的个性以及奢华的生活品位；有的明星喜欢收藏太阳镜，暗示自己爱装酷，不愿让人看透自己的态度。我们也是一样，收藏品其实是

 第八章 兴趣爱好的读心策略

人生态度的真实写照。

旅游趣味：景点的选择体现出人的性格

<u>微反应关键词</u> 随着生活水平的提高，人们常会趁假期去某个地方旅游，放松心情，陶冶情操。人们选择的目的地，往往与其性格密切相关。什么样性格的人，会偏向于选择有同样性格特质的目的地。

《论语》里有一句话，叫"仁者乐山，智者乐水"，意思是说，一个人喜欢什么样的自然景物，与他的性格有很大关系。同理，旅游者的目的地选择也往往与其性格相关。比如，喜欢安静的人会向往自然山水，喜欢热闹的人会选择迪斯尼乐园这种充满激情的地方，等等。

◎ 喜欢原生态的旅游地

比如，待开发的岛屿、原始森林、一处人迹罕至的山间，等等。

这样的人倾向于探索未知，喜欢富有挑战性的工作。在现实生活中，这种人一般个性比较外向，热情活跃，爱与人打交道，头脑灵活，富有想象力。他们在团队中喜欢带领、帮助、保护他人，凡事先人一步，敢于做出决策，具有卓越的领导才能。面对困难时，这类人往往也能承担起责任，会突发奇想地找到解决问题的方法。

同时，无论是在生活中还是事业上，他们都喜欢设定一个个具体的目标，然后不断地去努力，完成目标。所以，他们通常会感觉比较累。有时候，这类人真的需要放松心情，重新整理一下挫败次数与心理承受能力之间的平衡，这样才会走得更远，并享受开拓进取的快乐。

◎ 喜欢设施完备的旅游景点

比如，交通便利、酒店和俱乐部齐全的地方，以及具备完善管理的人文

风景区，等等。

这样的人很传统，也很实际。他们喜欢一成不变的生活，追求稳定，遵守任何规则和秩序，这会让他们在脚踏实地中感觉安心和自在。

他们很会照顾自己，甚至让别人觉得有些自私。他们也很会利用物质文明给自己带来的便捷，对生活抱有乐观的态度，活在当下，不会考虑未来会怎么样。

◎ 喜欢一般自然风景

比如，美丽的公园，蔚蓝的大海，白云、蓝天相映衬的草原，等等。

这类人追求完美，向往浪漫，注重细节和效率，小到生活用品、衣服配饰，大到婚姻事业，都会一丝不苟。并且，他们有独到的美感追求，不愿落入俗套。

同时，这类人很敏感、善良，富有同情心，也不愿意麻烦他人。他们家庭观念很重，喜欢和家人团聚，喜欢完美的故事结局。但是，现实往往不遂人愿，难免会让他们产生心理落差。这类人最好放松一下身心，不必计较太多，享受过程才是最重要的。

◎ 喜欢安静、古老、神秘之地

比如，夕阳下的古寺庙、朝圣地，具有历史纪念意义的地方，等等。

这类人性格多内向，喜欢独处，朋友不多且都是君子之交。他们不喜欢物质，而是追求心灵的安静与满足。

这类人不一定年龄很大，但一定有很多的生活阅历和体验，心理年龄比较成熟。他们酷爱读书和思考，富有哲学思维，并不断追寻未知世界。

所以，他们看起来有点脱离实际，也有些颓废，对待生活的态度不是很积极。

一直行走在路上，而有时候，我们不妨"停下来"，看看周围人的旅游喜好，这样在人际关系中才能有更深的领悟。

第八章　兴趣爱好的读心策略

座驾类型：处世态度的最佳写照

> 微反应关键词 随着生活水平的提高，汽车以其美观、实用的特点，逐渐走入人们的日常生活。从款式到车型，购买汽车所选择的种类也越来越多。人们选择什么样的车子，不仅是地位和身份的象征，也反映了购车者的个性和处世态度。

汽车如同时装，每年每季都会有不同的款式。随着社会发展以及人们生活水平的提高，个性鲜明、追求自我的标签也被贴到汽车上。每个人都有自己的性格，汽车同样也有自己的特点，或沉稳睿智、或豪放不羁、或阴柔妩媚、或时尚独特。所以，在现代社会中，汽车已经不仅仅是代步工具，它更是人们身份和地位的象征，人们选择驾驶什么样的车子，恰恰反映了这个人的性格与处世风格。

◎ 喜欢商务车的人

看到商务车自然会联想到成熟和稳重。这些人大多是中年人，拥有自己的中小型企业或在某些大型企业中担任中型部门领导。他们自信、洒脱，注重个人外在形象，办事细致入微，才思缜密，所谓"泰山崩于前而色不变"；他们富有事业心，生活中大部分的精力与时间都花费在事业经营与拓展上；他们还常常会自觉不自觉地归入某个共同趣味的圈子，体验认同和被认同的感觉。

◎ 喜欢SUV的人

看到SUV自然会联想到个性奔放、爽朗，热爱生命。这些人大多是中产阶级，他们渴望自我，通常对某一事物充满了狂热性；他们讲究实惠，注重享受，喜欢交际；他们喜欢挑战路况不好的道路，喜欢这种挑战给他们带来的未知的刺激，喜欢超越障碍与自我的快感。既以自我为中心，又能很快地融入团队。

◎ 喜欢小排量车的人

路上越来越多的迷你车容易使人联想到精致、小资的生活态度。这些人大多是高档写字楼里的年轻白领或是私营业主，通常他们驾龄不长，热衷于追赶潮流，喜欢各种各样的车饰，车里会打扮得花花绿绿，摆放着各种各样的毛绒玩具，小小的空间里还垫着厚厚的车垫。这些车主通常都安分守己，不超车，遇到斑马线也会主动让行人先行。随着国际化速度的加快，跨国企业接踵进入中国，而员工本土化的加剧也造就眼下这一群体的膨胀之势。

◎ 喜欢跑车的人

看到跑车自然会联想到性格外向、追求刺激、向往自由。这些人多是出生在20世纪70年代以后，是普通人口中所说的"富二代"，他们性格飞扬不羁，有海外留学经历，依靠父辈的努力过上了常人难以企及的生活。他们的父辈正值壮年，尚无退休之意，大部分处于财富第二代的状态，在一份不得不继承的家族企业面前，他们是处于等待中的孩子；他们注重速度，喜欢速度带来的激情以及给他们带来的超乎寻常的感觉。

◎ 喜欢豪华车的人

看到豪车自然会联想到财富、地位、权势。这些人大多功成名就，在某一社会范围内拥有一定的影响力，与驾驶跑车的年轻人不同，他们大多是创造财富的一代，经历过事业上的拼搏奋斗，遇事相对低调。在外人看来，这些人会给人以成功的感觉，更容易获得其他人的赞美和肯定。

宠物选择：爱屋及乌体现出的性格特质

微反应关键词 现代社会压力很大，人们常会感觉孤独，不少人选择养宠物排遣寂寞。人的性格不同，所选择的宠物也有很大差异。换句话说，从一个人喜欢的宠物身上，可以看出其主人的真实性格。

 第八章　兴趣爱好的读心策略

饲养宠物是一种休闲方式，性格不同，所养的宠物也会相差悬殊。例如，个性开朗、急性子的人会养条活泼可爱的狗；慢性子的人会养悠然自得游来游去的金鱼；神经兮兮的人会养条蛇；养大狗的人都有优越感；养小狗的人内心渴望得到宠爱……总之，从养的宠物身上，可以看出主人的性格。

◎ 喜欢养猫的人

猫的特质是慵懒、温柔、灵活。喜欢养猫的人，做事懒洋洋的，爱做白日梦，喜欢宁静恬淡的生活，感情不会轻易外露。所以，很少有人能真正了解他们，走进他们的内心世界。

这类人崇尚独立自主，说话做事直来直去。他们讨厌随声附和，言不由衷的话从来不说，也不愿委曲求全。

并且，他们严于律己，不喜欢随随便便。可能会让人觉得其为人冷淡，甚至有些矫揉造作，一般来说，人缘不是很好。

◎ 喜欢养狗的人

这类人热情开朗，待人亲切随和。他们不喜欢孤独，整天嘻嘻哈哈，与左邻右舍的关系颇为融洽。同时，他们胸无城府，做事坦荡直接，有什么想法会在脸上或行动上立刻显现出来，这种爽快的性格，为他们带来了不少的朋友。但是，这类人通常容易随波逐流，总是顺着他人的想法去做事，没有什么主见。

◎ 喜欢养鸟的人

这类人性格细腻，很会精心打点属于自己的一片天地。但是，他们交际能力很差，性格有点孤僻，不喜欢处理烦琐的人际关系。养鸟能帮助他们打发多余的时间，自娱自乐，排遣生活中的寂寞，鸟是他们生活中不可或缺的伙伴。

◎ 喜欢养鱼的人

这类人很有生活情趣，崇尚大自然，需要极广阔的自由空间。这也导致他们对事业和生活没有过高的追求，只想自得其乐，平平安安地度过快乐的

每一天。虽说看起来胸无大志，但一生无忧无虑的快乐也着实令人羡慕。

◎ **喜欢养兔子的人**

这类人内心很善良，最大的特点就是同情弱者，遇到比自己弱势的人，往往抱着一种同情的态度，而且会有实际行动，尽自己最大的努力去帮助别人。他们会是一个慈善家，同时也是一个爱家庭、爱生活的人。

◎ **喜欢养蜥蜴和蛇的人**

蜥蜴和蛇均属于另类动物，也显示出饲养这类动物的人喜欢标新立异、追求独特的个性。这类人特立独行、从不在乎别人的眼光，虽然引人注目，但他们往往没有太多的知心朋友。

◎ **喜欢养藏獒的人**

藏獒是一种极凶猛的动物，喜欢养这类动物的人，往往脾气非常暴躁，动辄发火。在生活中，他们常给人一种严厉、冷酷的感觉，令人不敢接近；同时，这类人比较固执，有种不达目的誓不罢休的劲头。

心理学研究表明，人们养宠物时，总会无意识地选择某种性格特质像自己的宠物。所以，要想了解一个人，可以先看看他养的宠物，宠物是永远不会撒谎的。

益智游戏：游戏里包含的微妙心理学

微反应关键词 益智游戏老少皆宜，它不仅是一种休闲娱乐活动，更是一种开发智力的游戏。其实，不为人们所熟知的是，益智游戏中包含着微妙的心理学，能体现和改变人的某些细微心理，还能提高人的情商。

 第八章　兴趣爱好的读心策略

提到益智类游戏，人们肯定一下就想到开启大脑，提高智力。的确，寓教于乐的益智游戏对开发人的智力是一种新的探索与有益的实践。比如，风靡一时的植物大战僵尸，需要懂得如何选择和排列武器，才能达到最优的抵抗僵尸的效果，在思考过程中，可以提高分析能力和判断能力；还有最经典的益智游戏之一——俄罗斯方块，能锻炼人的观察力和行动力。

可是，你是否知道，益智游戏除了能锻炼智力之外，还能提高情商。这是因为，益智游戏中包含着微妙的心理学。

◎ 喜欢玩俄罗斯方块的人

这类游戏，不仅需要超强的观察能力，还需要有一定的判断力。喜欢玩这类游戏的人，为人一般比较谨慎，做事情之前会先考虑全面，不会贸然行事。而且，他们有着很强的判断力，知道自己要什么，需要怎么做才能够达到目标。这类人很有耐力，决定下来的事情，会坚持到底。

◎ 喜欢玩棋牌类游戏的人

比如，斗地主、五子棋、象棋等。这类人一般都比较聪明，逻辑思维能力很强，并且以此为傲。而且，他们心思细腻机敏，喜欢与人竞争，有股不争第一决不罢休的劲头。他们精力充沛，做事有计划、有条理。另外，他们城府一般都很深，思路开阔，应变能力比较强，热衷工作，事业上成功的人很多。

◎ 喜欢玩连连看的人

喜欢玩这类游戏的多是年轻人。一般来说，他们性情急躁、冲动，都喜欢"快"，吃饭要吃"快餐"，做事要尽快完成，等等。缺点就是，他们太冲动，往往会考虑不周，做事也不会圆满，总会留下许多麻烦要处理。并且，这类人缺乏意志力，对什么事情刚开始热情很高，到最后，往往会因为失去兴趣而放弃。

◎ 喜欢玩贪吃蛇的人

玩这个游戏，也需要一定的观察能力和判断能力。说明这类人思维敏捷，做事也比较小心谨慎。而且，不断增长的蛇体会让他们有一种成就感，说明这类人一般都是工作狂，他们喜欢工作，往往不看重物质方面的回报，

而是工作本身带给自己的成就感，或者能体现自己的价值，得到他人的尊重。他们有很强的自尊心，也比较有自信，做事从容不迫，有条有理。

◎ 喜欢玩军团游戏的人

这类人一般性格外向，愿意与人打交道，团队合作能力比较强。他们属于个人英雄主义者，希望在团队里能出类拔萃，得到他人的崇拜。他们为人热情，喜欢帮助人，而且很有正义感，在生活中也会得到他人的信任。另外，他们的组织能力和执行能力都不错，不但能做个好士兵，而且还有做将军的潜质。

其实，人们都有一种原始的、人性的东西，就是征服欲。因为在现实生活中被压抑，所以在虚拟的游戏空间中，可以释放压力，获得成就感，满足征服欲，尤其是益智类游戏。这就是为什么益智类游戏在任何人群中都很受欢迎的原因。

第九章

言谈话语的读心策略

语言是人类最重要的信息传递工具。一个好的倾听者不应该仅仅做到理解对方的意思就满足，而更应该从对方的言谈话语之中，探究他人真正的内心动态。

第九章 言谈话语的读心策略

语言风格，体现出一个人的修养

> 微反应关键词 语言是打开交际大门的钥匙，也是交际中最重要的沟通方式。我们判断一个人的修养，除了从外貌上看，其说话风格也是一个重要方面。俗话说"言如心声"，一个人的语言风格是自身修养最好的证明书。

俗话说得好："好人出在嘴上，好马出在腿上。"语言是打开人际交往大门的钥匙，也是生活中最重要的沟通方式。我们判断一个人不单单只看其外貌是否漂亮、举止是否得体，最重要的是在与这个人的接触中，他的语言给我们带来的最直接的感觉是什么。"言如心声"，一个人的语言风格是自身修养最好的证明书。

语言是一门艺术，在交往中，我们往往重视别人的语言合不合自己的心意。所以，要不要和一个人交往下去的最主要动力，就是这个人的语言带给自己的最直接的感受。

在与一个人交往的过程中，我们往往过于重视对方说话能不能给我们带来愉快，而忽略了通过一个人的语言去观察其内心的活动和他的性格特点。只有深入地了解了一个人的性格和内心需求，我们才能投其所好，才能在人际交往中占据主导地位。

◎ 说话文绉绉的人

这种类型的人往往有着很好的教育背景，喜欢咬文嚼字，交谈中会涉及大量的无关信息。他们生活中有点附庸风雅的作风，表面上是自信，内心是自卑的，而且喜欢表现自己的知识和学识。俗话说："一个人炫耀什么就说明他缺少什么。"这种类型的人表面上有着很好的修养，其实内心是对自己比较没有把握的，所以喜欢在交谈中摆出自己身份的人，肯定是一个内心空虚的花架子。

◎ 油嘴滑舌的人

这种类型的人工于心计，精于算计。他们往往见过一点世面，内心充满了对自己利益的追求和考虑，对自己很大方，而对别人非常计较，甚至可以说是非常的小气。他们的性格不稳定，圆滑世故，深谙人际交往的法则。这种类型的人做人比较虚伪，善于隐藏内心的想法，可以和他们交往，但是不可深交。

◎ 快人快语的人

这种类型的人往往性格豪爽，为人正直，内心非常坦荡，内心的想法和自己的言行是极其一致的。他们往往注重自己的感觉，有什么说什么，心里不藏事情。这种类型的人因为直接而豪爽的性格，对自己和别人的事情都不能保密，因而情绪变化快，做事情韧性较差。

◎ 沉默寡言的人

这种类型的人多数比较自卑或者是过于工于心计，内心的想法往往不想袒露出来，使别人都不能了解真实的他。他们自我保护意识较强，能够专注于自己的事业，做事情韧性很好，能够坚持，性格比较稳定，不会出现大的反差。

◎ 说话粗鲁的人

这种类型的人往往是学识修养比较欠缺，说话不讲方式，对自己和别人没有一个很好的认识，性格豪爽而且直来直去。他们无论外表看起来成熟与否，都没有多好的语言修养。做事情粗枝大叶，丢三落四。这种类型的人都没有大的野心，生活上追求小富即安的生活。

在与别人交往的过程中，不要只注意别人话语给自己带来的心理感受，更多的是要注意在和别人的交往中通过对方的语言风格去了解这个人的性格特点和内心世界，以便自己能够取得主动地位，成为占据优势的一方。

第九章　言谈话语的读心策略

口头禅，彰显出一个人的个性

口头禅是指人们经常挂在口头的话，是一种逐渐形成的、表达自己内心感受和期望的语言习惯，往往带有鲜明的性格烙印，是一个人个性和内心最直接的展示。听懂他的口头禅，就能读懂他的人。

社交中，绝大多数人都有经常挂在嘴边的口头禅。这种口头禅是由于语言习惯逐渐形成的，具有鲜明的性格烙印。比如，周杰伦的口头禅是"屌，超屌"，有酷、棒、帅、好的意思，说明他渴望自己更有男人味、更强大，也表达自己做乖孩子的不安全感，他需要更拽、更有个性的力量证明；再比如，蔡依林的口头禅是"是哦"，可见她很小心，对世界带点妥协与顺应。

在现实生活中，人们爱说的口头禅一般分为这样几种：

◎ **说真的、老实说、的确、不骗你**

他们特意强调这些词，是担心对方误解、不信任自己。这种人性格有些急躁，内心不平静，很在意别人的看法，也希望别人能够信任自己。

◎ **可能、也许、大概**

这类人一般比较圆滑，自我防卫本能很强，不会将内心的想法完全暴露出来。在待人接物的时候沉着、冷静，人际关系一般都不错。许多政治人物都喜欢用这类口头禅。

◎ **听说、据说**

经常使用这类口头禅的人，是在给自己说话留有余地。这类人一般见多识广、处世比较圆滑，但往往没有决断力。

◎ 你应该、你必须、一定要

经常使用这类口头禅的人，一般自信心极强，往往比较专制，希望别人无条件地顺从自己。大多在单位担任领导职务的人，易有此类口头禅。

◎ 啊、呀、这个、嗯

常使用这些词的人，一般会有两种：一是他们反应比较迟钝，或者词汇少，说话时利用这些词做间歇，理清思路；二是他们做事谨慎、城府较深，比如，领导往往会在发言时说这些词停顿，既可以显示风范，又能防止自己说错话。

◎ 好啊、对呀、有道理、是这样的

这是一种顺从的表现。这类人一般为人老练圆滑，甚至有些阴险。他们表面或者表示同意你的意见，博取你的好感，或者鼓励你继续说下去；但你若损害了他的利益，他一定会翻脸，并拿你说过的话当弱点攻击你。

◎ 但是、不过

这类人有些任性，看似接受了别人的意见，提出一个"但是"作为转折，实则是在为自己辩解。同时，这也说明，他们为人温和，不会断然拒绝他人，说话的语气委婉，让人容易接受。通常，从事公共关系的人常用这类口头禅。

◎ 另外、还有

这类人思维比较敏捷，对周围的一切都充满了好奇心，喜欢参与各种各样的事情。但做事往往只有三分钟热度，不能坚持到底，更不能善始善终。这类人思想前卫，富有创新精神，常常会有一些别出心裁的创意，让人耳目一新。

◎ 其实、是这样的

这类人大多个性倔强，并且有点自负，坚持自己的意见，不会轻易被说服。而且，他们往往有着强烈的自我表现欲望，说这些话，是希望能引起别人的注意。

第九章 言谈话语的读心策略

通过简单梳理可见，口头禅包含了大量的信息。所以，千万不要认为它不起眼，它对你了解对方个性会有很大帮助。

说话声调，反映出一个人的性格

微反应关键词 声音的确会表现性格、人品，有时也能预测个人前途。当你无法从一个人的面部表情、动作、言语掌握其心态时，可以尝试从声调揣摩他的个性和情绪，一定会有新的认识。

生活中，有些人说话轻缓柔和，有些人声音沉重威严，还有的人语气高亢清朗。俗话说"听话听音，浇树浇根"。不同的音调，表现出人们不同的个性。我们一定忘不了电视剧《还珠格格》中赵薇扮演的小燕子，无论何时何地，都能听到她很大的说话声，这刚好暗合了她不拘小节、大大咧咧的个性。

◎ 语气刚强而坚毅的人

这类人胸怀坦荡，是非善恶分明，办事光明磊落，坚持原则，有较强的组织纪律性。但是，这类人不懂变通，比较顽固，做事从来不给人商量的余地，所以会得罪一些人。不过，因为他们能够做到公正无私，实事求是，所以能得到大多数人的支持和拥护。

◎ 语气温和而沉稳的人

这类人往往具有长者风范，考虑问题比较全面，做事慢条斯理，按部就班，并且有很强的耐力，一旦确定目标，就会踏踏实实坚持到底。这种类型的男性稍显固执，坚持己见，不会受他人意见影响，也不会讨好别人，虽然开始不容易相处，但的确忠实可靠；这种类型的女人，具有同情心，能够体谅他人，肯为别人做出牺牲。

◎ 语气圆通和缓的人

这类人为人豁达，性情开朗，待人宽厚、仁慈、诚恳，具有同情心和包容心。在交际方面，能够八面玲珑，不容易受他人的责怪。另外，他们不太能接受新鲜事物，但是也不会反对，一般会持理解的态度。

◎ 说话声音高亢尖锐的人

这类人一般比较神经质，对环境敏感，富有创造力及想象力，美感极佳。而且，他们具有攻击性，在与人交往中，一旦发现谁有不对的地方，总会毫不留情地指出来，而且不顾是否会让对方难堪，因此，他们往往不受人喜欢。同时，他们的洞察力很强，思想又很独特，看问题往往能够一针见血，指出其本质所在，如果能够充分发挥这样的个性，就会比较容易成功。

◎ 说话声音轻柔的人

这类人通常性情温顺，淡泊名利，很少与人发生利益上的冲突，跟大家相处起来比较容易，关系也不错。但从另一个角度看，这类人胆小怕事，很害怕卷入各种是非中，所以经常采取回避的态度。如果有人指导鼓励他们，其实，他们也能加入到各种竞争中去，将自己的才华淋漓尽致地发挥出来，成为一个刚柔并济、能屈能伸的人，必定会有一番大作为。

◎ 说话声音娇滴滴的人

这类人说话嗲声嗲气，其实是希望得到大家的喜欢和爱护。但是，他们心浮气躁，常编造各种谎言，反而会招人厌恶。如果是男性，则多半是独子或者是在百般呵护下长大的孩子。这种男性做事优柔寡断，判定事物时迷茫而不知所措；对待女性则非常含蓄，一对一跟女性谈话时，会非常紧张，绝对不会主动发起攻势。

第九章 言谈话语的读心策略

语速的快慢表现出不同的内心状况

人的说话速度，一般每分钟在 300～500 字之间。不同的人，说话速度略有不同。是什么影响了语速呢？心理学家通过研究发现，语速的快慢，与人的内心状况关系密切。从语速的变化，能看到人们内心的变化。

说话是人们在进行一种思想上的交流，同时也是个人感情的流露。语速快慢的不同，说明其内心的状况不同。比如，某人平时能言善辩，突然结结巴巴说不出话来，或者某人平时木讷，突然滔滔不绝地说一大堆话，则一定是事出有因，他的心理发生了颠覆性的变化。因此，仔细留意一个人说话时的语速及变化，就能掌握其心理状态。

◎ 说话速度快的人

这种类型的人说话时就像连珠炮，不但语速快，而且是一句接一句，根本容不得别人插嘴。一般来说，这样的人很聪明，思维比较快，应变能力较强。同时，他们性格大多外向，口才也不错，见什么人说什么话，能说会道，在交际场合如鱼得水，深得他人欢心，也容易达成目的。缺点是，他们心里藏不住事情，有时会将不适合说的事讲给大家听，而且，他们脾气比较暴躁，一件小事可能就会让他们生气、发怒，做事比较武断，极有可能一意孤行。

◎ 说话速度慢的人

这种类型的人大多属于慢性子，不仅说话不紧不慢，即使遇到急事，他们也能镇定自若。这样的人心地善良，为人宽厚仁慈，富有同情心，能够关心体谅他人。若是女性，则会性格温柔。一般来说，这类人内心多平静，思维细致缜密，做事爱计划，而且能够听取他人的意见，但又不失有自己独到的见解。而且，他们富有亲和力，说话委婉，人际关系很不错。缺点是，他们思想比较保守，基本上不会接受任何新鲜事物，过于坚持原则，思维也稍显迟钝，做事总是犹犹豫豫，缺乏魄力。

◎ 说话速度极慢的人

这种类型的人说话非常慢，很多时候都是吞吞吐吐，不知所云。这类人个性过于软弱、内向，他们缺乏自信，为人木讷，做事迟钝。

◎ 语速突然加快

研究表明，一个人在紧张、愤怒、兴奋、急躁、恐惧的时候，会突然加快语速，他们希望借着快速的谈吐，使内心不平静的情绪得以缓解。但是，因为缺乏冷静地思考，他们谈吐的内容会十分空洞。如果遇到慎重与精明的人，马上就能看到他内心动摇的状况。

◎ 语速突然放缓

当一个人心情沉重的时候，比如伤心、困惑时，说话速度也会变得很慢。我们看新闻联播，每当报道灾难或者某个重要人物去世，播音员会故意放慢语速，就是这个道理。

另外，如果对于某个人心怀不满或者持有敌意的态度，人们说话的速度也会变得迟缓，甚至有些木讷的感觉。因为他们其实不想把不满或敌意表现出来，但越是掩饰，别人看得就越清楚。

总之，语速可以微妙地反映出一个人说话时的心理状况。多留意他人的语速及语速的变化，其细微的内心活动就会表现出来。

声音的变化折射出一个人的内心改变

微反应关键词 一般来说，人们说话时声音是不变的。但是，遇到特殊情况，内心发生细微变化时，声音也会随着改变。所以，从一个人的声音变化，

第九章 言谈话语的读心策略

> 不仅能够读懂其情绪变化，更能看出其内心活动。

春秋时期，郑国相国子产一次外出视察，看到一位妇女在坟上哭，子产下令拘捕这位妇女，随从们不解。子产解释说："她虽然哭的声音很大，但哭声中没有哀痛之情，反而有恐惧之意，其中一定有诈。"后来经过审问，果然证实这位妇女与人通奸，谋害了亲夫。

从一个人的声音中，不仅可以听出他的情绪，而且，从其声音的变化，也可以看出其内心的变化。

◎ 说话声音很大

这类人个性爽快、明朗，待人真诚，说话直来直去，不喜欢绕弯子，常常在无意中得罪人。虽然他们意识到了这点，但是不会改变自己的说话方式。另外，这类人正直，做事光明磊落，令人敬佩。他们的组织能力不错，又有责任心，能得到他人信赖，因此，比较适合做领导。

◎ 说话声音很小

这类人缺乏自信，也没有什么度量，常会因为一些微不足道的小事跟别人吵架。他们城府一般都很深，工于心计，善用谋略，不管什么事情都要做成功，甚至为了追求成功会不择手段。同时，在待人方面，这类人比较势利眼，对他人绝对不会流露真心。因此，尽管他们可能事业不错，但是知心朋友却很少。

◎ 声音突然由低到高

一般来说，出现这种情况，有三种原因。

（1）情绪非常激动。当一个人受到刺激，情绪就会失控，说话声音也会比平时有所提高。

比如，突然中奖的人，一定会兴奋地大喊"我中奖了"，以此来分享自己的喜悦；又比如，和爱人吵架的时候，总是难以抑制愤怒，会越说声音越高。

（2）试图说服对方。比如，在辩论赛上，说到激动处，选手几乎都是喊出来的。这么做，是为了让对方接受他的意见。人们在着急的时候，会在潜意识里希望用声音来威慑对方，大声喊出来，会增加说话人的自信。

（3）想支配或者命令对方。常见于家长对孩子、老师对学生、上级对下级。提高声音，是为了增强自己的权威，让他人乖乖服从。

◎ 声音突然由高到低

出现这种情况，有两种原因。

（1）理屈词穷，越说越没自信。当一个人自信满满的时候，说话底气也会很足；当他觉得自己没理的时候，声音也会慢慢地降下来。比如，孩子犯了错误，受到家长批评，虽然还在狡辩，但是随着家长的质问，孩子的声音会越来越小。

（2）内心恐惧不安。当一个人由自信到不安时，声音也会慢慢地降下来。比如，员工汇报工作，老板一句话也不说，员工会担心自己是不是哪里做得不好，惹上司生气了，他说话的声音相应地会越来越小。

可见，声音变化与说话人当下的心理活动密不可分，大小、轻重、缓急不一样，内心的活动也就不一样。所谓闻其声、辨其人，就是这个道理。

潜台词读心术：不要被表面意思所迷惑

> **微反应关键词** 俗语说：三思而后行——这句话被升华为：三思而后言。如今，我们认为，这句话还可以说成是：闻言而三思，即听到别人说话之后，不要停留在对方语言的表面，要多思考。

人们说话的目的在于表达意愿，但很多时候，受限于说话的场合、说话双方的身份，语言不可能表达得过于明晰。所以，就有了语言的潜台词，也就是，在一段话的后面，还隐藏着说话者更真实的意思，而这种意思才是他所要表达的真实含义。

而对于"听者"来说，只听懂语句表面的话，是绝对不够的。只有理解对

 第九章 言谈话语的读心策略

方潜台词的意思,才能达到通过语言读心的目的。

爱尔兰剧作家萧伯纳曾经遭到了一个政客的侮辱:

有一次,萧伯纳进入某家剧院,剧院的门很窄,而恰巧一位政客与萧伯纳挤在一起。政客居高临下地看着萧伯纳,说道:"我从不给地位比我低的人让行。"

萧伯纳优雅地让在一边,说了句:"我正好相反。"

政客轻蔑地一笑,走了进去。而周围的人则听懂了萧伯纳的讽刺,都纷纷笑话那名政客。

还有一次,一名以吝啬出名的商人宴请爱尔兰的一些艺术家吃饭,想要以此抬高自己身价。但此人确实很吝啬,他选了一家很有档次的饭馆,点菜的时候却专挑便宜的点。

看得出来,这位吝啬鬼很没诚意,所以在用餐过程中,萧伯纳一句话没说。而上酒的时候,吝啬鬼很得意地说:"这是我酒窖里的酒,现在在美洲卖的很好,大家尝尝。"

萧伯纳闻言品了一口,惊讶地说道:"天,你的酒里竟然没有兑水!"

吝啬鬼没听出萧伯纳的讽刺,他甚至觉得萧伯纳在夸他。其他艺术家都在一旁微笑。

用餐结束后,吝啬鬼掏钱包结账。这顿没诚意的饭并没有花多少钱,但吝啬鬼仍然把掏钱包的动作做得很夸张,很有"我请了你们吃饭,你们要记住我的慷慨"的意思。

萧伯纳又看不过去,于是夸张地了一句:"哦,我第一次知道原来你也会主动掏腰包。"

艺术家们闻言大笑。

一句简单的"我正好相反",潜台词是你的地位实际上比我低。

讥讽吝啬鬼的那两句话,则意为:这人卖酒从来都是兑水的;这人吃饭从来不自己付账。

这就是潜台词,艺术家们整天跟语言打交道,自然能轻松地理解;而商人和政客则在这方面有些迟钝,被讥讽了还不自知。

这种潜台词的解读是我们通过语言读心的第一步。其存在极为普遍,几乎无处不在,媒体也常常用这种语言。我记得有一年中国足球惨败,而球员垂头丧气之余,还深刻地检讨了自己的不足。媒体闻言惊呼:国足输球之后,竟然没有责怪场地、天气、裁判、球迷……

这句话的言外之意是:国足失利后总爱"主观不努力,客观找原因"。

美国媒体在9·11之后，有意地宣扬阿拉伯人的邪恶，所以每次只要有恐怖袭击事件，他们必然在第一时间放上爆炸现场的照片，然后再放一张阿拉伯人的照片。虽然他们从不明言阿拉伯人都是恐怖分子，但却在新闻播报的时候带出了这个意思。

潜台词有深有浅，有时候很好理解，但有时候却需要认真思考。理解潜台词读心术，不仅需要我们对语言有敏锐的认识，更需要我们与他人对话时，提起十二分的精神来，认真揣摩理解别人的话。

除此之外，还有一些小技巧，也对理解他人的潜台词有所帮助。

比如，"居然"这类表达竟然的关联词，实际上就是话里有话的前兆。这种词语，表明接下来发生的事情，实际上并不常见。而比较常见的事情，比如，前面提到的吝啬鬼在酒中兑水，吃饭不掏腰包，就是说话者真正想要表达的话。

总之，我们倾听别人说话的时候，要时刻注意对方说出来的是不是有深层次的意思。如果能养成这个习惯，你就会发现你对他人的认识会有质的提升。

认清反话，捕捉对方的真实意思

> **微反应关键词**对方可以说反话，但我们应答的时候不要说反话，最好也不要主动这样说。因为很多时候，这样的话会给人怪里怪气的感觉，让人不舒服，莫不如直接而真诚地指出对方的不足。

"反话"一词，字面上的意思，即"语言的本意与语言本身相反"。反话实际上有很多类别，比如，在文学语境中，反话即正话反说。如此表达会产生极大的幽默感和讽刺感，鲁迅就善用这种反话：流氓欺乡下老，洋人打中国人，教育厅长冲小学生，都是善于克敌的豪杰。

 **第九章 言谈话语的读心策略**

当然,并不是所有的都是"正话反说",还有一种,接近于客气话和场面话的反话。这种话在生活中很常见,一不小心,我们就会觉得对方说的话是"实话"而不是"反话",因此对自己造成较大的伤害。

张先生是某网络公司的新晋创意设计师,他最近提出了某个创意方案,交给上级后,上级皱着眉头看了半天,半晌说了句"还行"。年轻的张先生认为这是一种夸奖,于是,他很积极地继续着自己的创意。等到月末收官盘点的时候,上级竟然没有把他的方案纳入目录。他十分不解,领导明明说"还行"的呀?

与张先生一样,小陈也是一名新人。他加入公司之后,由于天分出众,工作勤勉,所以业绩相当好。因此,他也经常得到他的部门经理的表扬。这位经理比他年长20多岁,经常很慈祥地拍着他的肩膀夸奖他:"年轻人真有干劲,精神状态不错,继续保持。"小陈很得意,认为经理很赏识自己。所以渐渐有些翘尾巴,经常不把别的同事,甚至不把他的部门经理放在眼里。直到有一次他在工作上犯了个大错,本以为一向欣赏自己的经理会一笔带过。却没想到经理当着同事的面狠狠地损了自己一顿。

张先生和小陈为什么会对自己的遭遇感到如此意外呢?因为他们完全没听出来对方说的其实都是"反话"。

这种反话,就拿张先生的例子来说:上级不喜欢张先生的创意,但又怕直接说出来,会影响他的情绪伤害他的面子,所以勉强说了句"还行"。

至于小陈,由于工作很努力,业绩也算是优秀,老经理认为于情于理都应该夸奖两句,所以,便说他年轻有干劲,这并不是说他对小陈有多赏识。

实际上呢?我们联想生活的实际情况,就知道这些话里的问题了:

当领导对你的作品很欣赏的时候,绝不只会说"还行"——他至少会说出哪里行,好在哪。一句不咸不淡的"还行",实际上只是说你的东西没有什么优点,没有什么可称道的。

至于老经理对小陈的夸奖,更是不能看成夸奖,为什么呢?因为这是年纪大的人惯用的一种姿态:我承认你年轻,精力旺盛,而你的成绩也是因此而来的,仅此而已。除了这种精力,无论是脑力还是经验你都不如我——换句话说,没有真正服老的人。

生活中,这种接近客气话的"反话"还有很多,我们要时刻提高注意力。而这类反话有一个大的共同特点:不咸不淡值得琢磨的一些话。

反话的常见语有"还行"、"年轻人有干劲"、"挺好"、"看起来不错"……

看到这样的话，我们就要注意了，仔细揣摩对方话里的意思：他到底是真心地夸我？还是只是出于礼貌和面子，敷衍我？

接下来，我们要如何对待这种话呢？自然是谦虚谨慎。"哦哦，不好不好，哪里话，还是请您说说我的不足吧"、"哪里，没有您的照顾和栽培我怎么会有这么好的业绩。我年轻，没经验，以后还要您多提携"。这才是这类反话的应答方式。

更重要的是，及时调整自己的情绪和状态，不要因为这样的话就肯定自己，要继续发现自己的缺点和不足，直到对方真正赞美你的时候，才可以略表"骄傲"。

语言下的隐秘渴望，语言的反面诉求

> **微反应关键词** 说自己不漂亮或者有些胖的女孩；答应帮忙但却顾虑颇多的好朋友；语气刁钻但并没有坏心眼的同事——这些人的这些话实际上并不是我们看上去的那么简单。要注意其语言中的深层次需求，从而做出更准确的应对。

语言的作用，笼统地说，便是传播信息。而传播的信息，则可以分成很多种，比如，传达情绪，传达命令……还有一种信息，是为了传达某种要求，得到对方的回应。在祈使式的句子里经常见到这样的情况，我们称之为诉求语言。

在诉求语言中，有一种很奇特：说话的人所期望的诉求，语气真正看起来是有冲突，甚至是相悖的。

高明最近很不顺利。他刚跟女朋友分手，原因是女朋友有一天忽然对他说："我好像有点长胖了呢。"

高明仔细看了看女友，点点头说："嗯，是有点胖了。"

然后女友自然跟他发了一通火。高明很冤枉，两人不欢而散。几天后，

第九章　言谈话语的读心策略

女友找到高明，有点想要道歉的意思，说道："上次的事是我不对，我的脾气一向不太好。"

却没想到高明马上接了一句："嗯，你脾气是该改改了。"

然后——用一句时髦话——就没有然后了。

除此之外，高明跟他最好的朋友也有点生疏，原因是：高明最近工作有调动，而他家里又出了些事情，所以就委托他的朋友去办。

这位朋友听完高明的话，挠挠头，说道："这个嘛……很有难度。"

虽然事情确实很有难度，但毕竟他是高明最好的朋友，高明认为他能一口答应下来，没想到这么拖拖拉拉，便没好气地说道："能不能办，你给个痛快话。"

他朋友想了想，还是推脱了高明的委托，从此也不太联系他，等高明发现这一点，两人的关系已经很淡了。

还有，高明工作上的事也有些不顺利。

前面说他工作有调动，实际上是换了新部门，也换了新的工作搭档。这位搭档是个很干练的女性，业务方面也很纯熟。但由于运气好，所以高明在一开始进步很快，很顺利地完成了一些困难的工作。而当同事们表扬他的时候，他的女搭档竟然很不合时宜地说了一句：新人的运气都好，这叫新手运。

虽然其他同事只是笑了笑，但高明却觉得很下不来台，从此对搭档的态度也就越来越恶劣。最后两人出现了重大分歧，只能调换搭档。而调换搭档的时候，他们的领导很奇怪地对高明说：你和她怎么会合不来，她是个挺单纯没有心机的姑娘，其他同事都很喜欢她啊。

高明很奇怪，他觉得她明明是个很刻薄的人，为什么大家却这样评价她……

读到这里，读者朋友们有没有发现高明的错误呢？

一个女孩说自己可能有点胖了，事实上可能是这样的，而且她本人可能也确实认为自己真的比以前胖了。而正是如此，她就更期望得到一个否定的答案：没有啊，你没有胖。

当然，这种答案或许显得没诚意，但你至少可以这么说：嗯，是有点，但这样刚刚好，原来太瘦了。

总之，女孩说自己长胖了，实际上渴求的是对方给自己打气，给自己自信。高明一句干巴巴的"嗯，是有点胖了"，是不明智，甚至很粗鲁的。

至于他的好朋友，我想我们在生活中，也可能会遇到这种事情。你希望他做一件颇有难度的事，他并不拒绝，但他却不确定自己能不能做好。这实际上与高明前女友的心理诉求一样：希望得到更多自信。

因为他自己的自信心不足，怕把事情办砸，而这种顾虑实际上可以理解为一种责任心。无论什么事情都大包大揽的人，反而不如这样的人靠得住，在接受请求的时候连事情可能出现的困难都不考虑，说明这人根本没有帮忙的诚意。

而面对那些会为我们的事情伤脑筋的朋友，我们绝不能像高明那么武断地伤害对方。正确的做法是，真诚地告诉他：我相信你能做好；或者说：做不好也没关系，我只能指望你了。

这种回答，才是对方的期望。

至于高明的新搭档，看起来是个小肚鸡肠、刻薄刁钻的小人。实际上根本不是这样，一个真正的小人，不会因为利益以外的东西，当着那么多人面说出如此刻薄的话。什么样的人会这样呢？很简单，一个希望自己是众人焦点的人。

经常爱挑剔、但实际上本质不坏的人，在挑剔的时候，心理最大的渴求实际上是能取代对方成为焦点的心理。尤其是高明的搭档，在与高明共同完成工作之后，结果只有高明受到表扬，所以她刻薄地说了几句，但这并不说明她真对高明有坏心眼，也不是她品行不好，只是她成为焦点的愿望没有被满足而已。

这样的人确实算不上心胸宽大，但也绝不是小人。我们其实只要给对方个台阶下就行了。比如，在庆功时，可以这样说："这不是我一个人的功劳，某某对我帮助也很大。"

语言与行动的背离：外强中干者的语言习惯

微反应关键词 推卸责任的时候只说空话、讨论问题的时候只讲资格的人，我们认为他们是外强中干的。这种人如果是你的盟友，你就不要对他寄予太大希望；如果是你的敌人，那么，在战略层面上你就不用过于重视他了。

第九章　言谈话语的读心策略

我们在生活中，往往会碰到这样一类人。他们很喜欢用语言把自己武装得严严实实，若单看其说话，会觉得他很强大，但有一定的了解之后，就越来越觉得这人外表好看，实则不中用了。很多时候，如果我们听信了他们的"大话"，往往会造成难以收拾的局面。所以，我们有必要单独研究一下这种人的语言方式，以防上当受骗。

一般来说，无论一个人强大与否，他都希望自己表现得很强大。而这种伪装表现在语言上，就有很多共性——

小陆刚加入某广告公司，他的上司冯经理是一个看起来十分热情的中年人。

这一天，小陆第一次接到大项目。这个项目本来不应该由他来完成，但年底人手紧，所以冯经理把这个项目交给了小陆。

小陆认为自己的能力还有欠缺，并不能独立完成，所以来到冯经理办公室，找到他，准备跟他协商找一位老手教教自己。

没想到，他刚一开口，冯经理就拍着他肩膀说道："大胆去做吧，我相信你！"

小陆见交涉未果，又被上级鼓励只能硬着头皮去做。但毕竟是新手，所以这个项目虽然最终完成，但却有些瑕疵。客户虽然接受，但并不满意。所以客户并没有给冯经理好脸色，冯经理在客户那吃了瘪，回到公司马上跟小陆发了脾气。年终盘点的时候，总公司也因为这个案子对冯经理很有看法，认为冯经理不应该把项目交给小陆一个人做，于是点名批评了冯经理。冯经理于是又闷闷不乐地把怒气转到了小陆身上。

小陆觉得自己很冤，便出言反驳了几句。冯经理更是火大地怒叱道："你跟我摆什么大学生臭架子！我干这行的时候你连键盘还没摸过呢……"

小陆委屈地回到自己办公室，他觉得自己没怎么摆架子，只是正常申辩了一下。同事见状，悄悄地告诉他："小陆，甭委屈，咱这位冯经理就是这样，你觉得他的工作分配有问题，他肯定拍着你肩膀说：大胆去做，我相信你。要是出什么状况了，肯定把责任推到咱们头上，只要咱们辩解，他就说：别摆大学生的臭架子，我干这行的时候你还如何如何……听说他没念大学，所以对这方面很敏感。"

小陆问："那怎么办？以后还是需要他分配项目，如果再像这次这么分配，肯定还要出问题。"

同事说："所以啊，我们自从了解了他之后，就从不听他的分配方式了。大家接到多少活，都会跟相熟的同事凑在一起，把各自的项目都拿出来，然后根据每个人的实际情况，重新分配。至于奖金，也是从公司拿到之后，我们这几个设计师根据干的活的多少再分配。"

小陆点点头。

同事继续说道："以后你也参与进来吧。再到旺季的时候，大家一起商量。"

小陆再次点头。

之后，不到半年，冯经理就被总公司开除了。

可以看得出来，冯经理的内心和能力都弱小无比，但由于他的自负，不得不硬撑着强大的外壳。所以每当有麻烦事降临的时候，冯经理都会用看似很炙热的语言把这件事推给手下，而每次出现矛盾，他都要用自己的老资格说事，贬低别人。

在工作中，如果你的上司是那种只要遇到困难就把事情推给你，并拍着你肩膀说"我相信你，好好干"的人，那么，你要警惕了，说出这种鼓励的话并不是他真的相信你，更不是他的心态阳光乐观，原因只有一个——他心里没底又不想自己负责，所以通过这种"鼓励"方式把事情完全推给你。

因为自信的上司绝不会让员工干力所不能及的事，倘若他真的有意栽培你，想把一些有难度的工作交给你，借此磨练你，那么，他也绝不仅仅只说一句空话，而是会坐下来给你一些实际上的提示和帮助。

在生活中有许多人从来不拒绝其他人的请求，但凡有求一概答应，却无法完成的，这都是那种所谓的"外强中干"者。

如何辨别这种人呢？

其实很简单，一个外强中干的人，他说出的话是难以经得住推敲的。由于他的内心虚弱，其语言虽然看似绚丽，但大多都需要较大的数量去堆积。所以，一个外强中干者，即使不是个话唠，也绝不会沉默寡言。

当然，并不意味着所有话多的人都外强中干。我们还要去分析，由于这些人话很多，而话的内容并不是在表达他内心的真实想法。结合实际情况我们就会发现，这些人的话是不可能完整得自圆其说的。所以，碰到一个话多的人，必须要仔细思考他的话，不要轻易被他的话所蒙蔽，要推敲对方的语言中有哪些漏洞。倘若发现了漏洞，那么就可以将此人打上"外强中干"的标签了。

第十章

识破谎言的读心策略

　　社会上谎言纷飞的时候,如果你想不被谎言击垮,那就要着手学习,努力分清真心和假意。好在当人说谎的时候,无论怎样伪装,总有一些痕迹会被我们抓住。

第十章 识破谎言的读心策略

识破语言漏洞，打开说谎者的心理防线

识破谎言，洞察弱点，出言安抚——这就是对说话者套话时的三板斧。三板斧抡下去，鲜有不中招的。不仅如此，这三板斧下去，斩断的是他对你的防备，而不是你们的关系。甚至大多数时候，这一招会让你和说谎者之间更加亲密，也会让说谎者从此不再对你说谎。

我们先来讲一则 FBI 案例。

新泽西州 FBI 分局在办理一起谋杀案件时感到棘手，因为他们调动了案发地点周围的所有摄像器材，都没有发现凶手的任何痕迹。

但在案发地附近酒吧的一名内线提供了一则珍贵的消息：马丁内斯先生应该撞见了那名凶手，因为他当晚进入酒吧的时候，神色慌张，浅色大衣上有血迹。

于是 FBI 找到了马丁内斯先生，希望他配合调查。但令人惊讶的是，他竟然矢口否认撞见过凶手。

FBI 探员于是询问："你只在酒吧里坐了十分钟，而你下班后至少隔了两个多小时才回家，这段时间你去哪里了？"

马丁内斯先生眼神乱飘，随口说道："嗯，我先去染了染发，然后去打保龄球，再然后去雪茄红酒俱乐部享受了一段时间，接着在书店翻了一会书，才去的酒吧！"

所有探员都能从马丁内斯的神态上发现撒谎的痕迹，但他们没有证据证明，这时候，一位年老的审讯员说道："很好，看起来这些动作足够撑满两个小时了。"

马丁内斯："是的！"

老审讯员："那么，请您重新复述一遍那两个小时的经历，只不过，这次请您从后往前说。"

马丁内斯："你说什么？"

审讯员："就是你去酒吧之前去过哪，再之前去过哪，再再之前去过哪……按着这个顺序重新复述一遍。马丁内斯先生，这是昨天的事，而且你刚才流利的讲述了一遍了，请别告诉我你说不出来。"

马丁内斯汗如雨下，他结结巴巴的说："我去酒吧之前，去理发馆烫了头……"

审讯员："错！你第一次说去理发馆是刚下班之后的事！"

马丁内斯喊道："好吧！偶尔记错时间了！"

审讯员："而且你第一次说去理发馆是为了染发，怎么变成烫头了？"

马丁内斯沉默不语。

审讯员温声道："马丁内斯先生，我们都知道您并不是凶手，但我们也都知道您撞见了凶手。您这么不合作，想必是有什么难言之隐。这样你看行不行，如果你合作，我们也合作——我们会尽量帮助您保住秘密！"

马丁内斯想了想说道："好吧，我的确见到了凶手，他拿着刀子，神色吓人。借着路灯见到他的时候，我着实被吓了一跳。我不敢说这事，是因为我碰到凶手的那个地点，是莱昂斯女士的公寓楼下。"

审讯员："莱昂斯女士？"

马丁内斯："她是……我以前的情人，后来我结婚这么多年，但没有跟她断了联系。我爱我的孩子和家庭，不想因为这件事让他们与我分开。你们能理解吗？"

审讯员："放心，莱昂斯女士与本案无关，我们不会做记录。"

马丁内斯长嘘一口气："好，那我把我知道的都告诉你们。"

马丁内斯撒了谎，这点恐怕大多数人都能看出来。但老探员能从对方撒谎的内容上突破对方心理防线：刻意隐瞒去处，说明马丁内斯下班后干了不光彩的事——发现这一点，就需要动动脑筋了。

对大多数说谎者，我们往往都能看出来，但却容易忽略最重要的"对方为什么说谎"这一点。

对于一个说谎的人，如果想要他说出实话，第一件事，就是识破对方的谎言。

这需要一些小技巧和智慧。老探员就是看出马丁内斯故意说谎想必一定另有隐情，所以让马丁内斯信口开河地说了去了哪几个地方，马上又让他按照相反时间顺序复述一遍——对于大多数仓促的说谎者来说是做不到的。因

第十章 识破谎言的读心策略

为谎言实际上相当于自己编造一篇课文临时背诵出来。而不管他的谎言准备得有多充分,让他倒背如流,总是不太可能的。

识破了谎言之后,下一步就是要安抚了。正如前文所说,你的安抚方向,是对方不愿意暴露的方向。马丁内斯不愿意暴露的东西,明显就是他去酒店之前的经历。而老探员正是给了这个方面的保证,才让马丁内斯下决心与FBI合作。

这时候切忌从气势上乘胜追击,要知道你与套话者是合作关系,盛气凌人那一套是所有合作关系的杀手。你保护了合作者的隐私,他就没有理由不选择合作。

辨识表情漏洞,一眼看破他人谎言

说谎时,虽然人们可以说得天衣无缝,可是,这并不是说,别人因此就会被蒙骗。说谎者的面部表情会出卖他,因为面部表情相对于语言是很难控制的。判断一个人是不是在说谎,看他的面部表情就可以判断出来。

他是不是在说谎?很多时候,光听语言是听不出来的。那么,该如何判断一个人是不是在说谎呢?第一时间要做的应该是——看面部表情。

说谎的人,会刻意控制自己的语言和面部表情。一般来说,这是交谈双方特别在意的两个方面。但是,掩饰言辞很容易,只要事先准备好就可以了,而隐藏面部表情却不是一件容易的事。

◎ 慢半拍的面部表情

一般来说,当一个人说谎时,会尽量微笑、点头、眨眼睛,他们试图以此掩盖自己的内心活动。但是,心理学研究表明,我们的脸部特征很难完全被控制。在说谎时,整个脸部会出现短暂的凝固,这个过程大概会持续

2~3秒。

如果你足够细心，就会发现很多说谎的人都存在类似情况。

场景一：

一位喜剧演员做客一个谈话节目，在现场为大家讲了一个小笑话。主持人听完后，哈哈大笑，说："这个笑话真是太好笑了。"

场景二：

一位喜剧演员做客一个谈话节目，在现场为大家讲了一个小笑话。主持人听完后，说："这个笑话真是太好笑了。"然后笑了出来。

那么，你觉得上面哪个场景表达了主持人真正的想法呢？没错，当然是第一个。在第二个场景中，主持人只是敷衍嘉宾而已。

这就是说，如果并不是出于真心，这些表情看上去明显是后补的，不仅慢半拍，还很机械并且僵硬。比如，一个上门的推销员，当你问他"能否保修一年"时，如果他先点头，再说"是"，那么说的就是真话；如果他先回答你"嗯……有的，你放心"，然后才点头，你就该怀疑他回答的真假了。

◎ 不是所有的惊讶都可信

出现惊讶的表情是因为有出乎意料之外的人或事发生。它与我们日常生活中的惊喜有很大的区别。惊喜可以是惊讶的组成部分，是喜悦后的一种表现。比如，当一个女孩收到了男朋友的礼物的时候，表现出来的就是喜悦的惊讶。当然，有喜悦，相对就会有难过、失望的惊讶。不过，无论是哪一种惊讶，都是在惊讶表情后才出现的。

惊讶本身是一种来得快、去得快的情绪。相对其他表情来说，它持续的时间最短，一般在3秒内会自动消失，甚至大多数表情会在1秒内消失。所以我们就要注意了，如果某人惊讶表情特征不是一种即时的反应，而是延迟后才展现出来的话，就可以确定这种惊讶是装出来的。

可以说，面部表情是最先映入我们眼帘的，同时也是说谎者最先要伪装的部位。因此，如果仔细观察其表情，任凭说谎者巧舌如簧，滴水不漏，我们也能识破他的谎言。这一切，就归功于人们所不能完全控制的面部表情。

 第十章　识破谎言的读心策略

目光坚定的人，也有可能在说谎

> **微反应关键词** 撒谎时，人们只会把眼睛移开吗？现在，研究者们告诉人们另一个事实：撒谎者也可能会目光坚定地看着你！这是因为，他们试图反其道而行之，掩盖内心的慌乱。

我们都知道，撒谎时人们会下意识地把眼睛移开，避免与对方眼神碰撞。那么，如果对方目光坚定地看着我们，是不是一定代表着诚恳呢？恐怕未必！即使对方眼睛坚定地看着你，他也有可能在说谎。

◎ 说谎时也会目光坚定

有人做过这样一个实验：他们找来一群人，将这群人分为两组，面对面坐下。然后，让一组人对另一组人说谎，并将室内所有说谎者的表情一一记录下来。最终结果令人非常吃惊！

在实验中，只有大约30%的撒谎者将目光移开了，而另外70%的人则采取了目光坚定地看着对方。这是因为，他们知道眼神的游移会让对方发现撒谎的秘密，所以他们为了避免被识破，刻意控制自己的眼神，坚定看着对方的眼睛。

实际上，我们常常在说谎过程当中，或者说谎之后将目光偏向一边；但是在说谎之前，目光通常会表现得十分坚定，一方面是在给自己信心，另一方面是为了不让他人怀疑。所以说，目光坚定不一定都代表诚恳，有时候也代表着谎言。

◎ 区分谎言和真话

如何区分目光坚定者是不是在说谎呢？

这就需要进一步看他的瞳孔。心理学家研究发现，人的心理活动与瞳孔

变化关系非常密切。

张老师是位经验丰富的毕业班的班主任，班上有几个调皮的学生，可他们不敢对张老师撒谎，因为每次都会被看穿。

张老师的法宝就是看他们的瞳孔。一次，王小蒙踢球砸到了另外一个同学的眼睛，却撒谎说不是自己踢的。虽然说这句话的时候，他理直气壮地盯着张老师的眼睛，可是，他的瞳孔却不自觉地放大了。张老师当然不相信他的话，找了几个同学问过之后，果然没有冤枉他。

一个人在撒谎的时候会产生紧张情绪。在紧张情绪的刺激下，他的瞳孔就会放大，我们因此可以断定他是在说谎。当然，并不是所有的瞳孔放大都代表着说谎，在恐怖、愤怒、喜爱等情况下也会如此，需要具体情况具体分析。

◎ 如何传递诚意

与人交谈时，我们需要目光坚定地看着对方，但如果长时间坚定地注视，有可能让对方觉得你太过做作，不可信。

因此，要不想让别人产生误会，我们在目光坚定地看着对方的同时，也要配合其他的身体姿势。

比如，在听别人讲话时，如果对他的话很感兴趣，不妨多点几次头，鼓励他继续说下去；或者，露出真诚的微笑；或者，插入一些自己的看法，等等。这时，对方会感觉到你对他的友善和尊重。

如果你在为别人讲述某事，为了使自己的话更可信，可以先进行眼神的交流，然后配合一些表示自信和肯定的动作。这会感染他的情绪，让他对你的话坚信不疑。

总之，目光坚定者也有可能在说谎，看看他的瞳孔和其他的表情就知道了。在与人交流时，应尽量坚定地看着对方，还要配合一些肢体动作或语言表达自己的诚意。

第十章 识破谎言的读心策略

微笑并不一定是真心的代名词

> 撒谎的人会心虚,也会刻意讨好你,使你放松对他的警惕。微笑是一个非常不错的掩盖办法。但是,有的人一眼就能够看出是发自内心还是试图掩盖谎言的微笑。

一般情况下,人们都认为微笑展示的是友好、开心,微笑在生活中很常见,上班会看到同事的微笑,吃饭时会看到服务员的微笑,坐公车时,如果够幸运,也能看到售票员的微笑……

你有没有想过,这些微笑之中有多少是发自内心的?所有的微笑都是真诚的吗?当然,并不是所有的微笑都是真诚的!微笑的面孔之下,也可能掩盖着谎言!

小晴是一名新进员工,她很有责任心,来公司不久,就发现公司在管理上存在着各种各样的问题。小晴鼓起勇气敲开主管办公室的门,给主管提出了许多改善公司内部情况的合理建议。听她一鼓作气说完之后,主管微笑着告诉她说:"你的建议提得很好,我会和上级领导沟通讨论这些问题的。"

可是,过了很长时间,小晴提出的问题并没有得到改善。她百思不得其解,为什么主管觉得她提的意见有道理,却迟迟不给反馈呢?

法国科学家纪尧姆·杜胥内·德·波洛涅曾做过一项研究,或许能告诉我们答案。

纪尧姆研究发现,人的笑容是由两套肌肉控制的。第一套肌肉组织是颧骨处肌肉,它能带动嘴巴微咧,双唇后扯,露出牙齿,面部提升,然后将笑容扯到眼角。我们可以自由控制颧骨处的肌肉,制造出虚假的笑容。

第二套肌肉组织在眼部,它可以收缩肌肉,使眼睛变小,眼角出现"鱼尾纹"。这部分肌肉不受我们意识的主动控制,它调动起的笑容,一般都是真心的笑。

小晴的主管在微笑时，眼角并没有出现鱼尾纹，也就是说，他并不同意小晴的建议。说那番话，只是不想打击小晴的积极性而已。

那么，什么样的微笑才是真诚的呢？

就在几天之后，员工董文也走进了主管办公室，他为新产品制订了一份特别棒的宣传方案。

我们来看看这位主管的反应：

董文在演示宣传效果图，主管一边看一边点头，微笑从嘴角咧开，随着笑意越来越浓，眼角的鱼尾纹也越积越多。最后，当董文讲完之后，主管哈哈大笑，拍着他的肩膀说："做得不错，就按你的方案实行！"

主管对哪个员工的微笑更真诚一些？很显然是对员工董文的微笑。

我们来比较一下，如果微笑出现了鱼尾纹，说明主管同时调动了嘴部和眼部两块肌肉，尤其是眼部肌肉，它不受我们意识的主动控制，也就是说，只有在眼部出现鱼尾纹的笑容，才是发自内心的真诚的笑。

现在，我们应该清楚了，微笑掩盖不了谎言。如果微笑带动的只是嘴部肌肉的运动，那么这个笑容就不是真心的，脸上的表情看起来会很僵硬。所以，无论他后面说什么话，最好还是思考一下他的真假。

如果微笑时，不仅嘴巴张开，眼角的鱼尾纹也被挤了出来，表情看起来就会很自然。这样的微笑一定是真心的，他对你的话是赞同的，所以，也必然会对你说真心话。

通过容易被忽略的无意识的动作看破谎言

微反应关键词 通过细微的动作，并不能百分之百地判定一个人是否在说谎，因为有些动作跟人的经历、习惯甚至生理状况都有关系。

人的无意识动作有很多，比如，肩膀的抖动，不自觉地点头和摇头。这些看似无意义的小动作，实际上透漏出很多有意思的心理细节，下面举例

第十章　识破谎言的读心策略

说明。

1995年，21岁的女孩莱温斯基成了美国总统府的实习生，并由此认识了美国总统克林顿。两人日久生情，发生了性关系。

1997年，克林顿被控对阿肯色州的女职员进行性骚扰。控方律师请莱温斯基出庭作证。莱温斯基当时声称自己没有与克林顿发生不正当关系。而克林顿也在证词中声称自己并没有与莱温斯基发生工作以外的关系。

但事后，由于很多原因，莱温斯基翻供，并拿出确凿证据证明其与克林顿的不正当关系。克林顿无奈，只好承认自己与莱温斯基有染。

众议院以伪证罪和教唆伪证罪，向参议院提起两个弹劾条款。但弹劾并未通过，克林顿逃过一劫。

我们所关心的问题是克林顿在否认与莱温斯基有染时所说的话，他说："我没有跟那个女孩上床！"

而他的动作，在说"我没有"的时候，是点头，说到"跟那个女孩上床"的时候，是摇头。

当一个人在否定一件事的时候，他自然而然做的动作是摇头。而克林顿在说"我没有"的时候，居然是在点头。这是一个无意识的动作，但却暴露了其潜在的意思，他真的与莱温斯基有染。

不只克林顿，很多名人在撒谎的时候，也会犯这样的错误，这里就不一一列举了。这些潜意识动作，实际上都证明了一个规律：如果一个人在说"我没有如何如何"、"我绝不如何如何"、"我不如何如何"这种否定句时，是点头的，那么，他肯定是在说谎。

这类"测谎动作"的成因很简单，人们在说谎的时候，大多只考虑语言，肢体上则不会有太大考虑，因此，人们的肢体会跟从其潜意识，说真话。也就是说，一个撒谎的人，往往能在其撒谎过程中找到某种矛盾动作。

第二种典型的谎言动作。

人们在愤怒的时候，往往会伴随着强烈的肢体动作。即使一个假装愤怒的人，也会把这些动作假装出来。但这种假装是不是没有破绽呢？并非如此。绝大多数人，在假装愤怒的时候都有一个极为明显的漏洞：他愤怒的语言与肢体动作会同时出现。也就是说，如果一个人在大喊大叫之前就先把双臂高高扬起，那么他可能是假装愤怒。反过来，如果先喊了两句，再抬胳膊，同样也是在假装。

其中还有一些代表说谎的细微动作：比如，下意识的后退，谈论某件事的时候摸脖子——这些都是一个说谎者在说谎时，由于内心深处对自己的话没有自信，所做出的退避和不自信的潜意识动作。当对方不小心做了这类动作时，我们便要对他的话提高警惕了。

第三种说谎的典型动作，是诠释性动作减少，而无意义动作增多。

什么是诠释性动作？很简单，就是能够有效起到对其语言进行诠释性作用的动作。最简单的，一个人向游客指路，说人民公园在前面左拐那个方向，然后用手指向那个方向，这个动作就是诠释性的，是为了让游客能够清楚地知道人民公园的实际方向。

什么是无意义动作呢？这个概念就更简单了，无法表达出实际意义，不产生实际作用的动作都是无意义动作。比如，说话的时候，摸自己的脖子，摸自己的鼻子，不停地小幅度搓手——这些都是无意义的动作。

当一个人撒谎的时候，那些诠释性动作会比平时少很多。这有两个原因，一是因为谎话早已编排好，撒谎的时候只要说出来就行了，不用肢体动作。二是因为人们撒谎的时候，潜意识往往希望接受谎言的人越听越糊涂，所以会有帮助对方解除糊涂的动作，可是在潜意识里却规避。

至于小幅度动作的增多，更多的是因为人的紧张。所以不排除一个撒谎老手会对这一点进行掩饰。但再怎么掩饰，我们也能找到蛛丝马迹。比如，一个平时说话习惯手舞足蹈的人，忽然能够让手脚安静下来，那么这种不同寻常的安静就是一种无意义的动作，往往代表着谎言。

刻意的说话方式，提示出说谎的秘密

微反应关键词 人们说谎时主要用语言，他一定不愿意让对方听出破绽，所以会事先编好一套说辞，以为这样就能掩饰。其实，这样会让谈话方式显得很刻意，无意中已经泄露了他其实是在说谎的秘密。

当一个人说谎的时候，为了不让对方看出破绽，他会在谈话过程中十分

第十章 识破谎言的读心策略

注意。所以，如果仔细听，就会发现他说话的方式和常人不同。

◎ 说谎的人记忆力都很好

警察在审问一个犯罪嫌疑人。

警察："你还记得3月18号晚上十点钟，你在做什么吗？"

嫌疑人："哦，那天我吃完晚饭，躺在家里床上看电视。我还记得当时看的是五频道，我最喜欢的足球节目。"

警察："你晚饭吃的什么？"

嫌疑人："我晚饭吃了一份芝士比萨，还喝了一杯啤酒。"

警察："这可是一个月前的事了，既然你记得这么清楚，那请问那天你穿的什么衣服？想好了再回答，因为我们有当天你走进公寓时的监控录像！"

"这个……我真的忘了，我……"嫌疑人头上开始冒冷汗。警察把这一切都看在眼里，后来经过审问，嫌疑人果真就是那个抢劫犯。

当你问到某个具体信息时，说谎的人一定会作出解答，而不会说不知道，因为他们害怕引起别人的怀疑。比如，这个抢劫犯为了让警察相信他一直在家，特意说出看了什么电视、吃了什么饭等具体信息。记忆力这么好的他，却偏偏忘记了自己穿什么衣服！其实对大多数人来说，不要说一个月之前，恐怕一周之前某个晚上做了什么，他都无法记得。

◎ 说谎的人不会把事情描述得很详细

丈夫一晚上没回来，第二天，妻子问他："你昨天晚上是不是又赌钱去了？"丈夫有些慌张，说："不是。我跟朋友们喝酒去了。"妻子接着问："是吗？都是哪些朋友？去哪儿喝的酒啊？"丈夫："就是关系不错的那几个朋友，去老地方喝酒了。"

很显然，丈夫模模糊糊的回答妻子不会相信。当一个人说谎的时候，他是心虚的，他害怕给出的信息越多，漏洞就越大。所以，当妻子问到具体的人，丈夫不敢多说，害怕被看穿。说谎的人，经不起追问细节，如果有怀疑，只要多问几句，就会知晓答案。

◎ 故意提供更多信息

在第一则案例中，我们发现，当警察问抢劫犯他吃过晚饭后又做什么了的时候，他说自己在看电视，而且还主动报出了节目内容。这就是典型的说谎方式之一。

说谎的人是心虚的，他害怕被看穿。所以，为了取信于人，他会对自己的谎言加以更详细的描述。他们会不打自招，主动说出来，并且因为是早已在心里编造好的谎言，所以说出来会不假思索。

女友打电话给男友，男友很长时间才接，女友问为什么这么久才接听啊？如果没做坏事，男友一定很坦然地告诉她："哦，我在卫生间，没听见。"如果他啰嗦很多："我在卫生间，水龙头开得很大，我的房子隔音效果太好了……"那他一定在说谎。

在谈话中，如果一个人说了谎，一定会有某些语言或者说话方式表现得很刻意。只要我们认真观察，仔细体会，就可以找出其中破绽的。

透过语言识别真伪：语言识谎读心术

微反应关键词 这些说谎者和谎话的特征，往往在人内心深处产生连自己都无法体会到的道德焦虑感，外在表现会反应出内心的状态。

无论多么熟练的说谎者，只要不具备极其成熟的反社会人格，那么，他就会在说话的时候，不小心透露出一些语言特征。这些语言特征是下意识的，不是人为可以控制的。所以，只要我们掌握了这些语言特征，并在与人交谈时发现他们的话符合这些特征，那么，我们就可以断定对方是否在说谎。

说谎者在说话的时候，潜意识里往往会出现三种情况。

◎ 比喻

比喻是一种生动的语言，客观上能够极大地增强人们描述事物时的具体性和形象性。当一个人描述他真正见过的事物，由于语言描述的局限，便会利用比喻使对方更加了解。而谎话则不会，一个人在撒谎的时候，已经把谎话里的一切都想好了，他只要客观描述就可以，而不需要借助比喻。

 第十章 识破谎言的读心策略

◎ 人们会尽量不在谎话中提及自身

毕竟对于大多数来说,说谎是一件会让自身产生道德焦虑感的事情。而这种道德焦虑感会让自己尽量不出现在谎言之中,即使偶尔出现,也是一笔带过。一个平时很以自我为中心的人,在其编造的谎话中会尽量不提及或涉及到自己。

◎ 尽量不在谎话中出现真名

人们在说谎的时候,如果提及他人,往往会用代词或称谓:"他""那个人""某某院长",谎话中很少出现一个人的全名。

这三种情况都是撒谎时特有的心理原因造成的。当一段话中只出现其中一种情形,那有可能是其人性格使然;当出现两种情形,那就要提高警惕了;如果一段话满足全部三点,那么,我们就可以把这段话认定为谎话了。

当我们明确一个人准备撒谎的时候,如何判定他所说的哪一部分是谎话呢。

◎ 可以从语调上判断

谎话的语调会加重,这种重度往往与真话的语调并不相符。比如,一个妻子问丈夫昨晚上干什么。

丈夫回答说"只是跟某某吃了顿饭。"

在这句话里,往往哪个词是重音,那么那部分就有可能是谎话。如果重音在"只是"上,那么说明丈夫跟某某绝不只是吃了顿饭;如果重音在"某某"上,那么说明丈夫没有跟某某在一起。

◎ 可以从语言组织来看

说话时犹豫和重复,没法有效组织自己该说的话——这就是谎话的一大特征。当一个人描述一件事物,而在某段话中,出现了很多无意义的"虚词"重复,比如,"是这样的"、"然后"、"实际上"——当这类词语出现了很多次,而根本就没必要出现这么多次的时候,我们就可以断定,重复就是谎言。

◎ 可以从语言习惯上判定

美国 FBI 心理学实验室做过一个统计,85%的犯罪嫌疑人在否定自己的犯罪行为时,都有一个共性:生硬地重复并否定警方提出的问题,而这些嫌疑人最后都被证明确实是犯罪者。

比如,警方问:"案发当晚你在受害者家里吗?"

嫌疑人:"不,那天晚上我没在受害者家里。"

一个人如果没有撒谎,他只需要说"不,我没去"甚至"没有"就可以了,这也是正常人的语言模式。而撒谎的人,需要一些语言砝码来让自己显得不那么心虚,所以往往会完全重复提问者的话:不,那天晚上我没有在受害者家里。

撒谎者在说谎时,会对"比喻"、"第一人称"、"他人真名"这三种方式进行潜意识抗拒;一段谎话的重音往往和真话有所不同;谎话中还会出现许多无意义的虚词重复;说谎者会生硬地重复提问者的问题——这就是目前较为肯定的说谎现象。

第十一章

套取真话的读心策略

职场之上尔虞我诈,生意场上风云际会,很多时候,城府深几乎成了有社会经验的代名词。与这样的人打交道,如何才能够从他口中获取你真正想要的信息呢?请看本章吧。

第十一章　套取真话的读心策略

植入心锚，引导对方自觉说出真话

> 微反应关键词一个好的心锚，要兼具显著性和隐秘性。显著性是为了在你启动心锚的时候，让对方注意到；而隐秘性则是不要让心锚变得突兀，让对方在潜意识里产生戒心。

人在不停地接受外界的信息，而有些信息的接收，会影响我们的心理状态。这类信息，我们称之为心锚。

心锚的影响是多种多样的，比如，一个人小时候在泳池边滑倒溺水，那么以后他在接触过于潮湿光滑的地面时就会产生恐惧感；再比如，一名足球运动员在罚点球之前擦了一下额头的汗，然后这个球被射进，那么，以后他再罚点球的时候肯定也会重复这个擦汗的动作。

实际上，心锚是心理暗示的一种。不少人依靠在自己心里植入心锚来获得某种力量，甚至很多名人也有这种种植心锚的行为。比如，迈克尔·乔丹有一件著名的紧身运动衬裤，每次重要比赛他都要把这件衬裤套在里面；而苹果创始人斯蒂夫·乔布斯每逢新产品发布会，都会穿上一双新百伦运动鞋。

可以说，乔丹和乔布斯并没有为他们各自的"小迷信"做代言，他们只是认为能从这些小迷信上得到一些力量。或许乔丹在某一次训练时投进了一个漂亮的三分球，而那时他正穿着那个牌子的衬裤；或许乔布斯写出某段精彩的代码时，正穿着一双新百伦。不管怎样，"种植心锚可以让人自信"，这早就是不需要证明的一个真理。

但我们今天讨论的是心锚的另一个作用：通过给其他人种植心锚来成功套出他的真话。

首先要说的是，心锚并不一定是自己给自己植入。

20世纪80年代，巴黎蒙马特高地上最著名的交际花当属艾莉婕女士。艾莉婕女士不同于其他混迹于社会的年轻姑娘，她从来就没把自己当成男人的玩物。相反，很多著名的商界巨匠、艺术天才都对她的话难以抗拒。只看艾莉婕女士照片的人很难理解她这种魅力源自何处，直到晚年的时候，她才把她降服男人的小技巧公诸于世。

原来，每次当她瞄准目标的时候，她都会向对方提出一个很合情合理并无法拒绝的条件，比如，"能请我喝杯酒吗？"、"能帮我提一下风衣吗？"这种要求是任何一个绅士都无法拒绝的。而在对方接受要求的时候，艾莉婕女士会做一个醒目但并不突兀的小动作，比如，用酒杯轻轻碰一下嘴唇。

接下来，她会向目标再提几次这类的要求，同样在对方答应的时候做几下那个动作。这之后，她再次向对方提要求的时候，只要不是很离谱，无论多难，那些绅士们都会在她重复一次那个动作的时候，决定答应她的要求。

久而久之，很多男人甚至无法拒绝艾莉婕女士，不少人以为这是因为她的魅力，实际上，这正是心锚效应的成功应用。

艾莉婕女士就是一个"把心锚种植在其他人心里"的例子。她把心锚用在了"提要求"上。而同样的，我们也可以用在"套话"上。

像艾莉婕女士那样，每当对方说了一句真话，就给他植入一个心锚。同样的心锚在对方说真话的时候多做几次。以后你出示心锚的时候，对方就会习惯性地说真话。

列奥纳德神父管理着一个教堂，他的教区有很多虔诚的天主教徒。这些教徒对列奥纳德神父充满尊敬。而这种尊敬很大原因来自于他主持的告解仪式。

所谓告解，是天主教和东正教的一种仪式，在一间漆黑的小包厢里，牧师与告解者对坐，两人之间大部分视线被阻隔，但要保障声音的有效传递。

然后，告解者把自己心里的痛苦与罪恶告诉倾听的神父。神父代表上帝劝解指导和宽恕。而告解者说的一切，倾听的神父有义务保密。这种保密高于所有法律，也就是说即使告解者在策划恐怖袭击，按照天主教教义，神父也不应该把这些话说出去。

但即使这样，仍然有很多人不愿意在告解的时候说出实话，而遮遮掩掩的告解在基督教看来属于亵渎。列奥纳德神父的厉害之处，就在于他能让他教区的教民完全自愿地说出实话。

当需要告解的教徒走进告解室，坐到神父的对面时，神父会先问一句："你好，孩子，你是来告解的吗？"

这时候神父会用手指轻轻敲打隔在两人中间的纱窗。

第十一章 套取真话的读心策略

接下来，神父会在对方出声前，先不动声色的问几个问题，比如，你叫什么名字，多大了之类。每当对方给出答案，神父都会重复敲击纱窗。

接下来轮到教徒告解了，他们会谈及平时在外面羞于说出口的话。每当他们在告解室也难于张口时，神父就会不动神色地敲几下纱窗，教徒就能顺利的地下去……

敲击纱窗，正是神父种在信徒心里的心锚。他用这种心锚，让告解者完全说出自己的羞耻之处，以此得到心灵的解脱——整个过程与其说是宗教仪式，不如说是一次卓有成效的心理疗程。

当然，即使你并不是抱着"救赎"、"治愈"的目的，心锚也可以用。你只要在你确定对方说真话的时候，做醒目而不突兀的动作，那么，以后每当你在做这个动过的时候，对方说真话的几率就会大大增加。

进三步退两步地提问，套出你想要的信息

> **微反应关键词**提问并不需要迎难而上，而是需要"迎难而下"，这就是提问的一个小技巧。因为提问这种对话方式，本身就会使人产生压迫感。而迂回式的提问则能减少这种压迫感，让对方更愿意跟你合作。

我们在生活中常常通过问问题来获取想知道的信息，但怎样保证让回答的人说的都是真话呢？

有人认为需要用强大的气势压住对方，盛气凌人，开门见山。在某些情况下，这种盘问可以起到很好的效果，比如，警察盘问犯罪嫌疑人。但很多时候，如果对方的地位与我们完全平等，那么，这种问法就会起到反效果。

那么，该怎么办呢？

进三步退两步是个好办法。

当你觉得你的问题对于对方来说过于直接的时候，不妨先进行一个小小的退让，问一些并不太激烈的问题，中和问者与答者之间的矛盾。

举个例子，丈夫夜不归宿，妻子想问清丈夫晚上跟谁在一起，这种时候，如果把握不当，直接的向丈夫质问，那么丈夫就会认为妻子怀疑自己（即使事实上是这么回事），不信任出现之后，夫妻感情可能会崩溃。

这时候，聪明的妻子往往会这样："好重的酒味，你喝了多少？"

丈夫："几杯而已。"

妻子接着问："是谁让你喝这么多？下次不要跟他在一起了！"

这时候，妻子就会从丈夫的反应里大致知道他跟谁厮混了整晚。如果丈夫是无辜的，那么妻子只是尽责任去关心他，如果丈夫并不无辜，妻子也可以根据情况灵活应对。这比直接问"你那晚跟谁在一起"要强得多。

FBI审讯档案里记载过这样的故事：

弗吉尼亚州有一个名为"酒屋"的，在大学生和年轻人中间私贩酒精的团体，而私贩酒精在弗吉尼亚州是违法的。当政府注意到这个团体的时候，酒屋已经拓展的相当之大，从里士满到弗吉尼亚滩，到处都是酒屋成员的身影，甚至连安普顿锚地的海军士兵也开始在酒屋买酒喝。

拥有如此庞大的网络，恐怕经济犯罪早已形成，于是FBI介入本案。但当高效的调查局抓获了该组织首领的时候，发现这位美国历史上最大的私酒贩子竟然只是个高中生。

对于未成年人，警方一般会避免用严厉的口吻讯问。因为这个年龄段的孩子容易产生叛逆心理，并且不受刑法的责罚。但酒屋组织的影响毕竟太大了，不可不察。

所以讯问员在审讯高中生的时候，没有直接提问，而是先问了一个看似无关紧要的问题："嘿，小伙子，你多大了？"

高中生满不在乎的说："十六岁。可是先生，这和你有什么关系么！"

询问员："哦哦，别着急啊！牛仔，十六？真的吗？跟我儿子同岁！这个年纪你就能造出酒来？"

高中生耸耸肩："小意思，不用看化学书，我就能造出来。"

询问员："能讲讲经过吗？"

高中生有些不好意思："好吧！先生，我知道我似乎犯事了，但开始时只是因为一个派对。吉恩女士——我们的年级长，准备在宿舍搞一个私人派对，我们班的同学说没有酒会很无聊。我为了讨他们的欢心，做了威士忌。结果他们玩的很开心。"

询问员："从那以后呢？你开始造酒赚钱了？"

第十一章　套取真话的读心策略

高中生:"赚钱?不不不。我从没想过赚钱,是吉恩女士。她在那次派对上看中了我,于是找我商量,让我帮她酿酒。她说外面卖的酒太贵了。她找了一间仓库,让我帮她设计成大型的酿酒作坊。然后她让我管理作坊。"

询问员:"怎么个管理法?"

高中生:"就是,如果有人来拿酒,她就会打电话告诉我。取酒之前她会告诉我一个暗号,如果来取酒的人说出了暗号,就给他酒。"

询问员:"你从没收到过钱?"

高中生:"收钱?我收钱干嘛?先生,我并没有为这事收到钱!难道你们抓我就是为了这个?"

询问员马上解释道:"不不不,你想多了。或者我换个问法,吉恩女士说那些酒是用来干什么的?"

高中生想了想说道:"吉恩女士说只是帮她的亲戚酿点酒喝。"

询问员被气笑了:"一点酒?我的上帝,你所谓的一点酒让全弗吉尼亚的酒鬼喝了个痛快。嘿!小伙,你为什么要这么帮她?"

高中生不好意思的低下了头:"吉恩女士很漂亮……她,她对我很好。"

询问员这才明白事情的来龙去脉,警方马上逮捕了伊万公学的吉恩年级长。

这位询问员并没有一下子就逼问高中生:快交待你的犯罪细节!而是像聊天一般,一步一步瓦解少年的不合作心理,套出酒屋的真正幕后黑手。从结果上看,他是很成功的。

这种迂回式的提问方式还很灵活。在一开始问问题的时候,你可以先"退两步",而在谈话过程中,当你发现对方的警戒心稍有"复燃"时可以再退两步。

就像在这个案子中,询问员问到钱的事之后,高中生开始警惕,询问员马上换了一个问题,不再提钱。

其实,很多人喜欢不分场合的开门见山的质问,主要原因是被自己情绪和性格主导了大脑,所以无法在提问前客观冷静地思考自己问话的目的。记住!我们问问题的目的永远是得到正确答案,而不是让对方害怕我们。

控制局面，让话题向你想要的方向发展

> **微反应关键词** 一次谈话的四个部分：开始的问候语决定了话题是否能继续下去；接下来的承接问题指明了话题大致内容；谈话的主要内容会随着各种要素而改变方向；一次谈话的结束往往决定了下次谈话的质量——四者都很重要，缺一不可！

1953年，法国文学巨匠贝克特的两幕剧《等待戈多》在巴黎首演，引起了轰动。本剧主要内容是两位主人公在一条路上等待一个叫"戈多"的人，而戈多是谁，却完全没有任何交待，两人之间的对话没有任何实际意义和方向。

《等待戈多》拉开了法国荒诞主义戏剧的帷幕，这一派的作品，大多阐述人生没有意义，谈话也不需要有方向。当然，这是文学作品，但在现实生活中上，我们发现人与人之间的交谈并不是这样的。任何语言，甚至是最简单的客套话，都会有一个发展方向。

这种方向很多时候现显示了人的精神状态，比如，当一个人只是简单的向对方问候"早晨好"的时候，对方也只需要回答"早晨好"就可以。两人不需要有太多交流，只是纯粹的礼节上的客套一下。

但在我们怀有套话目的的时候，单纯的问候就是要不得的：两人见面，倘若你只说"你好"，那么，注定什么话都套不出来，因为对方也会用一句"你好"就打发了你。

所以，想要话题进行下去，问候语一定要"讲究"，你至少要说"你好，昨天睡得怎么样？"

这时候对方就会回答你的问题"还好，神清气爽"、"嗨，做了个噩梦"……但不管对方怎么回答，你都可以继续往下谈"噩梦？是神经衰弱么？最近发生什么了？"就像这样。

而在实际操作中，你可以根据你想套的话，改变你的说话方向。

第十一章 套取真话的读心策略

问候语在套话中很重要，因为作为一次交谈的开头，决定着你们的对话能否继续。而接下来，你要说的话也尤为重要，问候语之后的衔接，控制着这次谈话的大致走向。

就刚才那个例子。

当对方回答说他做了个噩梦，而你想要刺探他工作的情报，就可以接着问：是工作太累了吧，公司发生了什么呢？

如果你想要了解他的家庭——怎么了？是家里又出状况了？

就是这样，这种套话方式，显得隐蔽而自然。不会让对方防备，同时满足了社交礼仪上的需求。

问候语和问候语之后的话，决定了这次对话的大致走向。而进行到对话过程中的时候，同样不能掉以轻心。在谈话中，对方可能偏离你想要谈的事件。比如：

甲："昨晚做了个噩梦，糟透了！"

乙："是工作的原因吗？公司没什么事情吧？最近工作还好吧？"

甲："并不是工作原因，我也不知道最近怎么了，似乎是吃了一些致幻药物。"

我们看得出来，乙想要得到甲在工作方面的情报，但甲的噩梦似乎和工作没有关系。那么接下来，两人的话题肯定会谈到其他方向，但并不是乙关心的方向。这时候，乙就会面临两种选择，一种是放任话题继续走向其他方向，另一种是把话题拉回到"工作"的轨道上。

而这两种选择，实际上都没有错误，我们要根据实际情况来决定。

假如你和对方比较熟悉，你们的这次谈话可以继续很长时间，那么，不妨暂时放弃对话题方向的控制。当聊够了其他问题，话题还会回到你所期望的方向上。

而如果这个消息对你很重要，而你和对方有没有那么多时间闲聊，那么就要抓紧时间控制话题走向。

乙："不应该啊，致幻药物的残留药性并不强，不会对你的睡眠产生影响。应该还是工作的问题，男人一到我们这个年纪，就把心思全放到工作上了。"

这样的话会让对方理解成你在关心他，并随着你的话把话题说回到工作上。总而言之，在谈话过程中把话题拉到你想要的方向上的时候，你的语言一定要前后吻合，切忌生搬硬套，否则会让对方产生疑心，有些不客气的甚至会被对方数落一顿。

当话题的方向被你控制在手里,而你也套出了你想要知道的话,就可以结束这次话题了。

看起来,话题的结束语似乎和套话没关系,事实上,每次谈话的结束实际上都是下次谈话的开始。很多人在交谈时有这种想法,我从对方那里得到了想知道的一切,那么就可以不必再小心翼翼地伺候对方了。

这种"卸磨杀驴"的心态实在要不得,因为说不准什么时候你又要来套对方的话,对方如果记得你上次的恶劣表现,下次可能就不会让你套出什么了。而且,一定要记住,你套话套得越容易,说明对方越信任你,套话归套话,但请珍惜这种信任。

制造陷阱消除戒备,从而获取消息

> **微反应关键词** "陷阱"这种东西最大的好处就是不易察觉,换个角度说,被察觉到的陷阱也就不能称之为陷阱。所以此法的要点在于,你必须让对方真正相信,你已经不打算在他身上套话了。这时候,他才会放松戒备,你也会有可乘之机。

当一个人对我们完全戒备,对我们说的每一句话都不做信任时,想要套出他的话是很难的。我们不妨利用事态的发展和对方的处境,布置一个遮掩,挡住你继续打探消息的意图,令他放松警戒,从而套出我们想要的消息。

哈里森·彼得罗夫是纽约的一名"中间人",主要业务是军火走私——虽然美国并不禁枪,但合法贩卖的枪支都有严格的编号登记管理制度。也就是说,通过合法途径买到的枪支,一旦使用,就能从弹道效果分析出这把枪是谁的。彼得罗夫能从国外搞到枪,这些枪没有注册编号,即使留下使用痕迹,也无法查出枪的主人是谁。

因此,在他那里买枪的人大多数都是准备犯案的恶棍。

 第十一章　套取真话的读心策略

彼得罗夫明知道他卖的枪会威胁公共安全，但为了赚钱，他依然还是从事着自己的生意。有一次，纽约曼哈顿区发生枪击案，弹道测验的结果表明，案犯的枪并没有在国内登记，所以应该是外国枪。

FBI希望从彼得罗夫那里得到他近期的客户名单，以此为线索抓到凶手。

但彼得罗夫早就为了这次审讯作了充分的准备，FBI探员问了几个问题，都被彼得罗夫轻松化解，而且他给出的证词极为完美，令FBI找不出一丝破绽。

本来毫无办法的FBI已经准备放弃彼得罗夫，但主管这次工作的老探长决定最后努力一次。他们释放了彼得罗夫，但派了很多探员暗中跟踪，还在彼得罗夫的各种通讯器材上装了窃听器。

出了警署后的彼得罗夫果然降低了戒备心，他马上联系了他的一位客户，而这位客户正是杀人凶手。警方和FBI于是顺藤摸瓜抓住了凶手，也搜集到了彼得罗夫非法贩卖枪械的证据。

人们的戒心如何产生？

当一个人感到恐惧不安的时候，真的是"油盐不进，滴水不漏"。因为对方已经起了戒备心，而且作为一个经常与FBI打交道的人，又对那一套讯问方式了如指掌，这时想要套出他的真话，简直是难于上青天。

所以，FBI设计了一个新的策略。撤销警方对他的压力，让他以为自己已经安全了。这样，他的戒心会弱很多。再进行暗中跟踪，就绝对会露出马脚。

各大超市商场都有一个名叫"防损部"的部门，全称防止损害部。顾名思义，这个部门的职能，就是防止卖场的利益受损。比如，在门口检查顾客是否偷东西，检查内部员工是否私带物品，包括卖场的保安和更夫，也是防损部门的一部分。

董华是某大商场的防损科科长。最近一段时间，他接到卖场一线员工的举报，说成品肉灌制品区域和高档酒区域出现小规模的商品连续失窃案件，而卖场的监控录像没有发现任何痕迹。做得如此干净，董华认定是内部员工所为。而且白天无法下手，应该是晚上的事情，所以他把嫌疑人目标限定在几名更夫的范围内。

这一天一上班，董华就叫齐了防损部门的所有员工开会。在会上，他发表了这样的话："我最近频频接到销售部门的举报，说货物区有很多起失窃事件。监控没有显示，那么应该是熟悉监控盲区的内部同事干的。我不管是谁干了这些事，我给你24小时时间主动向我承认错误。如果你怕出丑，可以给

我发短信，我的号码你们都知道。我可以当着所有人的面保证，这次的事只要你在时限内主动承认，我绝对既往不咎。你有什么困难我还是可以帮你解决。只要你认错，事情就当没发生过。但如果明天这个时间，还没有人向我认错，那咱们只能公事公办了。"

说完这些，董华宣布会议结束，在这个过程中他一直注意着科员们的表情变化，心里对于嫌疑人的范围，又缩小了一些。

第二天早晨，没有人来承认错误。董华给卖场打了个电话："把老马叫上来。"

老马是卖场的更夫之一，失窃区域就是由他负责的，发现失窃的那几天也是他值的班。昨天开会，老马看似镇定，但董华注意到老马的手一直攥成了拳头，用力很大。

老马来到办公室，看起来有些心虚。

董华问道："马哥，找你来呢，首先是跟你那里了解一下失窃的事情。毕竟你是一线防损员，比我们搞文职的更明白一些。"

老马暗地里长舒了一口气，谦卑的说道："董科长您这话说的，我一个大老粗能懂什么？"

董华："卖场的监控一直有不少盲点，我跟工程部谈过，但如果把盲点全部抹掉，预算太大，采购科批不下来。所以想跟你这里问点建议出来，毕竟你在卖场做了十多年了。"

董华就这样问了老马许多问题，大部分似乎都是抱着学习的心态。老马的语言越来越流畅，心里的包袱越来越轻，有时候，甚至真的用长辈的口吻对董华进行了"教导"。

两人聊了20分钟，老马完全放下了戒心，正当他准备推门出去的时候，董华忽然问道："唉，老马，你在货柜上取洋酒的时候怎么避开的监视器？"

老马得意的说道："货柜附近也有监控盲区……"

话音刚落，他就知道自己说错话了，冷汗淋漓。

几个小时之后，老马被开除了。

让一个戒心极重的人，慢慢放松心情，在心情最为放松的时候，他的大脑甚至是空白的，因为在轻松之中，带着某种狂喜。而接下来，当你骤然而又平淡地提及某个敏感的问题时，对方甚至意识不到这个问题有多敏感。老马就是因此而"招供"的。

那个轻松的心境，实际上就是你的陷阱。布置陷阱的时候你要确保对方

第十一章 套取真话的读心策略

真的放松，这实际上就是确保陷阱的隐秘性。而接下来，当你问出问题的时候，就是启动陷阱的机关。这时候，你一定要轻描淡写，让对方意识不到你在问什么。

当然，很多时候，这种陷阱的成效未必有董华搞得那么好。比如，老马可能在最后关头，并没有说漏嘴。但即使这样，你的突然袭击也会打乱对方的心理防线，让他的话自相矛盾，从而分析出某些有利于你的信息——而得到这些信息，对于你来说，也同样是套话的目的。

提高提问技巧，挖出对方心底的秘密

微反应关键词 当你问到敏感话题时，记住要事先做好"垫场"；而当你打算问一大串的问题时，要精简你的问题，并用合理的顺序提问。总而言之，要记住一点，提问者和回答者之间的关系并不是敌人关系，而是一个操作者和被操作者之间的关系。你的技巧，决定了是否能通过问话得到想要的信息。

日常生活中，哪一种套话方式最为直接呢？自然是直接提问，把我们想知道的话直接问出来，这样对方的答案可能最接近于我们想要的。

但是，提问是一种考验能力的交流方式，抱着同样目的的两个人，用不同的问话方式可能会从对方那里得到截然不同的答案。之所以会这样，是因为每个人的提问方式不同，有些人更会提问题，有些人不会。而如何让我们的提问技巧提高，这里面有一些小技巧我们不妨来看一看。

首先，我们讲一个提问权利的问题。

先请大家回忆一下自己是被提问者的时候，当别人很突兀地问我们问题，我们是否感到很反感？比如，相亲，很多人会见面就问"你月薪多少"，这时候，被提问方就会很不习惯。

如何让对方听到我们的问题后，不会感到不适呢？

还拿相亲来说，女孩在问工资之前，不妨先问一句："我能冒昧地问一个问题么？"

男方："请说。"

女孩："您的收入情况是怎样的呢？"

如果是这样，男方应该会很愉快的回答这个问题。实际上，这种获得权利的提问，看似只是客套，实际上有着重要的功用。那就是为下一个提问做好铺垫，让被提问者做好心理准备。虽然看似无足轻重，但实际上却生死攸关。

这类的垫场提问还有很多：

我可以谈一下自己的看法么？

您的意思我是否可以这样理解？

你看这个办法是不是也行得通？

……

当你要说的一个话题，有可能对对方的心理底线产生冲击的时候，一句垫场提问便能让对方对你问题的承受底线继续降低，你的问题也会显得自然而受欢迎得多。

垫场提问之后，就是提问的正式内容了。如果你的正式提问，只是一两个问题，那么倒还好；如果你的问题很多，那就有一些要注意的问题和可以利用的技巧了。

连续发问很容易让对方产生疲惫。有一次我和一个许久未见的朋友聊天，他刚从英格兰留学回来，我一下子问了一串问题，对方翻了个白眼，对我说："你是查户口的？"

那么我们怎么办呢？在这里，我们提出两个解决方案。

第一个方案：要尽量精简地提问。

当我们连续问一个人问题的时候，最好有意识的控制一下：只问我们关心的事，或者是与这件事有关的问题，而绝对不要犯的错误，就是同样的问题问两遍，这样会让对方觉得你根本就没有认真听他的答案。

第二个方案：让你的提问变得有条理。

实际上就是避免我们东问一句西问一句。如果我们有很多问题，那么在问话之前，要想好提问的顺序。想起来什么说什么，会让人措手不及。这种措手不及会让对方说的话越来越少，因为对方的逻辑也被你打乱了。

第十一章 套取真话的读心策略

利用性格和处境的矛盾性,让对方说出真话

> 微反应关键词 考察一个人的性格,了解一个人的处境,这些都需要时间。这种通过处境与性格直达人心的方法,也需要较长的时间去运作。但是,一旦你运作成功,那么便会收获一个对你无话不说的朋友。

引用中国足球的功勋教练米卢诺蒂维奇的一句话:态度决定一切。这句话实际上来源于心理学杂志上的一句话:性格决定处境。

隆巴顿走私团伙在一起秘密交易中被警方抓了个现行。

但方走私的物品被查封后,这些东西让所有FBI探员都挠头了:他们交易的东西是完全看不出用途的细长金属带子,这种金属带很薄,反光会变色,长度不等,宽度约为三到四毫米。

没人知道这是什么,化验之后也完全得不出结论——查获了这些东西,如果不知道其价值,那么,完全无法给被捕的隆巴顿团伙定罪。

所以,FBI决定在其团伙内部找到一个突破口,他们希望团伙的某位成员能告诉他们金属带的作用。

FBI在抓捕的疑犯中千挑万选,找到了卡特·拉尔森。

卡特·拉尔森已婚,有三个孩子,他表面上的身份是酒吧调酒师。FBI找到他,希望他能够跟警方合作。

说明来意之后,拉尔森摇了摇头:"你不知道隆巴顿手下有多少人,你们这次虽然抓到了其中的骨干,但还有几个人,是谁,你并不知道。我怕我的家人被害,所以我不会帮你们的。"

FBI探员:"你误会了,拉尔森先生。我们不需要你出庭作证,我相信,以你的脑子,应该知道我们在哪犯了难。"

拉尔森笑了起来:"是的,我猜你们根本不知道我们买的东西是什么。48小时后,你们没有其他的证据,就会释放我。所以,告诉我,老兄,为什么

在你们这里吃两顿免费午餐之后就要被释放的情况下，我要冒着全家被杀的危险帮你们。"

FBI探员也笑了："相比你的家人还不知道你参与隆巴顿团伙的事吧？"

拉尔森的笑容僵住了。

探员继续说："你说得对，我们会释放你们，但这之后呢？我们会把此事捅到媒体上，你就没法在你家人面前做个好人。任你怎么解释，你的家人也会怀疑你，好好想想吧。"

拉尔森低吼道："如果让她们冒生命危险！那么，我情愿让她们离开我！"

探员摇了摇头："不不不，我们不会让你冒任何危险。你不必出庭作证，只要告诉我们那些该死的金属丝是什么，再把落网的团伙名单告诉我们。你就算完成协议，没人知道你出卖了团伙。我们甚至可以让你和其他走私贩一同宣判，然后我们保护你去美国中部，并为你介绍一份工作，我们都知道你调酒的技术很棒。你看怎么样？"

拉尔森沉默不语。

探员："拉尔森先生，我们都知道你并不是个坏人。你那样做只是因为希望你的三个孩子接受最优秀的教育——关于这点，我们可以帮你解决，我们会帮你搞到三张伊顿公学的入学考试通知书。卡特，我想你知道该怎么做。"

拉尔森说道："那是加拿大货币的防伪线。"

探员："什么？"

"那些金属带，是加拿大五十元货币的防伪线。我们已经有了那种纸张和荧光墨水的配方，只剩下这种防伪线了。这种防伪线是印制加拿大元技术难度最高的组件。给我一张纸，我把落网之鱼告诉你们。"

卡特·拉尔森的面临的选择是：如果不合作，那么他的家庭将会瓦解；如果合作，他将和他的家庭开始一段新生活！而据FBI了解，拉尔森并不是个十恶不赦的恶徒。所以当他有机会在安全的情况下，过上更好的生活的时候，他肯定会选择合作。

一个人的性格和处境是难以分隔的：性格决定处境，处境影响性格。甚至可以说，我们和一个人打交道，实际上就是与他的性格和处境打交道。正是因为性格与处境的这种切合关系，当性格与处境发生矛盾的时候，就是他心里左右为难的时候，这个矛盾就是我们攻心的关键，这个矛盾暴露了他的弱点。最致命的弱点实际上都是性格和处境的无法协调造成的。

就拿卡特·拉尔森的例子来说，他的处境是作为走私嫌疑犯被捕，面临

第十一章 套取真话的读心策略

着家庭破裂；而他的性格，则是对家庭无比看重。他的性格和处境构成了他的弱点，FBI抓住了这个弱点，让他开口供出了实情。

在生活中，我们不妨时时刻刻从性格与处境的矛盾关系去分析身边的人：

一个很孝顺的同事，由于工作调动，大年初一没法和父母一起过；

一个对社会地位极为看重的领导，由于决策失误，可能地位要一落千丈；

一个很爱他女友的男孩，由于一个不经意的错误，可能要失去爱人。

人们在任何时候都有这些类似的烦恼。这时候，如果我们能像FBI那样，帮助对方解决问题，那么对方自然是感恩戴德。但大多数时候，我们可能无力予以帮助，这时候，你就要顺着对方的性格，理清他的处境。

你要相信，一个处于苦闷中的人，十分希望有人把他的烦恼说出来，只要你能找准他性格和处境之间的矛盾，那么对方就绝对会把你引以为知己。

而当你成为一个人的知己的时候，很多话甚至不用去套，对方就会自动地告诉你。

恰当的时机和环境，让套话效率提升百倍

> 微反应关键词 环境对于人类的影响力之大是毋庸置疑的。欲先攻其事，必先利其器，而对于一个准备套话的人来说，环境就是"器"。想要完成一次高质量的套话，那么，就必须注意环境！

套话行为的目的是套出对方的信息，无数次套话有无数种手段，但殊途同归。而除了套话手段之后，影响套话的另外一个因素也很重要——环境。

我们要选择什么样的环境套话？这是一个很值得研究的问题。

东方传统的谈判习惯与西方截然不同：西方人喜欢西装革履地坐在办公桌前谈业务，而东方人则喜欢把大多数事放到饭桌上、茶室等休闲场所谈。

所以刚刚接触东方的西方人很不习惯：大家明明在一起吃饭喝茶，怎么就开始谈上了生意？

殊不知，东方的这种沿袭千年的谈判习惯，有着一个很有实用价值的原因：当人们在享用美食的时候，大脑会分泌一种信息素，这种信息素使人感到强烈的满足感。而在充盈着满足感的状态下，人们会变得很容易交往。甚至在饭桌上，两个素未谋面的人也会在十分钟里变成无话不谈的好友。

而饭桌环境的升华，就是酒桌环境！

俗话说得好：见十次面不如吃一顿饭，吃三顿饭不如喝一顿酒。三杯酒下肚，再怎么刻板的人也会对你说出肺腑之言。想要在一个陌生人身上迅速套出有价值又有难度的信息，最好的办法莫过于请他喝酒。酒精的力量从古至今一直被各国贤者诗人所赞颂，并不是没有原因的。

除了饭桌酒桌之外，套话时的时间也很重要。

一般来说，一个人在黄昏时的状态最为放松。因为这个时候，大家经历了一天的劳累之后，身心都很放松。而这种放松带来的是松懈感：很多平时会严格保密的话，这时候可能会不自觉地说出来——而这就是我们的可趁之机。

当然这并不绝对，很多人晚上工作，那么对他们来说，清晨可能就是他们的黄昏。总之，你要趁对方在劳累一天之后，最疲惫的时候会套真话，成功率会大大提升。

除此之外，套话时的天气也尤为重要。绝大多数情况下，风和日丽的晴天会比乌云密布的阴天来得更让人愉快。而我们都知道，当一个人身心愉悦的时候，离说真话的时候也就不远了。

以上说的，是有利于套话的环境，下面再来说说那些不利于套话的环境。

◎ 过于正式的商务场合

相信大家都有这种感觉，在宽敞明亮的会议室里，一尘不染的环形办公桌前，正襟危坐的职场男女们，他们要就某个问题进行谈判，可能是一次资产重组，可能是一次刑事诉讼，谁都想套出对方的底线为本阵营立功——但大多数人都办不到。

为什么呢？

因为这种场合在现代人的词典里，就是标准的博弈场合。任何人只要身处这个环境，自然而然想到的就是如何让己方利益最大化，再嘴大的人也会不自觉地变得极为嘴严。

想在这样的环境套出话来，虽然不是绝对的不可能，但难度要大很多。

第十一章　套取真话的读心策略

◎ 正处于工作状态的人不容易套话

一个专心于工作的人，往往是两耳不闻窗外事的，大多数人在这个状态下拒绝与外界交流。任何打断他们工作的信息，都会让他们变成火药桶。这时候他们对于任何社交活动缺少耐心，你的提问他们能敷衍就敷衍。想在这时候套出实话，难！

◎ 恶劣的天气是套话的障碍

比如，一天清晨就下起了雨，而你选择在这一天向某人套话，你会发现对方对你的提问多少有些心不在焉。

不过这里有个例外，当你和对方的关系牢固到一定程度的时候，过于炎热的气温很多时候甚至能莫名其妙地帮助你成功套话。

对于这种现象，学术界没有作出明确解释。我们尝试从生物本能角度来稍作解释：或许因为寒冷状态会使人蜷缩着保护自己，而这种动作带来的自我心理影响就是"较高的心墙"；炎热的天气会让人脱去过多的衣物，裸露大面积的肌肤，而这会让人在心灵上有较大程度的敞开。

选好交谈的环境，是套话之前的必做功课，这方面需要考虑的问题有很多：时间、天气、对方的疲劳度、环境对人神经的影响……掌握了这些，你会发现套话会容易很多。

第十二章

说服他人的读心策略

　　再优秀的人，他的能力也必然有限，而说服他人的能力，往往变得越来越重要。说服能力说到底也是一门与微反应相关的攻心术，你要根据对方的性格和想法，制定说服策略，才会无往不利。

 第十二章 说服他人的读心策略

看准心理需求，说服更容易被人接受

微反应关键词关于心理需求和生理需求的层次，很多心理学家和社会学家都有各自独特的分层方法。但无论哪种分层方法，生理需求只是基础，而心理需求才是更高的追求。而在当代社会生理需求普遍被满足的情况下，谁能更好地抓住对方的心理需求，谁的话就能更有分量。

我们都知道，吃饭喝水睡觉排泄，人们缺一不可。缺少这里面的任何一项，都有可能陷入生理的死亡。而除了生理上的需求之外，人们还有心理上的需求。当基本生理需求被满足的时候，我们就必须开始考虑心理上的满足了。

刘颖是一名高中教师，工作于一所重点高中。她从师范大学毕业后，就一直担任班主任的职务。然而让同事们啧啧称奇的是，从她带第一个班的时候，她的学生就表现得非常好，班级的学习成绩平均分永远在年级的前几名，而那种令人头疼的差生，在刘颖的班级里竟然一个都找不到。

更令人不可思议的是，由于教师是一种很忙的职业，老师们的个人生活往往不太如意：要么父母病危没有时间照顾；要么年近四十找不到合适的恋爱对象；要么自己的孩子的成绩差得一塌糊涂。

可刘颖26岁的时候就找到了十分美满的姻缘；几年后，孩子的启蒙教育也是由她来完成的；并且在她奶奶去世前，她每天下班后都会去医院陪伴她。

有很多年轻老师非常不解，他们认为，做老师这个职业，几乎等于放弃了个人生活，而刘颖是怎么把这两方面都做得这么完美的？一个和刘颖相处比较好的年轻老师问出了这个问题。

刘颖："很简单，让你的学生们觉得你重视他们，这就足够了。"

年轻老师："我们是这样做了啊。"

刘颖："你们怎么做的？"

年轻老师："我会告诉他们，我们班没有一个差生，我不会放弃任何一

个人，任何问题都可以和我说。我也从不吼他们，等等。而且我也确实是这么做的，我经常会牺牲自己的时间给他们补课，常常很晚了还接到某个同学打来的电话，一聊就是半个小时。有的学生信任我，把父母吵架的事情告诉我，我也要出面调解……"

刘颖打断了年轻老师的诉苦："我说的是重视，不是关心，不是和蔼。确实老师需要关心学生，需要和蔼态度，但凡事应该有个度。你说的那些，他的父母恐怕也办不到吧。而且，你的这种关心，会让他们产生过度的依赖，并不利于他们性格的成长。"

"那应该怎么做？"

刘颖："很简单，我拿到学生的名单的时候后，会第一时间把每个学生的姓名相貌和基本信息记牢。第一次见他们的时候，我可以直接叫出他们的名字。每次这样，我的学生一方面会觉得我很神奇，另一方面也会认为我很在乎他们——谁会记住不在乎的人的名字呢？"

年轻老师："只要这么做就行了？"

刘颖："还有其他的小细节，比如，我会在稍微熟悉后，询问他们经常看的电影或网站，他们的邮箱和博客地址。之后我也会实实在在地关注这些东西。"

年轻老师："就这些？"

刘颖："大概是这个方向，其他的事情你可以自己把握嘛。十六七岁的孩子，虽然说还是孩子，但基本的人格已经被塑造完毕。他们渴望成为风筝，有一根线牵着他们，让他们得知自己被关心，然后用自己的力量展翅高飞。他们并不想成为笼子里的鸟，有时候我们过度的关心会变成阻碍他们人格伸展的笼子。所以，多余的关心既占用了我们自己的时间，也阻碍了他们的发展。"

"道理我懂，但只要做到这些小事，就能得到他们的信任和尊敬吗？"

"是的。要知道这些都不是小事，相反，这些才是他们真正需要的。有时候很多老师说现在高中生不好搞，我倒觉得他们需要的很简单：信任、理解和关心而已，给他们就是了。"

其实，老师这个职业跟我们的说服训练能力有很大关联。因为几乎所有的教师工作，综合起来都可以概括成两件事：教授学生知识和引导学生成长。

我见过很多中学老师，为了学生们的成绩和成长日夜操劳。虽然我对此非常感动，但仍然要指出：这是在缘木求鱼。

为什么这样说呢？因为学习、成长这些事情，都是学生自己的事情，老师和家长谁也不能代替学生完成，更不能用自己的意愿强逼学生完成。他们

第十二章　说服他人的读心策略

能做的，其实只是引导，然后让学生自己为自己的梦想去努力。在这个过程中，老师只能充当说服者的角色，而他们能不能抓住学生的心理需求，是能否成功说服的关键。

推而广之，在类似的事情里，我看见很多人，不厌其烦地讲述着自己的道理，比如告诫孩子好好学习的家长，苦劝女孩不要出轨的闺蜜。这些人大都情真意切，其中有些人说话甚至很严谨很有道理。把这些人的话整理出来出版的话，甚至可以出一本书。

但是，他们在苦口婆心的时候，忘了一件事：对方这么做是有原因的，原因就是他的心理需求。每一项错误，都代表了一个必须被填补的心理需求，这并不是道理、逻辑能够解决的事情。

所以他们的失败，其实就是说服策略上的失败。

所以，我们回到刘颖老师身上，就可以发现一个奇怪的问题：她做的比那些苦口婆心的老师、家长、朋友做的少得多，但就是能让学生"听话"。这是为什么呢？

其实很简单，她会提前思考学生们的心理需求，然后给予满足。而这种满足使得她的话变得不像其他老师那么教条。那么，学生的需要是什么呢？无非是被信任、被关心、被理解，大部分家长和老师的态度确实在潜意识表达着监视、告诫、武断的态度，而这恰恰跟学生的需求是对冲的。

所以，从心理需求的角度来说，你的行为也好、语言也好，必须符合对方的心理需求，这样你的说服才会生效。

假借他人之口，说服更有成效

微反应关键词本节的说服术，一来可以说出自己无法说出口的情况；二来可以加深你的说服力。因为这个"他人"，很大程度上扮演的是"第三方"的角色。而大家会在潜意识里期待第三方是公正的。所以，借他人之口予以说服，往往更有成效。

孙子曾经提出过一个观点：善战者无赫赫之功。意为，真正会打仗的人并没有看起来特别显赫的功绩。

这种观点，辩证的运用到说服他人的领域，其实也十分贴切。那就是，真正善于说服术的人，看起来并不经常劝说他人。

简莉是个很懂得如何说服他人的女孩，她是个保险营销师。她开始加入这个行业的时候，有些在这个行业里摸爬滚打了几年的朋友劝她：不要加入这个行业了，现在人们戒心太重，总觉得一切推销都是骗子，我们保险这行也不例外。再好的保险产品，你就是把合同拍在他面前他都不会相信。

所以，简莉在入行之前，就已经懂得了这一行难的地方：并不是难在多如牛毛的保险种类，因为一个好学的人用一个星期时间就可以把这些险种倒背如流；一个从业两个月的保险师，就可以对这些业务轻车熟路。这一行，难在如何让你的客户相信你的话。

从业之后，无法取信客户这个难题，确实一直让她很头痛。简莉觉得不能一直处于这样的状态，于是，她改变了策略——找个搭档。

改变说服策略之后，第一次约见的客户是在一家咖啡厅的户外卡座里，地点是由客户选的，因为这样会让对方产生安全感。

对方是个小有资产的单身妈妈，想给儿子买几支保险。但她对中国的保险市场有所怀疑，所以通过朋友找到了简莉，也是因为大家都是好朋友希望不会被欺骗。

简莉熟练地推荐了几款很不错很适合她儿子的保险给她，但她从这位中年女性欲言又止的态度上就看出了对方的戒心。这时候，她只等着自己的搭档出现。

谈话陷入僵局后不到一分钟，一个三十来岁看起来精明干练的职场女性走近了两人，试探性地问道："简莉？"

简莉抬起头，这位正是给她做搭档的同事。搭档走到简莉面前，做出一副惊喜的样子，说道："好久不见呀，简莉，你最近怎么样？"

简莉也表现出很惊喜的样子，说："是啊，王姐，你身体好点了吗？"

搭档："出院两个月了，现在已经开始恢复了，伤口没什么问题了。对了，你们公司赔给我的医药费已经打在我的账户上，但当时因为我动手术家里手忙脚乱，所以一直没有给你回执。"

简莉："没关系，那笔赔付只要你签收我就会知道的，一共四万多一点吧？"

第十二章 说服他人的读心策略

搭档:"是的,加上公司的医疗保险,这次手术等于一分钱没花。唉,这位是你客户吧?不打扰你了,我过来也是见一个朋友,咱改天见啊,王姐请你吃大餐,我知道一家很棒的西餐厅。"

"王姐"走后,留下的女客户看似满不在乎地指着王姐离去的方向,问道:"这位是?"

简莉:"我的第一个客户,半年前在我这里买了一份医疗保险,前段时间子宫肌瘤手术,索赔的时候还怕我们不认,所以家里人来我们公司的时候,把当年的保单啊什么的都带着了。其实带着身份证就完全可以了,呵呵。"

女客户听完,点了点头,问了一句:"你把刚才介绍给我的险种再说一遍,好吗?我们再研究研究。"

这次女客户的态度客气了很多,看样子她放下戒心了。

最后,简莉成功地拿下了这位客户,为自己的当月销售额重重地添上了一笔。

其实,我们有很多跟简莉类似的情况,碍于我们的身份,或者对方的某种偏见,我们说的无法让对方相信,甚至我们根本不方便开口。可是,我们还是希望能够劝服对方,这时就有一个很实用的方法:让其他人帮助我们劝说。

我们可以设想一个情景:

你碍于某种限制,不能主动去推销自己的产品。要知道,在东方,"老王卖瓜,自卖自夸"是个人人都不喜欢的事情。而在工作单位里,如果不迅速让同事和领导知道你的优点、你的人际关系资源,或许就会因为发展缓慢而影响工作成绩。

如何才能提高你的说服力呢?

不妨找一两个平日里喜欢说话的同事,请他们吃个饭,联络一下感情,这时候他们自然而然会帮你在职场里宣传自己。所以说,一切碍于客观原因无法说出口的话,都可以借助他人完成。这正是这种说服术的优势。

也许很多人或许会对简莉的行为有疑问:简莉找王姐帮忙的行为,不是找"托儿"吗?

所谓托儿,现代汉语词典里的解释是:指从旁配合诱人受骗上当的人。

虽然简莉找的王姐是她的搭档,但两人并没有设骗局,而是把一些真实的信息转达给女客户,而王姐的作用,只是让女客户更加相信简莉罢了。

所以,在借他人之口说服的时候,大可不必在心里给自己施加道德负担。

正向应对:让拒绝变为接受

> **微反应关键词** 让对方的拒绝变成接受,分以下几步:首先不要把对方的拒绝当成"死刑",坚信对方在整体或大方向上是支持你的;然后从对方拒绝的话中,找出对方不赞同你的原因;最后,解决对方的不赞同,就可以有效说服他人。

拒绝,是人类的本能之一。对不好的事物、对自己不喜欢的事物、可能对自己产生害处的事物,都会选择抗拒。所以,很多人在劝说他人的时候,会因为遭到了对方拒绝而气馁,他们认为,反正对方拒绝了,那么肯定没戏了。

这就大错特错了!因为在当代社会,会因为上述理由而拒绝他人的,实在是少数,更多的是因为某些细节的理由。也就是说,对方的拒绝并非因为你说的不好、不对,而是因为出于某些原因,他无法按照你的话去做。

所以,一个好的劝说者,必须在劝说他人的时候,抱着"正向应对"的心理,即对方肯定也是认为我的话是有道理的,只是某些细节方面需要调整,某些枝节问题需要妥协。抱着这样的态度,你就会发现,其实每个拒绝的后面,都有那么一两个"后门",只要你抓住这个后门并走通,你就会成功地让对方的拒绝变为接受。

首先让我们以"世界上说服能力最强的人"——推销员,作为案例,研究一下让拒绝变为接受的秘诀。

我曾看过某电器卖场明星推销员的付费讲座,下面我把他的讲课内容稍作整理,呈献给大家:

我们向别人推销商品的时候,对方拒绝的原因,大概有以下几种:

(1)你的东西太贵了。

(2)你的东西我并不需要啊。

第十二章 说服他人的读心策略

（3）我想再去别的地方看看。

（4）我再考虑考虑。

（5）你的商品有瑕疵。

这五点，几乎可以囊括所有顾客拒绝的理由。很多销售员会因此而丧失继续推销的自信和耐心，就此放弃。"哦，是这样啊，那叨扰您了"、"是啊，您说的也对，没关系，买卖不成仁义在嘛"——就这样，那些平庸的推销员，因为一次简简单单的拒绝而丢失了一个潜在客户。

而如果我指出他做的有错误，对方甚至会反问我们："人家都已经拒绝了，你还有什么办法呢？"

实际上，对方拒绝你的每一句话，都有另外的意思，这一层意思才是对方要表达的真实意思。而只要摸清了这一层意思，我们还是很有可能使顾客的拒绝变成同意。所以，当我们遭到拒绝的时候，不要一味地放弃推销，而是要这么去设想：

（1）你的东西太贵了。

顾客的真实意思其实是：这东西确实不错，只是我身上的钱可能不太够。

（2）你的东西我并不需要啊。

顾客的真实意思其实是：我也知道你的商品还好，只是我似乎用不上。

（3）我想再去别的地方看看。

顾客的真实意思其实是：听你说来，这商品不错。但我想去其他商家看看，是不是有更好的。

（4）我再考虑考虑。

顾客的真实意思其实是：我还有些顾虑，你能给我些新的优惠，帮助我决定买你的东西么？

（5）你的商品有问题。

顾客的真实意思其实是：虽然整体上看还好，但似乎有些瑕疵。

所以，当遭到顾客拒绝的时候，你必须这么去考虑问题：语言上的拒绝，并不能当成顾客真的拒绝，不能当成对你商品的负面评价，而是要摆出正面应对的心态，把对方的拒绝当成继续谈成这笔生意的可能。因此，在遭到顾客拒绝的时候，我们不妨这样去回答。

（1）你的东西太贵了。

先生您可能不知道，这款电脑是刚刚上市的产品，各方面配置都是业内最顶端的，所以才有这个价钱。如果您觉得一次性支付有疑虑的话，那么我可以给您开通分期付款通道。头期只要支付1/3，接下来的一年，相当于每天拿出来5元钱就好了。

（2）你的东西我并不需要啊。

这位女士，您是觉得这个电饭煲只能煮饭，体积又大吗？看您这么年轻，应该是自己一个人住，怕一次吃不完吧。其实呢，我们这个电饭煲功能很全面，甚至可以做爆米花和西点，效果比微波炉好很多，又安全省电。买了这个电饭煲回去，您几乎就用不上微波炉了。所以无论您是居家还是单身，这个电饭煲都是相当实用的。

（3）我想再去别的地方看看。

您说的对，确实应该货比三家。但在您去其他地方考察之前，必须要知道，我们的电磁炉是终身保修的；而且出现任何安全问题，我们全额承担责任，包括您的间接损失。这款产品的售后安全保障是其他任何一个品牌都无法具备的。如果您想比较的话，请时刻记住这点。

（4）我再考虑考虑。

这样吧，先生，现在是冬季，这款空调我们只剩下12台了，所以我可以给您打一个反季折扣，大概能省下来200元左右，您看怎么样？

（5）你的商品有问题。

您如果指的是它正面的雪山山脊断线的话。那么我可以给您解释：这是某某公司限量出产的高端笔记本电脑，不仅配置性能堪比台式机，而且每一款机器正面都是请世界各地的著名画师所设计的图案，经过他们亲笔素描和签名，按照他们的素描线条进行激光雕刻之后，才有现在的成品。全球限量3000台，没有任何两款的正面图案是完全一样的。您看到的瑕疵，其实正是这款笔记本最大的外观卖点。

顾客拒绝营业员，是经常发生的事。一个好的营业员，绝不应该就此气馁。所以，当我们在劝说他人的时候，被对方拒绝，千万不要打退堂鼓，认为对方的拒绝是有道理的，而你的劝说是错误的。而是要从对方的话里，找到他赞同你的地方，以及他拒绝你的原因。

也就是说，想把对方的拒绝变为接受，那么首先你必须要在自己的心里把对方的拒绝当成接受，认为他这么说一定是有原因的，或许有不满意的地方，但大方向他是赞同的，我要做的只是把小矛盾解决掉。

只有这样，你才能拥有在遭到拒绝之后继续说服对方的勇气。当然这并不是说，正向应对的心态就是单纯的精神胜利法。不信？你可以回想一下你

第十二章 说服他人的读心策略

在拒绝他人劝说的时候,会对他的话就持全盘否定吗?恰恰相反,我们在拒绝的时候,其实很大程度上也是赞同对方的,只是由于情绪或一些细节因素,导致我们无法接受对方。反过来,我们在说服对方的时候,也有理由相信对方跟我们的想法一样,也并不是全然拒绝的意思,只是需要解决一些小问题。因此说服一个拒绝你的人,并不是问题。

说服他人时加入数字和格言,能起到迷惑效果

> 微反应关键词 数字和格言,是说服他人的两大利器。当你熟练说出一大串数字,或者神情严肃地念出一段名人格言的时候,你的说服力便会直线上升。

在2008年美国大选时,有两份报纸报道了关于麦凯恩和奥巴马之间激烈的竞争,文章如下:

A:麦凯恩议员在得克萨斯选区有微弱优势,但在中部其他选区处于劣势。在最新的西海岸的民意调查里,他也落后于对手。东海岸选民虽然暂时持观望态度,但这是因为奥巴马还没有进入东海岸进行演讲,记者对此进行了随机抽样调查,不少城市的市民对奥巴马的来访表示非常欢迎。

B:在德州的53个选区中,支持麦凯恩的有30个,另外23个选区支持奥巴马。而在其他中南部诸州,奥巴马获得了超过70%选区的支持。最新的民意调查显示,西海岸选民中支持麦凯恩的只有1/3。东岸有近半数选民暂时未表态,这是因为奥巴马的行程还没有进入东岸,记者随机抽取300名纽约市民进行问卷调查,超过250名对奥巴马的演讲表示感兴趣,超过200名十分欢迎他的到来。

这两段叙述,是对2008年美国大选的一个剪影,两者都在强调麦凯恩的劣势和奥巴马的强势,但我们稍微一读,就能感觉到B段文字对于这种强势的渲染远远高于A短文字。

稍经观察不难发现,这是因为后者把语言表述都尽可能地换成了数字表

述。只要简单地这样去做，就能给人极强的说服力。这是为什么呢？

这其实是人的一种潜意识在作祟，认为数字描述更贴近科学表述，更客观更形象，所以更有说服力。而语言描述总会出现各种修辞手法，甚至夸大其辞之处，不足以取信。所以，当我们说服他人的时候，大量运用数字代替语言，是很有必要的。

而且，这种数字对人产生的说服力，常常是具有迷惑力和煽动力的。很多时候，即使事情的发展实际上跟你的观点略有矛盾，但当你用数字对你的观点加以证实的时候，就会显得你的观点也很有道理。比如：

这种药品刚一上市，就获得了35%的医生的认同。

这种束腰产品的功效，每三个人中就会有一个表示极为吃惊。

这种电动座椅，得到了近半数用户的好评。

配上令人振奋的动感的音乐，以及卖相极佳的俊男靓女，上面这三句话活脱脱就是电视推销的广告语。实际上，电视推销一直就是在运用数字描述来说服他人购买自己的产品。在日本，这种做法极为盛行，收效也不错。

但我们仔细推敲一下这三句广告语：

获得了35%医生的认同，那就说明还有65%的医生并不认同。

每三个人就有一个吃惊，那就代表每三个人有两个觉得平淡无奇。

得到了近半数用户的好评，也可以理解为超过半数的用户没有给好评。

所以，这些数据似乎都是真实的，但却给人极强的迷惑感。没人会在被这一大堆数字的轰炸之后，继续保持清晰的辨识能力。所以，要说服他人，只要我们理直气壮的把事情用一大堆数字表述出来，自然而然就能获得他人的信服，因为没人愿意追究数字本身的含义。说出数字，它本身就增添了说服魔力。

除了数字之外，还有另外一种表达形式对于说服他人也很有效果，那就是格言。

中学的时候，我学写议论文时发现了一个规律：几乎所有的好范文都有一两句名人名言。而这篇文章也因为这一两句名言、格言增色不少。格言在议论文中的作用，起到了画龙点睛的作用。

得知了这一点，自然在平时的议论文习作里我加入很多格言。

"知识就是力量——弗朗西斯·培根"

"给我一根杠杆，我能撬动整个地球——阿基米德"

"我爱我师，但我更爱真理——亚里斯多得"

第十二章　说服他人的读心策略

"我不赞同你的话，但我誓死保卫你说话的权力——孟德斯鸠"
……

这些烂熟于心的格言翻来覆去用，自己也觉得无味，而且中学作文多是命题作文，以当时所学知识的范畴来说，并不是每个选题都能找到合适的格言，于是产生了一个想法：自己编造一些讲述大道理的话，后面署上自己喜欢的作家的名字。

这个办法一开始很行得通，跟我阅历相同的同学们不但不觉得那些话很幼稚，反而觉得很贴切。直到有一天语文老师在我编造的一句署了"陀思妥耶夫斯基"名字的格言，后面写了一行小字：陀思妥耶夫斯基＝你？

其实，平时说服他人的时候，偶尔冒出一句名家格言，会让你的话顿时显得具有说服力。

美国有一部很受欢迎的刑侦电视剧——《犯罪心理》，在每一集的结尾，都有一句或古代或现代或东方或西方的名家说的一句谚语、格言。配合着跌宕起伏的剧情，电视剧结尾的格言就显得十分有道理，十分有说服力。而本来显得世俗的剧情，也随着这句格言而被升华。有很多美国人甚至把《犯罪心理》结尾的格言抄成一个小册子。

一些观察细致的影迷，整理下来之后发现，在已经播出的148集电视剧中，其中有一些格言所表达的意思竟然是相互矛盾的。

比如：

人类必须掀起所有的冲突和战争，寻找侵略和复仇的办法，而这种办法的基础，就是爱。——马丁·路德·金

爱得太深，会失去所有荣耀和价值。——欧里庇得斯

马丁·路德·金的那句话认为爱能解决一切矛盾，而欧里庇得斯那句话认为爱到极致会失去自我。两句话但看上去都很正确，放在一起就有些矛盾了。那是爱还是不爱啊？

更有意思的是，发现了这些小问题的那些热心读者，非但没有因为这些矛盾而不喜欢《犯罪心理》，反而更加喜欢了。

这就是格言在人心里的效应，其重点在于利用了人们对权威的崇拜。要知道，格言要么出自名家大家，要么就是一个民族数百年来智慧的总结，无论哪种，都可以当成权威性话语去看待。所以，当你说出一句格言时，对方会认为说服自己的是那个说格言的大家名家，而不是你。

还有一点，格言有其结构短小精悍的特点，任何一句格言，都不能绝对

说它是错误的。也就是说，这个世上没有错误的格言，所以才称其为格言。

巧用提问，让对方说出你想要的答案

微反应关键词 巧用提问来说服对方，算是一个高端的技巧。你要时刻注意自己一连串的问题是否有漏洞。但是，一旦成功地对某人应用了这一技巧，就会有意想不到的效果出现。

刚建立不久的美国某州法庭迎来了一场刑事诉讼。被告是个中年男子，被控告杀害了一名白人女性。而对被告最不利的证言来自被害人的一个邻居，这位邻居声称亲眼目睹被告开枪，并且他弃枪逃离现场。

当公诉人问完之后，轮到辩护律师发问了，这位辩护律师很年轻，长得极为消瘦，他利利索索地走到前台，直接问道："证人，你如何得知被告人杀害了被害人？"

证人："我看见了！"

律师："亲眼所见？而不是听信了任何其他人的话？"

证人："完全亲眼所见！先生。"

律师："你能描述一下当时的环境吗？"

证人："当时是在一片树林里，被告人举着枪……"

律师："那时是什么时候？"

证人："晚上十点，先生。"

律师："你距离案发现场有多远？"

证人："六十……不，五十码左右！"

律师："晚上十点，天色漆黑，你离作案现场有五十码的距离，如何发现凶手是拿着枪的？"

证人："我不知道……我看见枪管了……那天晚上有月光！我借着月光看见枪管了！"

第十二章 说服他人的读心策略

律师:"凶案发生在本月13号,我特意查过那一天的天文历,月亮要在三个小时后升空。证人,我再问一遍!你是否确定在13号晚十点,在漆黑的环境下,距离五十码之外,看见我的当事人——也就是被告——在森林里枪杀了一名白人女性?"

证人:"我想……我可能看错了!"

由于证人的证词没被采纳,所以最后被告无罪释放。而这位利用问题让证人自己收回证词的聪明律师,正是后来的美国总统——林肯。

首先让我们来探讨一个问题,对于绝大多数人来说,谁说的话最可信、最无法反驳?答案是:自己说的话。

标准答案是:自己的话!

这是一个实实在在的心理学结论:大多数人会对他人意图灌输给自己的观点持反射性的反对态度,而对自己的观点深信不疑。

在上述案例中,林肯并没有主动反驳证人,是证人自己驳倒了自己。这就涉及到一个心理学问题,如何让对方一环扣一环的自己说出你的观点,这需要一定的技巧性。

战国中后期,齐秦两国国势强大,而且两国又是盟国,所以楚燕韩赵魏五雄在大战略家苏秦的倡导下,联合抵抗齐秦联盟——史称"合纵"。

但五国合纵的力量也不足以抵抗强大的齐秦,两国国君甚至开始商量双双称帝,并分别自东西两头夹攻战略纵深最小的赵国,灭而分之。

要知道五国合纵的联盟并不紧密,所以赵国灭亡即在须臾。当时任燕国国相的苏秦受燕昭王之托出使齐国,希望能够劝阻齐国出兵。苏秦来到齐国国都临淄,得到了齐国君主齐闵王的接见。

齐闵王有几分武功,但过于狂妄,急功近利,目光短浅。苏秦正是看到了齐闵王这一点,对症下药,加以劝说。

见到齐闵王,互相见礼之后,苏秦问道:"听说您要和秦国共同称帝?"

齐闵王得意地笑了笑:"正有此事。"

苏秦:"齐国虽强,恐怕也不如秦国矣。请问大王,如果两国共同称帝,其他各国是更尊重强秦呢,还是齐国呢?"

齐闵王面色不虞,但还是说道:"我们国力不如秦国,自然不如他们受的尊重多。"

苏秦:"那么,若齐国放弃帝号,秦国仍然痴迷于虚名,大王认为其他各国是喜爱齐国呢,还是喜爱秦国呢?"

齐闵王想了想："当然是齐国。"

苏秦："大王要与秦国合兵伐赵，那么，敢问大王，若赵国为你们所灭，是秦国获得的城池多，还是齐国获得的土地多？"

齐闵王："赵国与秦国接壤，而且秦国兵势强盛，自然是秦国获得的土地比我们多。"

苏秦："大王，齐国的西面除了赵国之外，还有宋国。大王攻打宋国的利益多呢，还是攻打赵国的利益多呢？"

齐闵王："宋国与秦国不接壤，我们齐国就可以单独占领他们的土地，自然是攻打宋国受益大。"

苏秦："那么，您此刻该怎么办呢？"

齐闵王："如果我们同秦一样称帝，天下只尊秦国，如果我们放弃帝号，天下就爱齐而憎强秦，共约伐赵又不如单独伐宋。那么我不如放弃帝号以顺应天下，并出兵伐宋！"

我们现在要说的是，一连串问题之间一定要有紧密的逻辑性，这样才能牵扯住对方的注意力。用这种问答式的方法劝说对方，才能最大程度地满足对方的感情效果，因为一切答案都是从他自己口中说出来的，他会把你所提出的观点当成自己的观点。所以用这种方法劝服别人，一旦成功，对方往往会更加心悦诚服。

摆出一副阴森的嘴脸，用威吓让人听从你的意愿

微反应关键词 "威吓术"利用的是对方潜在的"如果不听我的就会怎样怎样"的逻辑心理。所以，必须要把恐怖或是紧张的气氛贯穿始终，一旦你不给对方这种压力，事情过后，对方就可能产生侥幸心理，你的说服就有可能失败。

说服他人有许多种策略，或者迂回，或者和气，或者委婉，但在这一节

 第十二章 说服他人的读心策略

里,我们要介绍的,却是一种近乎"暴力"的策略,用威吓让他人听从你的意愿。

当然,这种策略是不得已而为之的办法,适用的人群,通常也是怎样说服都无法取得成效、固执己见、顽抗不屈服的人。

北岛敏行是个惯犯,他曾经多次入室抢劫,使得大阪东南郊的富人区一时间人心惶惶。

直到又一次作案未遂,日本公安机关抓到了他,虽然发现他的作案工具与前几起案件有一定程度上的吻合,但这并不足以在法庭上使他服罪。

而北岛敏行又很狡猾,无论审讯员如何威胁他,他都不承认自己的罪行,这使警察局不得不精心部署一轮新的审讯。

三天后,北岛敏行被戴上头套、粗鲁地押入一辆车中,车辆颠颠簸簸地开了近半个小时。停下后,他又被人一把拉下了车,领进了一间屋子。

然后他被领着坐在了某处,他能感受到四周的潮湿和冰凉。

他的手被铐在椅子上,虽然并不疼,但也很不舒服。

接下来他听到了一些喃喃自语:"我们把他怎么办?"

"不知道,组长吩咐下来的。暂时扔在这吧。"

"做掉然后沉到海里?"

"你疯了吗?这种事不要胡说,我们什么时候做过。"

"昨天不就……"

"闭嘴,你这个臭虫。"

啪——一声响亮清脆的声音,想来是某人被另外一个人扇了一个耳光。

"听着,你这个臭虫,赶快干活,不要那么多废话,先处理下一个。"

接着就是一阵铁链撞击的声音,一个虚弱的声音传进北岛敏行耳朵里:"求求你们放过我,看在上帝的份上,求求你们,你们不是警察吗?你们怎么能这样!"

"哈哈,谁说我们是警察,你有什么证据证明我们是警察!"

话音刚落,北岛敏行就听到了一阵电锯或者电钻的声音。

"开恩吧,别这样了,啊!"一阵阵惨叫声传了出来。

"怎么样,享受吗?我们再来一次!"

"不,别!啊啊啊啊——"连续不断的惨叫声忽然戛然而止,寂静重新充盈整个空间,只有铁链撞击声。

"你这个臭虫,怎么把他弄死了!怎么跟组长交代!算了,把他扔进海

里吧。"

扑通——北岛敏行听到什么东西进入水中的声音，紧接着，他听到一个声音在耳边想起："先生，轮到你享受了。"

又是一阵令人毛骨悚然的电钻声。

北岛敏行马上喊叫："啊，不！不！我什么都说，我什么都说，求你们放过我！求求你们。"

那个声音似乎在思考，一会之后才懊恼地说："真没劲！"

接着，那人似乎掏出什么东西，然后说道："头，那个小矮子说他什么都愿意说。什么？把他送回去，您的意思是……完好无损？是！是！"

北岛敏行听到这话松了一口气，果然，一只粗暴的手抓起他的衣领把他拉到了一辆车上。马达发动后，北岛敏行感觉到在车里颠簸了至少半个小时。车停下来，他被带下车，领到一个地方，摘下了头套。

北岛敏行睁眼一看，原来是审讯室——一般的审讯室，他大舒了一口气，然后对面前的审讯员说道："你问吧，我什么都愿意说！"

接着他变得极为配合，把一切都招了出来。但实际上，北岛敏行听到的一切都只是警察局做的假象。

有人做过这样的实验：在一窝刚孵化出来的小燕子上空，用器材模拟出母燕子飞过的样子，小燕子们都争着把脖子竖起来，似乎在期待母亲的喂食；而当实验者用器材模拟猎鹰掠过它们的上空时，小燕子们则吓得瑟瑟发抖。

恐惧感是有脊椎生物与生俱来的本能。处于恐惧状态的生物，会比平时更加脆弱，更容易六神无主，更容易往坏的方面联想，而一旦达到这种状态，就是我们乘虚而入的关键时候。

北岛敏行正是由于被"灌输了"恐惧，自己产生联想，把一切都往最让人害怕的方向去想，所以最终抵抗不住自己的心理的恐惧，向审讯员"投降"。

世界各国警察对待犯罪嫌疑人的时候都极为擅长此道。美国警察抓到重罪嫌疑犯往往会在正式审讯之前，先为他描述一番看守所里有多糟糕，检方在提出罪刑条款的时候，也会向犯罪嫌疑人描述监狱里有多恐怖，以换取对方的让步。

在生活中，这种威吓的策略也会被经常运用。大多数孩子小时候都被老师用"不听老师的话找家长"这样的攻心策略威胁过，因而只有乖乖接受老师的安排。

第十二章 说服他人的读心策略

虽然孩子长大了之后就不会再怕"找家长",但新的恐惧总是层出不穷。比如,害怕被上司责骂,害怕被恋人甩掉,害怕下个月的收入不足以应付开销,害怕生病,害怕跟人吵架……

这一切可以令人害怕的因素,都是我们可以利用的东西。当你实在无法说服一个固执的人时,不妨试着营造出一个令对方恐惧的语言环境,往往会事半功倍。

把条件说成是对方的机会,使其无法拒绝

微反应关键词 把你的条件说成对方的机会,其实就是让你的利益和对方的利益达成双赢——至少要让对方认为是双赢。只有当你提出的要求可以给对方带来好处时,人们在心里才不会抵触这个要求。

小武是一家文化公司的职员,他们公司的主要经营项目就是幻想小说、言情小说之类的流行快餐文学。这个行业的利润很可观,所以小武这些写手的薪金也不错。

但这两年由于美国次贷危机引起的经济危机席卷世界,小武的公司也受到了很大的影响。因此,为了保证公司利益,就得裁员,而裁员的通知已经在三天前下达,公司上下人心惶惶。

小武为人精明,深得同事信任,于是,被选为谈判代表去跟老板商量避免裁员的事。

老板并不是个死板的人,但他也有自己的苦衷。于是,他跟小武说:"现在这个经济环境你也知道,公司的效益也不好。我就算自己不挣钱,也要保证其他合伙人的利益,这样就不得不裁员啊。小武,咱们不是合作一两年了,我的为人你们也知道,如果不是迫不得已,你觉得我会裁员吗?"

小武点点头表示同意:"老板,您的为人我们当然相信,但您也要相信我——我劝您别裁员,这样不但帮我们保住了工作,更是帮您和您的合伙人

保住利益。"

老板一愣："什么意思？"

小武："这场危机在美国已经发生三个月了，美国现在也是百业萧条，但有一个行业率先崛起，您知道是哪个吗？"

老板说："还真不知道。"

小武："电影行业！因为经济低迷，导致很多人需要一些精神安慰去提神，而在美国一张影票大概在4元左右，最贵的不超过10元。美国人收入虽然减少，但四五块钱还是拿得起的。"

老板若有所思。

小武继续说："但中国不一样，您在大城市什么时候见过大院线的票价低于70元的？对于大多数人来说这可能就是一天的收入。这就注定了电影对我们来说，不可能变成大众化的日常消费。但我们的书呢？一本最贵的不超过30元，至少要四五天才能看完。所以老板您想想，在中国，经济低迷持续一段时间之后，哪个行业会率先崛起？"

老板说道："出版业？"

小武："当然啊！您再想想，今天您裁员了，我们不可能在家闲着，就要去别的出版公司找工作。那样的话，等到出版行业开始崛起的时候，别的公司有充足的写手，而您由于裁员导致人手不够——这不就等于便宜了竞争对手吗！"

这话让老板茅塞顿开："你放心吧，小武，回去告诉他们，咱们不裁员了！"

在任何情况下，提出条件和接受条件的人都会有强弱势的差异，而大多数的时候，谈判的强势方比弱势方会多出很多优势，弱势者很难战胜强势者。

而小武却为我们展示了一次如何"以弱胜强"。

表面上看，小武他们要保住工作，要仰仗老板的鼻息，处于绝对的弱势。而老板掌握着写手们的去留大权，毋庸置疑是强势一方。

但小武在谈话里用一个很隐秘的技巧扭转了双方的强弱势：把自己的条件说成是老板的机会。

本来，写手们需要工作，而老板需要的只有一点，就是赚钱。矛盾在于，由于经济危机，如果老板想要赚钱，写手们就要失业。所以小武利用美国的"电影业复苏"作了类比，把写手们留下来说成了老板在未来的机会。本来应该看老板脸色的写手，一下子变成了老板眼中的稀有人才，怎能不留！

第十二章 说服他人的读心策略

让弱势转化成强势就是这么简单，找到你的要求和对方诉求之间的通融点，打开并呈现在对方面前，你的提议就不会被拒绝。

金牧师是韩国釜山的基督教牧师，这几年韩国的基督教徒越来越多，很多城市进入夜色后最漂亮的景色就是房子上面都有一个发光的十字架。而教会活动的主要经济来源就是基督教徒们的资助。这样，牧师除了传教，还有一个职能就是召集教徒募捐。金牧师就是一个募捐高手。

金牧师是从首尔来到釜山的，但无论在哪里，他都是教堂里募捐资金最多的一个。他的募捐额之所以会高，并不是因为他用了什么不光彩的手段，完全是因为他对教徒募捐抱着一个始终如一的态度：人与人之间互相帮助是应该的，帮助别人，这是一个接近上帝的机会。

对于大部分牧师来说，在募捐集资的时候，给人的感觉总是"要钱"。对于信徒来说，捐款变成了付出。

而金牧师不同，当教徒走到募捐箱前的时候，金牧师总是说："多好，又有机会帮助别人了。"而教徒们听到这话之后，总是买他的账。因为教徒们此时认为，为教堂捐款不是"付出"，而是"得到"。

其实，每个人都喜欢"得到"，而不是"付出"，不是吗？

我们可能不是搞宗教的，但在世俗生活中这种方法同样有用。只是要注意两点：

第一点：你的要求必须是对方能接受的。拿金牧师来说，要求信徒募捐几块钱无伤大雅，如果是要求信徒捐出自己的一半财产，一定会引起信徒的强烈反感。

第二点：你要"虔诚"。金牧师把要钱说成给对方行善的机会，所以有人相信他，当然，他自己也这么想。案例中的主人公，小武能劝服老板，也是因为他的分析让人相信。所以，当你向对方陈诉的条件和对方的利益接轨时，你的理由一定要使人信服。

第十三章

赢得好感的读心策略

在当代,人际关系的重要性不言而喻,如何赢得陌生人的好感,如何让朋友对自己的情谊永存,这些都是值得深思的问题。而其中最重要的两点是:以真心换真心;用适当的方式表达真心。

第十三章 赢得好感的读心策略

营造快乐气氛，让大家喜欢跟你说话

> <mark>微反应关键词</mark>注意在谈话时摆正自己的身份；见缝插针，根据情况适当地插话；避免冷场，不要让对方尴尬和失望；言语幽默诙谐——做到这些，你就会发现只要有你的谈话场合，气氛就热烈得多，而大家对你的印象也会越来越好。

　　除了通过信息接收和信息反馈之外，还有一种让对方身心愉悦的方法，那就是营造快乐的交谈气氛。
　　如何做到呢？
　　你要把握好交谈环境对参与者的影响。有人平时性格比较强势，在与人交谈的时候也会时常暴露这种性格。比如，习惯坐在较高的座位上，询问事情的时候用质问的口气。而这些都会让绝大多数人产生强烈的不自在，很多人在这种环境下，甚至会自然而然地闭嘴。所以，如果想让对方多说话，增加对方对你的好感，那么一定要注意营造一个平等的交流氛围，不要让对方觉得你在审问他。
　　传统社交礼仪认为中途打断别人说话是不礼貌的，要拒绝。但是也有特殊情况。如果讲话者性格随和，并且他确实说到某些鲜为人知的、难以理解的理论，那么这时候是可以礼貌地去打断的。这种打断会让对方认为你在认真地听取其意见。而只有在这个时候，其说实话的欲望才会被激发出来。
　　一定要记住，与人交谈的时候避免出现冷场。通常，很多人在说完一段话之后，会有一个思绪的间隔，这时候，虽然对方没有说什么，但实际上他在期待着你的回应。如果你一句话都不说，那么冷场是必然的。对方在这种情况下，避免不了尴尬和失望。
　　所以，在你能够感觉到说话者要告一段落的时候，一定要事先想好如何接上他的话，不要让尴尬和失望蔓延。

此外，小笑话是调节气氛的重要利器。很多时候，一两句俏皮话会让场面变得和谐愉悦，会使对方说真话的欲望大增。

森图尔特是美国著名的活动策划师，他干这行已经快四十年，从婚宴、生日宴到辩论会，他成功地举办和主持了近百场集体活动。虽然现在已经六十岁了，但由他主持的各种聚会，绝不会有任何冷场，皆因他善于用俏皮话调节气氛。

有一次，他帮助一家少年戒毒中心搞一次谈话活动，院方希望这些不良少年能吐露自己的心声，但参与者都是十六七岁误食毒品的少年，这些孩子正处在叛逆期，让森图尔特这样的老头子为他们主持活动，他们自然很不满意。

所以当森图尔特坐在他们中间，希望他们开始谈论自己的吸毒原因时，一名黑人少年很不满地说道："老头子，你是不是进错房间了？别以为你很懂我们，实际上你知道的远远不够。"

森图尔克很有风度地摆了摆手："小子，这话应该我对你说才对，别以为你很懂我。我年轻过，但你们老过么？"

黑人男孩顿时语塞。其他人则因为森图尔克的话笑了起来，气氛缓解了许多。有几名温和的少年开始谈起自己，森图尔克时不时地插上一句。

其中有个姑娘谈起她刚上高中的时候爱上了个街头的小毒贩子，因此染上了吸毒，为此她觉得自己很没用。森图尔克幽默地劝解道："一万个小伙里看上最混蛋的那个，犹如探囊取物般轻松。小姑娘，你好有本事啊。"

就这样，几乎所有的年轻人都谈到了自己的吸毒经历，院方做了详细记录，并针对每个人单独制定了疗程，最后全部治愈了他们。

森图尔的智慧就是几乎涉及了一切能够影响谈话范围的因素：谈话者双方地位的设定，语言本身的幽默程度，插话的时机，等等。

就像前文所言，做到这些，可能需要很多细小的层面，控制起来或许会有难度。但我们可以提供一个比较简单的办法：我们在谈话的时候保持愉悦的心态。这样的话，即使对氛围控制的技巧没有那么好，我们愉悦的心情也可以影响其他人。而一旦形成了愉悦氛围，那么，他人对你的好感自然不会低了。

第十三章 赢得好感的读心策略

称呼对方姓名，常能获得特殊优待

> 微反应关键词 称呼名字，这种办法简单实用，但切记一点，这种获取好感的手段，适用于关系相对生疏的时候。对于那些极为要好亲密的朋友，都有一些两人之间特有的代号，特殊的称呼也等同于称呼名字。

在我们的生活中，有一个非常常用的现代汉语词汇——"名声"。

从字面上看，似乎可以理解为名字的声音。这么理解固然有失严谨，但却很能说得通。因为这个词几乎就是表达了名字的声音：当你名字的声音被很多人诵读的时候，你就有了名声。所以又有了"出名"、"成名"、"功成名就"、"扬名立万"……

汉语里几乎一切形容一个人事迹彰显的词，其词根都是名字的"名"。

只有东方这样？不，在西方也同样如此。

在古罗马，几乎所有领域最高荣誉的奖赏，都不是封地或金银赏赐，而是直接把荣誉职衔加入名字。比如，一个人叫凯乌斯·昆塔斯，如果他武勋超凡，那么他的名字将被元老院拓展，成为凯乌斯·昆塔斯·克里奥兰纳斯（大将军勇武者）。如果他做了皇帝（罗马皇帝非世袭），那么，他将被叫做凯乌斯·昆塔斯·奥古斯都·凯撒。

《圣经·旧约》记载的十戒中的第三戒——"不准滥用我的名"；《新约》马太福音里著名的基督教主祷词，第三句就是："愿您的名彰显为圣"。

阿梅罗现在住在德克萨斯的小镇上，他和他的家人本来住在波士顿，当他决定搬到得州的时候，他的家人几乎都很反对。

因为阿梅罗是犹太人，在民间舆论相对宽容的波士顿还好，至于德克萨斯就不那么宽容了。

得州是美国本土面积最大的州，位于美国中南部。这里的人以保守、好斗著称。几乎所有的得州人都是基督徒。得州是美国少数几个没有废除死刑的州之一，不仅如此，得州甚至有一个专门的"死刑法庭"，用来讨论通过死刑判决。

而身为犹太人，阿梅罗的家人认为他在得州根本不可能生存下去。因为犹太人和基督徒的信仰是冲突的。

好在阿梅罗对此并不害怕，临走的时候，他笑着安慰家人："要相信我的人格魅力。"

八个月后，阿梅罗的妹妹要来得州看望他，其实他的妹妹也是接受了父母的"旨意"，如果哥哥在得州混得不好，说什么也要把他带回家。

两人相约在一家中型餐厅见面。

妹妹进到餐厅以后，本来准备看到哥哥阿梅罗被冷落的场面，结果，她看到哥哥正在和一个长相甜美的女店员火热地聊着天。

这样的心理的反差令妹妹非常惊讶。

阿梅罗也看到了妹妹，马上喊道："嗨，这儿！"然后给两人做介绍："这是我妹妹，专门从波士顿赶来看我，她喜欢吃总汇三明治，多加一倍西红柿。亲爱的妹妹，这是苏珊，最美的餐厅服务生。"

店员笑着点了点头，从妹妹身边走过的时候，笑着对她说："你真幸福，有这样的好哥哥，我从来没见过这么好的犹太人。"

这更令妹妹惊讶：她本以为哥哥是隐瞒了自己是犹太人这件事，才赢得女店员的喜欢。没想到……

有些惊呆的妹妹坐到阿梅罗面前，刚想问什么，门再一次被推开，进来几个膀大腰圆的大汉，身上纹着刺青，有的纹十字架，有的纹圣母像。先进来的人毫不客气地喊道："嗨，我们来了，每人照老样子，两个汉堡！嗨，这不是我们可爱的犹太佬吗！"

显然这位领头的看到了阿梅罗，他大步流星地向阿梅罗和妹妹走了过来。

刚坐下的妹妹立刻吓坏了，她从这人的圣母纹身上看出来，这位彪形大汉肯定是个虔诚的基督徒，对犹太人没有好感。甚至她以为这人是来找茬的。

没想到的是，大汉把阿梅罗从座位上拉起来，很用力地拥抱了他。阿梅罗则放肆地拍打着大汉的后背，夸张地大叫："巴勃罗，你这头臭熊，看在上帝的份上，我的后背要被你压断了。"

两人亲热地互相调笑了几句，看得妹妹目瞪口呆。等大汉走后，妹妹指着他，结结巴巴地问阿梅罗："……你是犹太人这件事都告诉他们了？"

阿梅罗："当然，没什么可隐瞒的。"

第十三章 赢得好感的读心策略

妹妹:"但……那个女服务生也好,那个大个子也好,你怎么和他们那么要好?"

阿梅罗笑着说:"大个子是我的好邻居。他是个拳击手,绰号灰熊巴勃罗。我刚到这里的时候,他帮我搬家具搬、搬电器,我们都是火箭队球迷。我没买车的时候,他好几次还带着我去休斯顿看比赛。"

妹妹:"可是,他为你做了这么多,你为他做过什么?"

阿梅罗:"只有两件,第一件是询问他的名字。"

妹妹:"这算什么……第二件呢?"

阿梅罗:"记住它。"

"询问一个人的名字,然后记住它",阿梅罗作为一个另类,广受大家欢迎的秘诀全在这里。

我们不禁要问,社交场中最重要的品质是什么?

谦和的气质?

敏锐的观察力?

丰富的学识?

成功学奠基人卡耐基教授会告诉你,记住对方的名字很重要。

其实早就有心理学家做过测试,当你拜托别人帮忙时,如果称呼了对方的名字,那么成功率在百分之九十左右,而如果不说出对方的名字,那么成功率在百分之五十左右。

再仔细想一想,在各国影视剧作品中,往往会有这样一个片段:一个地位高的人侮辱地位低的人,会称呼他为"你"、"那个谁",即便两人朝夕相处,他也永远记不住对方的名字,而正是因为这一点,会遭到对方极端的报复。

所以,记住名字,称呼名字,会让你在对方心中成为"自己人"。这样可以迅速打开与人之间的情感障壁,没有比这更快的办法了。

赠送小礼物，轻松获得他人感恩

微反应关键词 有句俗语叫"礼多人不怪"。现在我们知道，人们不但礼多不会"怪"，还会因此领我们的情，从而感激我们。就这样，只要你按着一些准则和技巧送礼，你会发现，得到一个人的好感，原来是一件简单的事。

送礼，看到这个词恐怕很多人会认为是中国人独创的。确实在中国民间，无论是喜事还是丧事，都要送些礼金聊表心意。

但是，送礼绝对不仅限于中国。在日本，中元节和岁末的主题就是互赠礼物，而西方人，则把送礼的时节选在圣诞和生日。生日礼物，其实就是西方传入东方的一种文化习惯。这种文化传入几乎没有遇到任何阻碍，第一时间就被保守的东方文化所接纳。

可见无论东西方，人们对于送礼的热衷程度都是很高的。为什么会这样呢？这里面有深层次的心理原因。这种心理原因，简单地说，可以用一个成语来概括：睹物思人。

在《红楼梦》里，平时不怎么做针线活的林黛玉曾缝过一对香囊，把其中的一个送给贾宝玉。后来林黛玉误以为贾宝玉把那香囊赠与小厮，于是气急，便把留在自己手里的那个香囊剪碎，差点和贾宝玉断交。之后，贾宝玉解释说香囊只是贴身放着所以看不见，这才让林黛玉回心转意。

一个小小的香囊，就闹出了这么大的风波，可见小礼物只要带着心意，便无比珍贵。当然，或许很多读者看到这里就会有疑问：那香囊不是黛玉给宝玉的定情信物吗？

是的，其实我们平日里送的小礼物，何尝不也是定情信物。只是香囊定的是爱情，我们的礼物定的可以是友情或亲情。

张月是一名南方女孩，高考考进了东北的一所大学，毕业后，她找了一份很不错的工作，留在了那座城市。一个南方女孩，留在文化差别很大的东

 第十三章　赢得好感的读心策略

北城市，起初有些不适应。她的父母最担心的也是张月会没人照顾。

但她的父母所不知道的是，张月根本就不需要被担心，因为在各方面她都做得游刃有余。

在事业上，跟她一起进入公司的一共有七名新人，只有她在两年里就被升职两次。

这让同时跟她进公司的很多人感到奇怪，因为这些人有的家里有些背景，有的则给高层领导送过重金，虽然搞过这些小动作，但大都只升了一级。更让这些人惊讶的是，那些被自己收买过的领导竟然跟张月关系比较要好。虽然大家不会因此记恨张月，但他们却对此大惑不解。

其实原因很简单，张月每年大概要回两次家，每次回家，她都会在家乡带一些家乡的特产回来送给领导。东西虽然算不上贵重，但至少很别致，都是东北人不太常见的东西。

这让几位领导很开心。

当她的顶头上司是一名穆斯林，而她带的特产是猪肉制品，她在杭州转机的时候，为此特地去朋友那拿了一些清明前龙井，送给顶头上司。所以她的上司们很喜欢这个小姑娘。

不仅仅如此，张月跟同办公室的同事处得也极为要好。原因也是她经常送一些小礼物。比如，东北的端午节有在手腕、脚腕上系五彩绳的习俗，而张月办公室的同事偏巧都是外地的年轻人，家长不在身边，所以每逢端午节也得不到什么相应的小物件。这时候，当张月见到有小贩卖五彩绳的时候，必然会买几股，自己留一股，剩下的送给她的同事。

虽然每次只是一两件节日小礼品，但却温暖着同事们的心。

张月每年的礼物预算，最多几百块钱，但换来的却是上司和同事们的真心喜爱。她和那些利用旁门左道送重金走关系的人截然不同。前者带着赤裸裸的功利心，有求于人，而张月则无求于对方，一切只是礼节和人情。

很多时候，我们把人情理解得过于功利，认为人情就一定是有所图。其实，人情只是挂念着对方，然后通过一种赠送礼物的方式表达出这种挂念。所以，赠送礼物的重点在于坦诚自然，切忌临时抱佛脚，在有求于人的时候送礼会适得其反。

除此之外，选择礼物时，也有一些注意事项。

第一，要搞清对方的忌讳，针对不同的人送不同的礼。

就像张月并没有给她的穆斯林上司送火腿一样。如果搞错了对方的忌

讳，也是一件得不偿失的事儿。

第二，要送一些感官上具有独特性的礼物。

东北没有腌制火腿的习惯，所以张月送给领导的火腿必然让对方觉得很新奇。而且火腿对于东北人来说味道极为奇特，又是非大量消耗品，每次做菜放一些就可以使菜产生一股奇异的香味，所以每次吃饭，他的领导可能都会不由自主地想到这个有礼貌的南方姑娘。

第三，礼物要抓住对方心理需求。

在年节期间，由于种种原因，同事们或许无法吃上粽子、绑上五彩绳。他们嘴上再怎么坚强，心里多少也会有些失落。所以送她们一些小礼物，一定会温暖人心的。

送礼本身没有什么问题，但是一些别有用心的人会利用送礼的机会做些违法的事情。所以，是哪一种结果完全要看你的主观意愿：是为了谋私利还是为了表达心意。如果你的意愿在于后者，那么请抛开一切心理负担，大大方方地送吧。

通过提问，赢取对方好感

微反应关键词 满足对方"好为人师"的愿望，以及被瞩目的心理需求。你要做的其实只是多问些问题罢了，这并不难做到，并且会取得很好的效果。

在上大学之前，我父亲曾叮嘱我：如果有任何专业问题没学懂，就直接去问教授。

我反问：教授会不会因此而感到反感？

父亲说：绝对不会，真正的学究们巴不得把自己的东西传授给其他人。

我上大学之后按照父亲的嘱咐去做，不到两个月，我就发现几乎所有的讲师和教授我都能相处得很好。

如今已离开象牙塔多年，才明白父亲的嘱咐，这实际上道破了绝大多数

第十三章 赢得好感的读心策略

人的一个共有的性格问题：好为人师！

所以，无论多小的人物，无论他有多少求知欲，都不妨碍他有很强的"被求知欲"。无论是谁，他们都希望自己的知识像蒲公英的绒毛一样传播。而满足了对方这方面的心理需求，也就能赢得对方的好感。

松下电器创始人松下幸之助就是通过一个问话，取得对方好感的高手。

一开始，松下的作坊很小，只能做电灯泡。当时跟着松下一起创业的，有不少是各电器作坊的熟练工。

松下除了经常和当时的伙伴一起辛苦工作外，还常常询问这些工人一些技术细节并且给予积极肯定。而工人们对松下的问题不但不觉得烦，反而很热情地为他解答。更重要的是，他的下属因此反而很喜欢他。

松下集团做大之后，松下幸之助同样没忘记怎样通过提问来让手下人喜欢自己。

每次他的员工来报告工作，松下都事无巨细地问个清楚。实际上他完全没必要问得这么详细。但他这么问，员工们却很享受，在一起讨论的时候常说：社长他总是让我们觉得自己是被需要的。

通过提问，松下幸之助获得了手下员工的好感，这不得不说是一项很厉害的能力。但是，很多朋友或许会提出疑问。松下幸之助主要活跃于20世纪中期，那么到了21世纪，这个办法是否还有效呢？

答案是肯定的。

为什么呢？

让我们把注意力从日本转到互联网上，你会看到无数的博客、各种社区的各种状态。很多类似"今天被领导批评，好伤心"、"老公给我做了鱼香肉丝，好开心"，等等。而社交网络巨头 facebook 的诞生，更是标志着人们几乎把自己的一切挂在网上与陌生人分享。

虽然，我们国家的法律对公民隐私的保护越来越完善，但人们却喜欢把自己的各类隐私大摇大摆地贴在网络上。晒幸福、晒生活等网络现象应运而生。

这其实显示了人类的一个共同心理需求：渴望被交流，渴望被瞩目，渴望自己的信息无限量的传播。

下面我们来讲讲政治家田中义一收买人心的方法。

田中义一有跟属下闲聊的习惯。

有一次，他去参加大藏省会议，其他内阁成员还没有到，所以他就跟坐在门口的传达员闲谈起来。谈着谈着，田中忽然问道："你父亲可好？"

传达员感到不解，然后答道："劳您挂怀，他身体还好，只是最近在札幌受了些寒。"

田中："哦，北海道的春风同样刺骨啊。望令尊早日康复。"

传达员充满感激地点了点头。

会后，田中的贴身侍者奇怪地问："阁下认识那人的父亲吗？"

田中摇了摇头："当然不认识，但每个人都有父亲不是吗？"

虽然田中老奸巨猾，又是军国主义先锋，但这种通过巧妙提问，来温暖人心的技巧，确实是我们需要学习的。

聆听的同时表达欣赏，收获好感易如反掌

微反应关键词 人们在执着于"表述自己的观点时"，往往忽略了对其他人表述观点的时候的态度。更有人认为这只是礼节性的，只要听懂对方的话就行了。实际上，这种想法大错特错，一个好的聆听者能得到的好感，往往比一个好的赞美者得到的更多。

在社交场合中，最直接赢得好感的方式，莫过于积极的肯定对方。而在对方发言的时候，这种积极的肯定，更多的体现就是——聆听。

很多人认为聆听的人只是信息的接受者，是被动的一方，是无法左右发言者情绪的。其实不然，一个好的聆听者会让说话者产生巨大的愉悦感，而发言者必然会对聆听者产生好感。所以，做一个好的聆听者，同样会赢取对方的好感。并且在聆听的同时，我们还要表达出自己欣赏、赞同之意，而表达欣赏，需要一些技巧，其中，一部分是肢体技巧，一部分是语言技巧。

我们所说的语言技巧，其实可以理解为一种信息反馈。一个人向另一个人表达想法的时候，即使不需要对方回答，也需要对方的反馈。试想，如果某人对我们说了一大堆话，而我们巍然不动，那么，他一个人如何把话题继

第十三章 赢得好感的读心策略

续进行下去呢。

所以，恰如其分的信息反馈，能够维持发言者的正面心态和继续说下去的动力：一个人说"我饿了"，那么他需要的反馈就是"想吃点什么"。当一个人说"来一趟我的办公室"，那么他需要的反馈就是"马上，先生"。

当一个人表达某种意见时候，他希望反馈者反馈的信息至少是正面的。他一旦收到了负面的反馈信息（往往体现为否定甚至苛责），那么其心理波动会非常大。所以一个好的聆听者，必须坚守一条原则：不要直接反对对方。

在一次教师聚会上，几名教师讨论教学心得。很快大家就谈到所有人都头疼的"差生"问题。而主要的发言者是A老师，他和B老师交换了意见。

A老师是这次聚会的核心，是其他老师的领导，这次聚会，可以说众人是围着他转的。大家都希望A能多发表一些意见，从中学到一些东西。他说：我的字典里没有"差生"这个词，所有的学生都应一视同仁。

而B老师是优秀的年轻教师，他则认为，把学生分成"好"、"中"、"差"三个水平，然后给予不同的教育待遇和教育资源，因材施教，才是解决"差生问题"的好办法。

两个人的观点完全是对立的，搞不好就会引发一场激烈的争论。但聪明的B老师没有直接反驳A老师，他这样说："A老师的这种没有差生的情怀，实在让人肃然起敬。但可能是由于我的性格太极端和太直接，所以对于很多成绩差的学生无法适应。不如把他们放在一起，看看有没有别的才能。"

B的话马上引来了其他老师的附和，也让A老师听得频频颔首，A老师继续说："B老师谦虚了，你的成绩我们有目共睹。你说的情况呢，我确实没有考虑到。确实教师们的性格不同，所以不能一味地把某种方法订立为最佳方法。我谈谈我这些年的教学经验，大家看看有没有什么意见或建议……"

接下来，A老师又谈了很多宝贵的经验，B老师和其他老师自然交口称赞。通过这次会议，年轻的教师们也从A老师那里学到了很多。

文中的B老师就是个优秀的信息反馈者。虽然他不赞成你的话，但却作出欣赏对方的架势，实际上却反驳了对方，表面上丝毫看不到这个意思。这堪称聆听的最高境界了。

其实信息反馈的宗旨很简单：不管你有没有认真听，都要让对方觉得你在认真听；不管你赞不赞成，都要让对方觉得你是赞成的。只有这样的聆听者，才有让讲话者继续讲下去的欲望。

除了用口头语言反馈之外，身体语言反馈也很重要。

一次能让对方产生愉悦感的好的聆听，必须要做到"用全身去听"。

你要面带微笑，然后对于对方所表达的观点频频点头。当然这种点头是有机的，要根据对方说话的节奏来把握。

你的身体最好前倾，角度不要太大，把握到让对方觉得你很认真地在听他的话即可。

对于目光直视对方这一点，很多人认为交谈的时候始终直视对方的眼睛会让对方感觉好，这是个误区。因为自始至终的直视会让对方产生较大的心理压力，而且一次好的聆听，你要表现得时刻在思索对方的话。

适当降低自己的身份能赢得好感

微反应关键词 人际交往中还要注意他人的嫉妒心理，这也是人们普遍存在的一种心理，所以你不要事事都表现得比他人强，招人嫉妒；但也不能事事都比他人弱，引人鄙视。你需要适当放低姿态，让对方觉得他也有你不具备的优点，你们的关系才会良性发展。

生活中，每个人都想成为万众瞩目的焦点，但社会竞争的潜规则却告诉我们：树大招风。如果你处处显得比他人优秀，争强好胜，那么你往往会成为众人的靶子，因此，更多的时候，你应该学会放低姿态。

的确，无论在生活中还是工作中，如果能够得到大家的喜欢，那么我们将一帆风顺。在工作中能够左右逢源，每个人都想做到这样。但要想被别人喜欢，我们就要放低自己的姿态，这样，大家才会接受你。如果你始终把自己放在一个高高的位置上，那么不管你如何努力，别人也会排挤你，甚至远离你。

单成辉出身名校，顺利进入了一家大型企业，因此，他对自己的职业发展前景充满了期待。而他自身能力也比较出色，所以销售业绩快速提升，深受领导的器重。

第十三章 赢得好感的读心策略

在工作中单成辉勤于观察，善于思考，很快他就发现公司存在着诸多弊端，于是他经常向销售主管反映，但主管的回复总是冷冷地："你提的意见很好，我会在下次会议上针对你说的问题让大家讨论。"但是等到下次会议的时候，主管并没有将他的意见提出来让大家讨论。

因此，单成辉对主管感到非常不满，他决定自己去竞争主管的位置。在公司的年终总结会上，单成辉说了自己的想法，并且建议公司实行竞争上岗的制度，"能者上，庸者下"。单成辉的意见刚说出口，整个会场就变得鸦雀无声、一片寂静。总经理表态肯定并称赞了他的想法，认为非常有新意，符合这个社会的竞争趋势，但是并没有针对他的意见深入讨论。

会议结束后，单成辉发现大家看他的眼光都变了。那些原来很要好的同事也对他敬而远之，主管对他更是冷言冷语。更令单成辉大惑不解的是，竟然有人在总经理那里打报告，说他收受回扣、违规操作、泄露本公司的机密等等。迫于这种压力，最终单成辉只能选择了辞职。

单成辉无疑是一个有能力的人，但他为什么最后失败了呢？其实就是因为他过于锋芒毕露，成了出头之鸟，从而成为众矢之的。他总认为只要自己的能力强，那么一定能够得到大家的尊重，但事实却恰好相反。所以说，能力强是一个好事情，但我们更要懂得放低姿态，毕竟职场不是你一个人的天下，你还需要和周围的同事保持良好的关系。

钱鑫是某国企的一名新员工。因为是技术人员，所以大家都很关照他。这年夏天，公司总经理周经理要去省里参加一个关于科技方面的会议，因此，把懂科技的钱鑫带上了。

在会议期间，钱鑫对周经理照顾得可谓是无微不至：在宴席上挡酒，在会议中当翻译，口渴时倒茶，天热时送上风扇，这让周经理对钱鑫多了一层看法。回来不久之后，周经理就把钱鑫提拔为自己的秘书。

钱鑫当了秘书后，发现周经理酷爱下象棋。根据周经理的脾气，钱鑫既不能胜他，以免背上骄傲自满的罪名；也不能轻易让他取胜，使他认为自己没有本事。于是，周经理和钱鑫下棋，竟然成了一种乐趣。每逢有人和周经理提起他的秘书，周经理就说："人聪明而不骄傲，难得。"很快，钱鑫就被提升为经理助理。

在职场中，如果你发现自己的上司在某些方面不如自己的时候，放低姿态显得尤为重要。毕竟你还是他的手下，太过于锋芒毕露，难免会让他觉得你超过了他的智慧和判断力，打击了他的自尊心。

我们每个人都有自己的野心，但是不要将你的志向和目标轻易表露出来。如果你想获得大家的支持，那么你就要学会放低姿态，这才是我们打造人际关系的大智慧。

巧妙发掘并不断扩大与对方的共同点

微反应关键词 "一起扛过枪，一起下过乡"，有共同点的两个人在一起注定会惺惺相惜，关系马上就会变得很亲密。所以，想获得他人的好感，就要有意识地去寻找你们之间的共同点并展现出来，这些共同点可以是共同的爱好、共同的经历、共同的愿望，等等。

我们都知道，如果能够找到两个人之间的共同点，这两个人就可能生出"同病相怜"的感觉，这样他们就会彼此喜欢或者吸引。也就是说，只要我们懂得投其所好，不断扩大自己与对方的共同点，迎合别人的兴趣，那么，就能让别人对自己产生好感。否则，与别人接触起来就比较困难。

一个人如果只顾自己的喜好，总是热衷于自己感兴趣的事情，不顾及别人的感受，那么，他和别人之间就会存在很大的障碍，这样交往就无法继续下去。不管什么时候，都要找到与对方的共同点，投其所好，这样才能赢得对方的好感，进而实现你的目标。要想让别人信任你说的话，让别人认可你的想法，并按照你的想法行事，那么首先需要人们对你或者对你的想法产生正面的积极的情感反应。因此，投其所好，你会发现很多事情都会变得非常简单。

有一个球迷和一个歌迷两人是邻居，本来是不错的朋友，可是有一天，球迷刚刚欣赏完一场球赛，兴奋不已，于是，他准备出门散步。在散步的过程中，他遇到了这位歌迷朋友，正好，这个歌迷也刚欣赏完一场演唱会，也很兴奋。于是，两人一见面，都迫不及待地想要诉说自己的喜悦和兴奋。

球迷开口说："你看世界杯了吧，真是太精彩啦！"歌迷说："我刚看完演

第十三章　赢得好感的读心策略

唱会，简直太棒了！"球迷又说："马拉多纳的脚法真棒！"歌迷却说："真是很棒！麦当娜的嗓音真好！"球迷接着说道："马拉多纳有一脚球传得略高一些……"歌迷却回答："一点也不高，那种声音真是让人流连忘返。"

这时，歌迷一时激动，边说边唱起来。这下，球迷生气了，对歌迷说："演唱会一点儿意思都没有。"一听这话，歌迷不高兴了，立即反驳道："足球赛才没意思呢，满场人围绕一个球在跑，太没趣！"就这样，他们开始争吵起来。从那以后，这两个人每次见面总是苦大仇深，相互瞪眼。

人们普遍都有"同病相怜"的心理，喜欢那些与自己在某一方面相似的人。如果我们能够抓住这个心理特点，就很容易打动别人的心，得到别人的认同。你要投其所好，跟对方谈论他最感兴趣的、最喜爱的事物，调动你的智慧和才能，向别人发起心理攻势，直到让对方认同你。如果你学会了这个方法，那么，对方就会离你越来越近。

要知道，每个人的性格都不一样，而且每个人的兴趣也不可能都一样。那么，怎样才能找到双方的共同点，怎样才能做到投其所好呢？

◎ 善于倾听对方的想法

善于倾听对方的想法是投其所好的首要条件，如果你不去倾听他的想法，那你怎么可能知道他喜欢什么？只有了解了别人的需求、期望，才能投其所好，而这些都需要通过倾听去获得。很多人只喜欢说而不喜欢听，一味把自己的爱好强加给别人，这样的人不管走到哪里，都是不受欢迎的。

如果你能专注倾听别人说话，自然可以了解到对方心理需求，这时你才能集中心力去满足他的需求，然后才能解决问题或发挥影响力。

不愿倾听，就无法与别人进行顺畅的沟通，会影响到人际关系。通过倾听，双方的思想可以互相交流和融合，这样，更有利于别人说出内心的问题、想法、意见和要求。而你就可以针对别人的意见和要求作出相应调整，从而做到更好地与别人交流与沟通。

◎ 找到对方感兴趣的东西

一般情况下，如果当你向对方说出自己的想法时，他们不在意，没认真听，只是专注于他们自己的事情，你就应该尽快停下来，并找出他的兴趣所在，或者让他发表自己的意见，把他的注意力吸引到你这里来，交流继续下去。找到双方兴趣上的共同点是很重要的。只要对方对你所讲的东西有兴趣，你们之间的交流就会融洽。因此，要先满足对方的想法，引起对方的兴趣，激发对方的好感，这样才能事半功倍。

在人际交往中，如果我们想获得对方的支持，就要适当地运用"同病相怜"的心理，先拉近彼此的心理距离，然后再提出自己的想法，这样就容易获得对方的支持。

第十四章

获得信任的读心策略

　　谁都希望自己的合作伙伴是个负责任的人,但想让别人这么认为自己,似乎有点难度。而实际上,根据不同的情景和对方性格,也有一些捷径可以让我们快速获取信任。

第十四章 获得信任的读心策略

同步意识：保持同步，影响对方潜意识

> **微反应关键词** 人们总是对和自己有相同之处的人有莫名的好感，而这些相同之处，完全可以从语调、对话的内容和动作等方面体现出来。我们所需要做的，就是主动抓住这种"同步"来为自己创造更好的机会。

位于科罗拉多州的 ADX 监狱，是美国著名的第一大监狱。关在这里的案犯，大多都是罪证确凿并且犯罪情节恶劣的重刑犯。关于 ADX 监狱，在美国还流行着一句俚语："进了 ADX，这辈子就再难有出头之日了。"

毫无疑问，担任这种监狱中犯人的辩护律师是一件非常艰难的工作。

在委派珍妮去帮一个二次越狱被抓获的犯人辩护时，就连律师所的所长都没有抱太大希望。

"早上好，先生。如果您希望在这次的审判中能够获得从轻判决的结果，那么请配合我，谈一谈这样做的原因。"在隔离室里，珍妮这样对自己的委托人说道。但是这句套话并没能起到应有的效果，犯人只是抬了抬眼皮，轻轻哼了一声："有什么区别吗？"

"有什么区别吗？"珍妮将犯人的这句冷哼轻轻重复了一遍，"我们都知道，想要从 ADX 越狱可不容易，被发现的几率高达 95% 以上。如果被再次抓住的话，那等待你的就是无限期的延长刑期。我看了你的档案，并不是无期，只是十五年的有期徒刑，现在已经过去了快十年的时间，为什么在这时候要再次越狱呢？"

"就算告诉你了又怎么样？"犯人双手揉搓着额头，显然心情十分糟糕，"你能满足我的愿望吗？你能把我从这儿弄出去吗？"

"很遗憾，先生，这一点我大概办不到。"珍妮也皱起眉头，用手轻轻揉着额头，"不过，你可以说一说你的愿望，说不定我可以帮你办到。"

"这是不可能的。"说完这句话之后，犯人就扭过头去，显然是不打算再

跟珍妮交流了。

然而，珍妮并不气馁。

"说起愿望来，可真是一个美好的词呢。我记得小时候，最大的愿望就是能够在圣诞节时得到一辆三轮的脚踏车。我把这个愿望写在纸条上，放进床头的袜子里，结果，第二天真的有快递员把它送上门了……"

犯人并没有搭理珍妮的自言自语，但把脸转了过来，深深地埋在自己的臂弯里。

"长大之后，我的愿望就是当一名优秀的律师。可是做到这一点并不容易，要知道，一个好律师必须要站在自己为之辩护的那一方，绝对不能掺杂进自己私人的感情。"珍妮微微叹了口气，"可是很多人就像你一样，他们不相信律师。所以，想要实现这样的愿望很难呢，但这也是我父亲的愿望啊！"

"是这样的吗？"犯人在臂弯中发出瓮声瓮气的声音。

"所以说，即使你今天不让我实现我的愿望，我也想听一听你的愿望。之所以叫做愿望，是因为要说出来才可能实现啊。"

被珍妮的这番话触动了心扉，犯人终于低低地哭泣起来。最终，他坦白了自己为什么两次越狱的原因。原来，他的老母亲住在乡村的农场里，而她最大的愿望就是儿子能够出人头地。他一直没敢将自己因为盗窃罪而入狱的消息告诉她，就连平时的信件也是委托朋友寄给母亲的。

可是，就在一个月前，朋友带给他母亲病危的消息，她希望在临终前见自己一面，他这么想着，但是又不希望在申请后遭到驳回，或是被囚车押解着去见母亲，所以，才出此下策。

越狱的原因最终得以明了，在珍妮的努力下，法官也法外开恩，允许这名犯人在警员的看守下便装去探望母亲。

这是一个让人感动的故事，也是一个真实的故事，发生在1994年。

回头看珍妮说服犯人的过程，我们不难发现：她除了动之以情、晓之以理之外，还用到了一个心理学的策略，这个策略的定义就叫做同步意识。

所谓的同步意识，与它的字面意思一样，是指人们利用与交谈者保持相同的节奏、语调、说话的心境等，利用这种协调感来影响他人的潜意识，让人觉得安心，可以亲近，从而达到接近交谈者、得到他的信任的目的。

每个人都会喜欢与自己步调一致的人，这是人类与生俱来的本性。那些能够配合自己的手下，能够理解自己的上司与朋友，都会更容易被自己所接受并喜爱，这正是同步意识所起到的效果，也是吸引力法则的特殊表现。

第十四章 获得信任的读心策略

在上面的案例中,珍妮运用了表达同步意识最显著的一个技巧,叫做同调语言。模仿对方说话时所用到的词语或是口头禅,并且多次重复强调,这对于打开对方的心扉具有强烈的促进作用。

珍妮所强调的同调语言,正是"愿望"两个字。通过多次重复"愿望",她才能够逐步瓦解犯人坚固的心理防线,让他从心底接受自己。

除了模仿语言之外,模仿肢体动作也能够引起对方潜意识的好感。在谈话过程中,做出与对方相同的姿势或是动作,让对方产生"照镜子"一样的感觉,从而不自觉地产生亲近感,这也是能够让对方在潜意识里觉得安心和开心的办法。

所以,想要获得一个陌生人、甚至是对自己有戒备的人的信任和好感,并不是毫无办法的。只要能够巧妙地运用同步意识,模仿他说话的方式、节奏、心态和动作,就能够轻松做到。

赢得信任法:点破对方不为人知的一面

> **微反应关键词** 每个人内心深处都隐藏着不为人知,又渴望被他人所了解的一面。如果你能够看到这一面并说出来,那么瞬间就可以赢得对方深切的信任。

美国著名的营销专家特德·维莱特一次在接受媒体采访时,曾经说过这样的一句话:"说起'对付'那些新顾客,走进他们心里的技巧,我一般用到的只有一个,那就是尽量拣他们没有表露在外的优点来夸赞。这很容易让他们觉得我与众不同,从而对我另眼相待。"

他不仅是这样说的,也是这样做的。有一次,他去拜访一位出了名的脾气直率的百万富翁,当时那位富翁正在举办一个酒会,对他并没有过多理睬。

酒会上,每一个人都在恭维那位富翁,赞美他出手阔绰,能力超群,甚至连他新婚的年轻的妻子也被列入了奉承的对象之中。但是很显然,这位富翁对于类似的吹捧已经听得太多了，所以根本不放在心上。

维莱特走上前去，向那位富翁举起手中的酒杯，说："一直都听说您是一个说一不二、雷厉风行的人，但是没想到您的眼光却如此独到，简直是心细如发呢。"

"哦？何以见得？"富翁被维莱特的话勾起了兴趣。

"如果我没有猜错的话，这次用来宴客的酒品是来自于德国的冰果酒吧？这种酒虽说没有法国的波尔多红酒那样出名，但在口感和价格上更胜一筹，因为它是在零下八摄氏度的环境下采摘结了冰霜的葡萄所酿造成的，喜欢喝这种酒的人无疑有着独特的品位。"

见富翁眼睛一亮，维莱特知道自己说对了，于是接着说道："就连这次酒会所用的酒杯，也不是普通的玻璃杯呢。德国的圣维莎水晶杯能够更好地保持冰果酒的原味，如果不是心细如发，又怎么会了解到这一点呢？我想，您之所以能在商业领域里取得如此的成就，并不仅仅在于您的果断，注重细节也是关键性的一点吧？"

这番话简直说到了富翁的心里去，这么多年来，人们看见的总是他雷厉风行的一面，从来没有人注意到他的细致入微。如今，好不容易出现了这样一个人，他怎么能不感到兴奋呢？

就这样，维莱特不费一兵一卒，就轻易地取得了富翁的好感，跟他成了好朋友。

在这里，维莱特所用到的心理策略，叫做巴纳姆效应。这个效应源自于1948年著名的心理学家巴纳姆·福瑞尔所做的一个实验。他让一批学生参加了一个性格诊断测验，然后将从街边买来的杂志中拼凑的几个句子发给他们，告诉他们这是测验结果。令人惊奇的是：学生们认为测验报告的准确率高达86%，甚至有41%的学生认为"完全符合自己的性格"。

之所以会产生这样的效应，与人类对自我的了解程度分不开。每一个人的性格都不是一面的、单调的，而是复杂而矛盾的纠结体。一个人除了平时表露在外的一面外，一定还有着不为人知的一面。而这一面一旦被人看出并指出来，就代表着观察者是深入且用心地观察自己，被观察者就会放下所有的防备，由衷地产生敬佩和信任的心理。

在日本，许多有名的算命师，都深谙巴纳姆效应的精髓。

下班时间到了，但仍有一位客人敲开了算命师办公室的大门。

"你最近过的不太顺吧？"当那位西装革履、满脸疲惫的算命者进入房间

 第十四章 获得信任的读心策略

时,算命师这样淡淡地问道。

"是的。"算命者点了点头。

"最近觉得压力很大,那件事压得你喘不过气来吧?"算命师的眼睛像是能够看穿算命者的心一样,紧紧地盯着他。

"没错。"见算命师猜中了自己的心思,算命者顿时吃了一惊,但很快平复下来,"最近工作上的压力很大,有时候都觉得自己快要疯掉了,但是领导还是不断地指派任务下来,我是元老级的人,得给下面的人做榜样……我不知道是该这样隐忍下去,还是提出抗议……"

"其实你心中已经有了一个主意了,但还是没有下定决心,对吧?"算命师缓缓地说道,"虽然你看起来很成功,但实际上却过得很累,身为一个人,谁都难免偶尔有懈怠和懒惰的心思。不过,你却能很好地克服它,克服所有的困难,这只是需要一段时间,一个过程。你的脆弱与失落只是一时的,只要你坚信,一直存在于你心灵深处的坚忍不拔的精神,会帮你克服所有的逆境。"

"我明白了。"

虽然算命师并没有明着说什么,但是算命者的脸上已经露出了自信的笑容。他由衷地感谢了算命师,抬头挺胸地走了出去。

这位算命师看起来像是"神机妙算"。但实际上,这过程并没有那么玄妙,她只是善于观察总结,从算命者的穿着、表情和话语中得出他不为陌生人所知的性格特点,再一语中的而已。

从这些发生在身边的例子中,我们可以了解到:如果能让对方说出隐藏在表面现象下的另一面,能够取得多么大的效果。

但是,想要准确地说出对方不为人知的一面,并不是那么容易的事。除了要注意观察、从细微之处揣摩之外,还有一个翔实而有用的技巧,那就是谈论"矛盾"的一面。

一个人如果外在看起来很坚强,那么在某些特定的环境里,一定会有脆弱而疲惫的一面;一个人如果看起来很精明很会赚钱,那么一定也会有大方不计较的一面;一个人如果总是乐天知命的模样,那么一定也会有忧郁无助的时候。

这些与表面现象截然相反的一面,也许连他本人都没有认真地总结过,如果能被你提出来,那么一定会产生令对方惊喜的效果。

私密效应：用无伤大雅的小秘密换取对方信任

> 微反应关键词 "其实，我有个秘密……"无论是谁听到这样的话，都会竖起耳朵来想要听个究竟吧？当吸引了对方全部的注意力时，私密效应就在不知不觉中展开了。

闺蜜之间的悄悄话，大学同窗间心照不宣的笑容，我们每个人都有不为人知的秘密。而这些秘密，可以告知的必然是极受信任的好朋友。而私密效应，正是这种人之常情的反应。也就是说，如果你将自己的秘密告诉另一个人，那么就代表着你很信任他，对方在接收到这种讯息的同时，由于潜意识里产生了相互回报的心理，就会在不知不觉中对你予以极高的信任。

这种具有主动性的心理学策略，如果运用恰当，可以解决许多平时让人束手无策的问题。

精通心理学的小安新跳槽去了一家证券公司，在事业上倍感压力的同时，小安在人际关系上也感到了前所未有的孤立。办公室的同事大多是男性，唯一的一个女性员工小莉，也就是经理的秘书，还对她抱有莫名的敌意，处处针对她，百般刁难。

为了改善这种状况，也为了弄清楚小莉为什么对她抱有敌意，小安在周末时专门约她出去吃饭。

来是来了，但小莉的脸色不比在公司时好多少。她冷冰冰地往座位上一坐，"你究竟有什么目的？有话赶紧说！"

"也说不上是什么目的啦。"小安叹了口气，"我只是有点烦恼，想找人说一说。你也知道，我家是外地的，在这儿没有什么朋友……"

"哦，是什么样的烦恼呢？"见小安欲言又止的样子，小莉稍微提起了一点儿兴趣。

"我一直喜欢一个人，是我的大学同学，可是我没跟他表白过。但最近，

第十四章 获得信任的读心策略

我遇到了他,原来他就在离我们公司不远的另一个公司里工作……"

"这就是传说中的缘分啊!"小莉对这件事的反应大大出乎小安的意料,她跳了起来,抓住小安的手,"像这样的机会,一定要好好抓住!有什么我能帮得上忙的,一定要告诉我……"

就这样,小莉对小安的态度来了个180度大逆转,没过多久,两个人就成了无话不谈的闺蜜。后来,当小安问起小莉为什么在一开始那样针对她的原因时,小莉才不好意思地道出了实情。

原来,小莉之所以会在证券公司里做秘书,完全是因为仰慕身为经理的学长;而小安初来乍到,经理当然给予了特殊的照顾,这在小莉看来,就成了小安伺机抢夺经理的表现。

在现实生活中未必会有如此凑巧的事情——我们所想要倾诉的秘密,恰好就是对方的心结所在。但是,从上面的例子中,我们不难看出:小莉之所以会对小安推心置腹,将自己的秘密告诉她,完全是因为小安用自己的秘密换取了她信任的缘故。

实际上,每个人都期待被他人信赖,在他人找自己倾诉时,"被信赖"产生的自尊心就会得到满足。而如果倾诉者所说的是自己不为他人所知的秘密时,这种满足感就会上升到顶点。对于满足自己自尊并让自己产生愉悦的人,人们总是不吝惜付出自己的好感与信任的。

因此,如果想要取得他人的信任,却又不得其法的时候,不妨运用一下私密效应。有时候,说出一些没有利害关系的小秘密,或许就可以扭转大局呢!

缺憾效应:坦诚自己的缺点,能获取更多信任

> 微反应关键词 "既然太阳上也有黑点,人世间的事情就更不可能没有缺陷",车尔尼雪夫斯基曾经这样说过。缺憾人人都有,捂着藏着反而会更加引起别人的注意,拿出来换取他人的信任,是一个不错的做法。

拿破仑是著名的法国近代军事家,被人称为奇迹创造者。他一生中曾经指挥过大大小小60多场战役,是欧洲公认的战争之神。

然而,这样伟大的人物也有着自己的缺憾。据《拿破仑传》里记载,他的身高是159.5厘米。其他书籍中也提过,拿破仑的身高是5法尺2法寸,换算出来不足170厘米。这两种说法究竟哪一个正确,至今还无人考证。但我们可以了解到的是:拿破仑的身高确实是他一生的遗憾。

有一次,拿破仑在召开记者招待会时,曾被一个英国的记者问到了这个问题:"尊敬的拿破仑先生,您对于身高有什么看法?"

拿破仑周围的随从都变了脸色,大家都知道拿破仑因为身高问题而耿耿于怀。但如果在这个时候大发雷霆训斥记者,那么一定会被记者们大肆渲染,并失去各国媒体的信任与支持。

拿破仑自己也深知这一点,他想了一想,微笑着说道:"其实上帝给予每一个男人的身高都是180厘米,我只不过把其中的10厘米用来增加智商了。"

"那还有几厘米呢?"记者穷追不舍。

拿破仑笑了笑:"我把它加在男人该增加的部位了。"

众记者心知肚明地相视一笑,都为拿破仑的机敏睿智而折服。

很多人对于自己的缺点总是习惯于掩饰,认为"精明能干"和"完美无缺"才是最好的形象。殊不知,世界上并没有一个人是完美的,即使是伪造出完美的光环,也只会让他人更疏远你而已。很多心理学家都认同这样的看法:太过完美的人往往看起来不好亲近,只是因为站在他的身边会令人产生自卑感,因此会被大多数人所排斥。

相对的,有缺点、不完美的人,才更容易与他人亲近,获得他人的信任,这就是缺憾效应。

美国密西西比大学的朗格博士曾经做过一项调查,他发现:那些事先相互坦承了自己的缺点的情侣,分手的几率比那些极力在伴侣面前表现出自己最优秀一面的情侣要低得多。这正从侧面证实了缺憾效应,并且,为我们揭示了如何运用缺憾效应的心理策略。

说起帕丽斯·希尔顿,我们所能想到的大多都是性感、多金、浮夸这样的名词。但是很少有人知道:这位第一富豪女也曾去福利院做过义工。

在刚一踏进福利院的大门时,希尔顿就被那里的小朋友给了一个下马威。

"听说你曾经坐过牢。"一个小女孩怯生生地说,"老师告诉过我们,坐牢

第十四章　获得信任的读心策略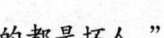

的都是坏人。"

希尔顿的经纪人脸色变了，他向福利院的人打过招呼，不希望他们触怒这位大小姐，可唯独没有想到，提出这种问题的会是被他所忽视的小孩子。

出人意料的是，希尔顿并没有发火，而是蹲下来，和颜悦色地告诉那个小女孩："姐姐并没有做坏事，只是因为太想开车兜风了，没有管住自己的爱好才被处罚的。小朋友们如果犯了错误，不是也会被老师处罚吗？"

"说得对啊。"听她这么说，小朋友们围了过来，"如果因为玩耍不小心打坏了东西，还有可能被关进小黑屋呢！那大概就跟坐牢差不多吧……"

一个令人尴尬的问题，换来了孩子们对她的热情与信任。看着围在她身边的孩子们，希尔顿的经纪人抹了一把头上的冷汗。

俗话说："人无完人，金无足赤。"就算是再富有、再成功的人，也会有缺憾。这种缺憾一旦被人提出来，立刻辩驳并反目相向只是愚蠢的做法，那只会让人看出你的浅薄易怒与无知。

所以说，与其等人家慢慢发现并指出你的缺点，不妨在一开始时就坦诚相对。这样一来，就算是留下了不好的印象，也总比无法收场好。此外，因为能够正视并坦承自己的缺点，你也会给人留下"这个人很诚实"的感觉。

当然，一味地强调自己的缺点也是不可取的作法。正确的作法是，在坦承缺点的同时，也要展现自己的优点所在。

比如，你如果向上司坦承缺点时，不妨这样说："我这个人做事的速度会稍微慢一点，但是相对来说，我比别人更注重细节。"

这样一来，即使是日后因为速度的问题而让上司产生了什么不快，他也会因为你预先打过招呼而网开一面。另外，你"比别人更注重细节"的优点，也同时深深印刻在他的脑海中了。

再比如，如果想向别人介绍一个长相平凡的朋友，那么应该这样说："那个人虽然其貌不扬，但是为人诚恳老实。"这样一来，因为预先打了"预防针"，其貌不扬的缺点也就会被最大限度地容忍。

因为前一部分话语的真实，由于人们具备一个固定思维，所以，总会认为后一部分话语也是真实的。于是，不用多加说辞，他"诚恳老实"的特性就已经深入人心了。

两面呈现法：用小缺点掩盖大缺点，更易获得信任

> **微反应关键词** 用小缺点掩盖大缺点，用小缺点获取信任获取好感，缺点大小的衡量标准不取决于你，而在于对方。也就是说，你眼里的小毛病或许在对方眼里是大毛病，所以，在选择毛病时，一定要弄清对方的看法。

北卡罗来纳大学的消费者行为学研究室，曾做过这样一个实验。

他们随机抽取十种学生们比较常用的商品，其中有笔、复写纸、小型打印机等等。

然后，他们把这十种商品依次向电气工程专业的学生，和人数与之相近的哲学专业的学生推销。但推销的广告词却不一样。

比如，推荐第一款商品——笔的时候，给电气工程专业的学生的推荐语几乎都是这种笔的正面评语：这种笔书写流利、价格便宜、造型美观。

而同时给哲学学生的推荐语却说了一些小瑕疵：这支笔很便宜，设计和书写也都很棒，但由于材质问题，难以承受高强度打击，所以请不要把这种笔摔在地面上。

而推荐第二款商品复写纸的时候，则刚好把这种推广语风格对调。给电气工程学生的推荐语带了一些瑕疵，而给哲学学生的推荐语则近乎完美。

就这样，每种商品两种不同的推荐语，穿插交替地把十种商品推荐给学生们，并且只推荐一次。

一个月后，十种商品全部推销完毕，而计算卖出结果的时候，推销语略显瑕疵的商品，明显比尽善尽美的商品卖得好。

我们讨论一个较大的问题，什么样的人容易取得信任？或者说，你更愿意相信什么样的人？关于这个问题的答案，我相信所有人都会选择一种人——诚实的人。

是的，怎样算是诚实呢？自然是不说假话，有什么说什么。但实际上，

 第十四章 获得信任的读心策略

有时候就算是说了实话,也未必能得到他人信任。所以说,想要做一个令对方信任的人,重要的不在于你问心无愧,而是让对方认为你磊落诚实。

然而,当你对自己,或对自己有利事物作评价的时候,如果光说好话,不说坏话,虽然可以掩盖住你的缺点,但想要获取信任,就不那么容易了。要知道,一切人和事物都有缺点,光说好话,很难取得对方的信任。

那么,我们该怎么办呢?

北卡罗来纳大学的实验给我们指明了方向:只说一部分缺点。

自暴缺点,任谁看来都是个"实在人"才会做的事儿,而且,你自暴的缺点会成为别人的焦点,而你身上的其他缺点便会因为灯下黑效应,变得不那么明显。

劳伦·马尔科斯是一名真正意义上的老好人,他也并非谁都不得罪,而是大家愿意相信他,真心喜欢他。

他是一个房屋推销员,在他的销售公司,他已经连续七年业绩第一。当年,没读过大学的他来到了费城这家最好的房屋销售公司,如果按照要求,这样的公司不会招收他,但劳伦凭借着强大的语言能力,一路杀进面试。

面试主考官是公司总裁,他分别问了仅剩下的三名应聘者同样的问题:能说说自己的缺点吗?

第一位很自信,说自己没有缺点,于是他走了。

第二位很谨慎,很认真地把自己从幼儿园开始的劣迹,如基督徒告解一般合盘托出,还没说完自己就哭了鼻子。

劳伦是第三位,他听到这问题,并没有丝毫紧张,看了一眼总裁右手食指和中指之间的焦黄色,马上回答:"我有烟瘾!"

总裁震惊:"你这么大的孩子怎么有烟瘾?"

劳伦:"我十三岁就学会抽烟了,我知道这样不对,但我改不了,不知道为什么就是改不了。如果公司不能抽烟的话,那么我得说我很遗憾了。"

总裁:"不不不,我欣赏你的坦诚,理解你的处境。好的,你被录取了。"

他卖房子的时候,绝不像其他销售员那样喋喋不休地只说房子有多好。如果是介绍一幢靠近公路的房子时,他说:"这房子很大,采光合理,有独立的园子。旁边是公路,进城方便。这条路如果你走过你就会知道,车并不多。当然,也有一些缺点,由于这一带土壤潮湿,所以适合养花,但临到初夏会有将近一个月时间湿度很高,需要多通风才行。"

顾客想到这么好的房子只有这么一个缺点,便掏了腰包买了房子。

其实，这房子最大的瑕疵是：离这里不远有一个国民警卫队的军营，大兵每天早起集体跑步会路过这里，经过这座房子的时候，刚好会喊一些集体口令。所以，在这里住的人必须每天早起了。

劳伦的妻子，其实也是这样被他"骗"到手的。十九岁那年，他的事业开始上升，认识了漂亮的女孩丽萨。猛烈地追求后，两人决定在一起，丽萨说：你收入不错，长得又帅，又不酗酒，难道你没有缺点吗？

劳伦："当然有，我是个烟鬼。除此之外，我还是个足球迷。美国大联盟太没劲，我只看英超和欧冠，而欧洲跟我们隔着大西洋，所以……难免作息不正常。你能谅解吗？"

丽萨想了想："每天都这样？"

劳伦："不不，每周只有两三天，我保证。"

丽萨："好吧，我答应你，你可以看球！"

其实丽萨不知道的是，如此完美的劳伦自然是个招蜂引蝶的小伙，而且他又很花心。不过好在劳伦也不只会耍小聪明，在丽萨给他生下第一个女儿之后，二十四岁的他跟所有的情人断绝了关系，成了一个真正顾家的男人。

其实劳伦能够取得成功，就是因为他洞察了人们接受事物的习惯——不相信有完美的事物。也就是说，无论是人还是事物，多多少少都有瑕疵，只是有些瑕疵大，有些小。

因此，当你介绍自己也好，介绍一件事物也好，说的过于完美，就会造成对方的不信任。当对方验证你的说法的时候，你想要掩盖的东西就遮掩不住了。所以，你必须抢先在对方没有对你不信任的时候，加深他对你的信任，采取的一个办法就是主动暴露出一些小弱点。而这些小弱点，往往会吸引对方的注意力，更重要的是，让对方觉得你很诚实，不在乎暴露自己的弱点，所以会轻易的选择相信。

当然，对于这种小缺点的选择也有些技巧，劳伦面试的时候，敏锐的发现老板的手上的黄色污迹，所以他知道老板是个资深烟民，因此自暴"爱抽烟"这个缺点，取得了对方的理解。

最后，不得不说明一点。当我们在用"故意暴露小弱点"去掩盖自己身上而非其他事物身上的大缺点的时候，聪明的做法还是在达成了你的目的、得到了对方的信任之后，把那些你不想被人看到的缺点改掉。就像劳伦，最后成为了一个真正顾家的好男人。

第十四章 获得信任的读心策略

不还价主义：完全交由对方处置，使人不得不相信你

> 微反应关键词 不还价，并不是无原则的容忍和无底线的妥协。不还价是一种姿态，不还价是一种底气，不还价是一种海纳百川的精神。想要被别人信任和尊重，过于跟对方斤斤计较，是不行的。而做一个不还价的人，你会发现人们慢慢地就会相信你、亲近你。

我看到很多年轻人，在工作之中，他们会经常抱怨：我工作的时候看看娱乐新闻都不行；我晚上自动加班老板都不付给我加班费；上司总是让我做那些工作范畴以外的事，比如，中午帮他买饭……

我们且不谈年轻人的抱怨有没有道理，只谈一件事：这种单纯的抱怨，是否能够有效地解决你的问题。如果不能的话，为什么还要抱怨呢？

同样，一个卖日杂品的小商贩，常常喜欢对客人的讲价分文不让，跟客人吵得很凶，只为了两三毛钱的毛利，而更多的客人本来准备在这家店买东西，见了摊主的姿态，也就不买了。

摊主过于争执于几毛钱，而让顾客放弃购买，原因何在呢？下面讲一个关于过于爱还价从而失去他人信任的故事。

陈蕾是个很独立的女孩，她的父母在国外工作，所以她独自一个人住在家里，一切家务都是她自己来做，还侍弄了一些花花草草。

正是由于这样，陈蕾并不太习惯和他人接触，这在她大学毕业走向工作岗位之后，体现得尤为明显。

当然，陈蕾并不是个自私的姑娘，大学的时候她的室友在月末生活费快花光的时候，她从来都是能帮多少就帮多少。

她的问题到底出在哪里呢？我们分析一下。

陈蕾是一名房地产集团的人力专员，她的上司处理公司的人力事务十分繁忙，所以每天都会把一些干不完的细枝末节的琐事交给身为副手的陈蕾来

处理。除此之外，上司还让陈蕾帮他浇花、帮他送饭，等等。这些杂事让陈蕾很不情愿，她觉得自己是名牌大学的毕业生，业务素质出众，凭什么在完成本职工作之后，还要干这些没有意义的事情。

由于有这样的想法，她对上司的埋怨与日俱增。上司自然也感受得到，两人关系也开始有些隔阂。甚至公司的其他同事对她似乎也有一些看法。

没过多久，她在公司的人际关系就越来越差，在高层内部的员工中，更是被打上了"不值得信任"的标签，一个月后，她就悄然辞职了。

再来看看陈蕾做的一些事情：帮上司浇浇花草，帮上司取午饭，为上司处理各类工作上的杂事。而实际上，这些确实不是陈蕾工作上的事情，但她有必要这么强烈地反感吗？

这些事情几乎占用不了她多少时间，但却令她很反感。为什么呢？因为她心里"分内""分外"这个意识太重了。只要让她做分外的事情，她就会反感。这并不是小气，其实是一种过于泾渭分明的体现。或许，这样的人骨子里其实很有责任心，对分内之事绝对一丝不苟，但却并不会得到大多数人的信任。为什么呢？

因为，过于一板一眼地把一切事务分个清楚明白，很容易给人"小肚鸡肠"的感觉。而小肚鸡肠的人是不会得到他人的信任的。即使他人也是个小肚鸡肠的人，他也更愿意信任那些大气、大度的人。

所以，怎么做呢？我们完全可以把选择权交给对方，也就是说，尽量不拒绝对方的一切要求。一个人大气到能够满足对方所有需求的人，自然会得到信任。有一家餐馆就做得很好。

贝西·肯斯特餐馆位于美国中南部的两个州交界处。虽然这两个州的饮食习惯很相像，但生活习惯却有很大的区别。北部的那个州，立法规定去餐厅吃饭必须给服务生 2.5 美元以上的小费，因为那个州的餐厅服务员大都是勤工俭学的学生；而在南部的那个州则不需要付小费。

这个餐厅是在北部州注册的，所以虽然南方州的顾客没有这个习惯，按法律规定仍然要付给小费，这让餐厅上下很为难。餐馆处于两州的交界处，如果太斤斤计较的话，南方的顾客可能就不会再来了；但如果不收小费，餐厅招待的利益就被压榨了。

聪明的老板娘想到了一个好办法：由于餐厅是面向中产阶级的，客人素质相对很高，所以可以不规定菜价，让客人们根据用餐环境、餐厅服务和食物优劣，自己决定应付的金额。

第十四章 获得信任的读心策略

老板觉得这是个好主意,所以,到了第二天,这家店的账单变成了自选式的,上面有三栏:食物优劣、餐厅服务、用餐环境。客人在用餐之后,可以通过这三个方面自己去决定应付多少钱。

从此以后,餐厅的收益不但没有减少,反而增多了。而餐厅服务这一项就全部给了招待,他们的收入也就增多了。

无独有偶,世界上最大的技术陶瓷集团——日本京瓷公司,在商谈大宗合作时,用的也是不还价主义:服务、技术、产品由我们出,客户去定价格。这条被确定以后,京瓷集团也越做越大。

为什么不还价主义在一定程度上会有这么大的成功?那是因为,不还价可以把对价格的怀疑从自己身上转嫁给对方。一个商品如果商家定价100元,那么顾客或许会想"值100元吗?"。但如果顾客自己定价100元,那么只要他是个稍微在乎尊严和自尊的人,恐怕他反倒要怀疑"给这么多够吗"。

其实在生活中也是这样,就像我们前面提到的陈蕾,如果领导把一切事务都交给了她,那么她就任劳任怨去做了。

当然了,不还价是在合理范围内不还价,并不是无底线地不还价。如果你的老板把你当牲畜用了三个月,末了不给你发工资,那么你就可以读一读劳动法去告他了。

小礼节换来大信任:细微之处最易打动人心

> 微反应关键词 要想取得别人的信任,首先要在对方心里成为一个好人。怎样成为一个好人呢?那就是待人要有应有的礼节。礼节绝不仅仅是应酬的礼节,而是具有心灵温度的礼节,是适当的关怀。

很多人在面对客户,或是与他人对话时,做到了表面上看起来的彬彬有礼,但是这并不代表他们就能够打动他人,获得他人的信任。相对于普通人都应具备的礼貌,人们更偏重细微之处的照顾和关注。有时候一个小动作,一个小礼节，就能让别人对你的印象大为改观。

记得在20世纪90年代的时候，我们批评西方社会时曾有这样一个评语：彬彬有礼的冷漠。现在想想，这个评语放在当代社会倒也合适。似乎，在经济越发达的地方，人与人之间就越来越有礼貌，越来越没有温度。

而这种没有温度的礼貌，是无法触动人的。所以有了酒桌文化，在酒桌上，由于酒精的刺激，人们暂且放下了虚伪的礼貌，甚至可以称兄道弟，于是心灵与心灵的距离稍微拉近了一些。

殊不知，把"礼"仅仅看成虚伪的礼貌，本身对"礼"就是一种误解。在古代，礼可以说是一个人为人处事的根本。对待一个人应该有相应的礼，这种礼不仅仅是单纯的行为举止，往往也是由内而外的体现。

而现今社会，礼的体现更多的应该是对他人心意的合理外露。绝不单纯是虚假肤浅的礼貌，同样也体现在一些小细节上。

孙昊的外表并不讨人喜欢，适中的身材，平凡的样貌，他的举止更是显得有些笨拙。比如，他会经常把别人的寒暄当真，他从不轻易下判断，所以当其他人得意扬扬地说一件希望得到夸奖的事情的时候，他会很木讷地没有什么表示，社交场常用的那些虚伪的话他几乎一句不说。

这样的人，按说应该没有什么朋友，但实际情况恰恰相反，孙昊的朋友很多，并不是很多人自我鼓吹式的"朋友遍天下"，他的朋友都愿意为他两肋插刀，可以说笨拙木讷的孙昊，交上的是一群真朋友。

为什么会这样？可能就是因为他的笨拙。

孙昊是一名房产经纪人，他的英语很扎实，所以有外国人来到他的房产公司租房，公司一般都会把这笔生意交给他谈。这一天，一名来自智利的白人成了他的客户。

一般，外国人来中国都会给自己起一个中文名字，这位智利客户给自己起的中文名叫马丁。

当孙昊约见马丁的时候，除了商谈业务，也只是询问了他的名字。马丁简明说了自己的要求之后，很自然地说："中国的朋友都叫我马丁。"

但孙昊坚持说："不不不，我知道西方人的中国名字往往只是代号，我还是习惯称呼对方的本名。"

马丁无奈地点点头，答道："Jorge Andres Filippi Martinez。"

孙昊没听懂，请马丁重复了一遍，马丁重复了一遍。本来西班牙语语速就比较快，而且拉美人的名字又长，所以孙昊仍然没听懂。最后他要求马丁

 第十四章 获得信任的读心策略

把自己的名字写在一张纸上，回去详细查询。马丁很无奈，甚至有些不耐烦地照做了。这是两人第一次见面，马丁曾坦言他一开始认为孙昊有做"讨厌鬼"的潜质。

回去后，孙昊找到学西班牙语的朋友，才学会了这个西班牙语名字的正确发音，音译成汉语就是：豪尔赫·安德烈斯·费利佩·马丁内斯。他甚至还和朋友学了几句简单的西班牙语。

再次约见马丁一起看房子的时候，他很自然地叫马丁豪尔赫，马丁很惊讶，因为中国人很少有能够把自己的名字叫清楚的人，因为 Jorge 这个词的发音习惯跟汉语相差很多。两人分手的时候，孙昊更是用 Adios（西班牙语：再见），这更是令马丁觉得很温暖。他坦言：来中国，被很多黑心商人当成"肥羊"宰，久而久之几乎不敢敞开心扉交朋友，幸亏遇见了孙昊，他的真诚很打动人。他们成了朋友，马丁回国后也经常通过 msn 跟他联系。

孙昊在小细节上所做的，比常人多很多。

有一次他得了流感，但仍然坚持去见客户。客户是一位刚来到这座城市工作的女孩。孙昊很自觉地没有坐在女孩的对面，而是坐在跟她对角线的位置上，这个位置距离十分远，并不是很方便交谈。女孩很奇怪地皱起了眉头，孙昊马上解释道："我似乎得了感冒，别传染给你。"

女孩顿时对孙昊充满了好感，觉得孙昊是个善良又懂礼貌的好人，最后竟和他越聊越投机，成了他的女朋友。

孙昊的老板也很喜欢他，至于原因，只有领导自己知道：他办公室的门，安的是拧转式的暗锁。虽然所有员工在进他办公室的时候，都有敲门的习惯，但在他们离开老板办公室的时候，却只是任由老板的门自然关上。这样的话，那副暗锁会发出不大不小的声音，虽然老板不太在意这些小事，但这声音确实很打扰他。

只有孙昊，每次出门的时候，都会在门外握住旋转把手，先把锁头旋进锁身，把门安静地关紧，再慢慢放开旋转把手。整个过程几乎不会发出声音。这种小事，一开始老板也并没有注意到，直到一次发生了一件有趣的事。

因为所有员工都不习惯这样毫无声息的关门，所以老板通常是通过关门声来确定员工是否走出自己的办公室。有一次孙昊离开后，由于没有发出声音，所以老板没有听到，就随口问了两次"还有什么事情啊？"没有人回答，抬起头，发现孙昊已经走了出去，这才注意到孙昊这个细心的动作。其他的年轻员工拍自己马屁，话虽然说得好听，但却明明白白地看得出他们的

企图，只有孙昊，虽然看起来木讷，但却真的是用心做事、做人。

其实孙昊从来没有给他的朋友做过什么惊天动地的大事，他做的几乎都是分内之事。至于那些小事——称呼他人的真名，注意不要把病菌传染给女性，走出办公室的时候尽量降低声音——他也觉得是分内之事。而这些近乎不起眼的小事，恰恰最能温暖人心。

我们为什么不像孙昊那样，做一个细节上守礼的人呢？

想要做到这一点很简单，常怀一颗与人为善的心就足够了。在与他人相处的时候，只要能够主动为对方的感受想一想就可以了。你并不需要付出多少，当然短时间内也不会收获什么。但一旦养成这种待人热诚的习惯，那么总有一天你的这些小细节会被人发现，而对方对你的好感和信任，也会瞬间暴涨。

第十五章

驾驭人心的读心策略

物质发达使人心变得越来越自主,越来越难以驱策。但实际上,绝大多数人的内心都存在这样一根隐形的缰绳,只要你拽住它,对方就会乖乖地听你使唤。

第十五章 驾驭人心的读心策略

让对方觉得"占便宜",才会努力效力

> **微反应关键词** "朝四暮三效应"最理想的方式,其实就是心理学的落差效应。也就是,在我们不需要任何付出的时候,让对方觉得我们为他们做了很多。当然在实际操作中,这种机会很少见。所以我们不妨退而求其次。先付出一成,让对方觉得自己占了十成的便宜。

人,都有占小便宜的习惯。一个理性的人,或许能够选择真实的有利于自己的事情。但感性思维占主导的人,可能不会考虑那么多。偏偏这个世界上感性思维的人占大多数。

《庄子·内篇·齐物论》里面有这样一则故事:

一个养猴子的人养了一群猴子,他每天喂猴子八枚坚果,早晨喂四枚,晚上喂四枚。后来,由于粮食不足,他决定改为七枚。于是找到猴子们商量:"以后我早晨喂你们三枚,晚上喂四枚可以吗?"

群猴发觉早晨少了一枚坚果,于是大怒!说:"不行。"

养猴人想了想又说道:"那以后我早晨喂你们四枚,晚上喂你们三枚可以吗?"

群猴想了想,觉得早晨还是四个坚果,似乎没什么改变,便喜笑颜开地接受了。

在庄子的时代过去两千多年之后,一位德国科学家做了一组实验。

他们跟一家果汁制造商达成了协议,出品两种品牌果汁。两种果汁本身并没有什么区别,它们之间的区别在包装上。第一种用容量250毫升的厚塑料瓶装装230毫升的果汁;第二种用容量400毫升的薄塑料瓶装250毫升的果汁。

最后,对两种包装不同但果汁本身完全一样的品牌饮料进行销量调查的时候,发现小瓶装果汁的销量是大瓶装果汁的33倍。

孟买市中心有一家餐厅，这家餐厅提供咖喱牛肉饭和飞饼等高档次工薪快餐。在刚开业的那一段时间，餐厅的生意很差，老板和店员都很着急。

后来，老板的外甥放假回家探亲，就住在了餐厅老板家里。他听到老板对生意的抱怨后，提出来到餐厅看一看。

虽然老板不认为这个年轻人能解决问题，但还是带着外甥去餐厅里看了一下。

老板的外甥仔仔细细地考察了餐厅的一切：食物很精美，价格很公道，装修设计、就餐环境都很棒，店员态度也很热情——生意不好的原因出在哪里呢？

直到他看到店员上菜时端的大盘子，顿时明白了，便找到了舅舅说："生意不好是因为你的盘子太大了，所以食物就显得少。如果把盘子换成小一号的，即使食物分量有所减少，也会让人觉得反而是增多了。"

老板点了点头，抱着试试看的心态改用了小餐盘，意想不到的是，生意马上兴隆起来。

庄子的故事、德国科学家的实验、孟买餐厅的盘子改革，都说明了一个道理：在作选择的时候，很少有人能够把理性思维纳入选择过程，而是感性地选择那个看起来更能让自己得到更多利益的选项。

我们在尽量避免自己通过感性选择事物的同时，也可以从中悟出一条驭人之道，那就是经常让对方觉得，他在占你的便宜，从而让对方对你产生一种好感，就此驱使他"听话"。

孙阳是一名资深软件工程师，最近他想到了一个创业好点子，并得到了风险投资的认可，申请了70万创业资金。

紧接着，他的公司就在本市一家高新科技园运转起来。主营项目是一个食谱网站，公司从运营维护到HR一共30人左右，是一个很不错的团体。

虽然他设想网站投入运营后，很快将会获得市场认可，但公司内部员工却经常出现一些问题。

这让孙阳很不解：这些员工都是他以前做网络工程师时认识的，自己开办公司之前，就已经看好了这些人才，费了很大的力气才把这些人招入麾下。给他们的待遇也比原来的公司优厚很多，为什么现在他们的工作态度这么差呢？

孙阳百思不得其解。有一次，他和一位创业老前辈谈论起此事，老前辈立即下了断言："相信我，是制度问题！"

第十五章 驾驭人心的读心策略

孙朝阳："制度？"

老前辈："对，团队凝聚力是这么来的：小型团队靠人情，中型团队靠制度，大型团队靠企业文化。你现在有30人左右，达到了中型团队的规模。如果员工态度出了问题，就一定是制度的问题。"

孙阳觉得老前辈说得有道理，于是回到公司细细查看了公司的制度。当初制定公司制度的时候，孙阳可以说极为细心，把员工几乎能够出现的所有状况都考虑了进去，所以粗看制度没有发现什么大问题。

但当他看到第三遍的时候，发现了一个大问题：他制定的公司制度的所有细节规定，几乎都是罚：迟到早退罚20元，请假罚一天工资，工作未按时完成计件奖金减少一半……

总之，虽然惩罚力度都不大，但惩罚项目却很多，一个员工在月底结算工资的时候，常常可以找出十几项各式各样的罚款。所以，虽然拿到手里的工资还是比其他公司都高一点，但员工们常常抱怨，于是潜意识就会消极怠工。

孙阳狠狠地拍了一下大腿，立即开始修改公司制度。

第二天，他大声向员工们宣读了新制度，废除了近半数的惩罚条例，剩下的都改为奖励条款。如果每月从未请假，奖励100元；从未请假早退迟到，奖励200元；每半个月加班八小时以上奖励100元；按时无误地完成工作任务，予以10%到15%的奖励……

新制度大概有近二十项奖励措施，现在员工结算工资的时候，工资单上会多出十几项奖励条款，虽然加在一起只有四五百元，但却令人热情高涨。而公司的工作，也能超额完成，网站的运营也就越来越良性化。

孙阳给每位员工多投入几百元，而员工每个人给他多创造上万元的收益，这就是驭人之道，充分利用了人们爱占便宜的心理。

满足人的这种心理，可以让人心生愉悦。当然，这种心理往往并不需要太大的物质上的付出。只要掌握好"朝四暮三效应"，就可以在同样的付出下，让对方觉得自己"占了便宜"。

所以，你应该对对方的心理有一定的了解，通过一些并不巨大的付出，时时刻刻都让对方觉得占了你的便宜，而不是你占了他的。只有这样，才能让你在让他为你付出的时候，更名正言顺。

虚荣心理：神仙都爱慕虚荣，更何况凡人

<u>微反应关键词</u> 无论多么完美的人，也是有所欠缺的，如果他重视自己欠缺的方面，那他就是虚荣的。永远不要低估虚荣心对一个人的影响力，要知道，神仙都爱慕虚荣，何况凡人。

晓雯是一个来自乡下的女大学生，她在上海读大学。来上海前，她的世界很简单，学习看书，三五个朋友，以及一个青涩的暗恋对象。那时候她不会化妆，不会打扮，她认为红色长裙配校服夏装就是最好看的衣服。

到了上海之后，不到一个学期，她就学会了打扮和化妆。和其他女孩一样，她出门前——即使是上课，也至少要在镜子前描几笔。

事实上，晓雯并没有传统意义上的变坏，她甚至还没交男朋友。她开始梳妆打扮的原因其实很简单，就是别的女孩都这么做，而且做完之后很漂亮。每个女孩都希望自己能漂亮点，晓雯也不例外。

一个学期结束后，晓雯回到了家乡，家里人都说孩子会打扮了，比以前漂亮了。晓雯听了很高兴，但假期在家的日子却又懒得装扮自己了。

在家的时候素面朝天，在城市里粉黛着妍——这种反差在此后一直伴随着晓雯，直到现在依然如此。

乡下女孩到城市后学会的第一件事往往是化妆，这就是虚荣心理的表现，而在家乡的时候，大家都不打扮，所以晓雯也不用打扮。这并不是说在乡下就没有虚荣心了，只不过在那个环境下，她的虚荣心不需要通过化妆来表达。

我们在这里所说的"虚荣心"这个词，绝对不含贬义，因为我们每个人都具有这种心理。说得深入些，虚荣心实际上的起因，就是渴望被周围环境接受并认可的心理期望。说白了，就是每个人都希望被人夸。

但问题是，虽然很多人拥有被人夸的能力，但更多的人是平庸的和碌碌

 第十五章 驾驭人心的读心策略

无为的。这些人也有被赞扬的渴望,为了满足这种渴望,他们就会追求一些不实际而浮华的东西。

当然,合理利用别人的虚荣心理,会让我们获得很大的收益。

德拉瓦莱是意大利托斯卡纳地区一家有数百年历史的制鞋家族,这个家族的男人几乎都是资深的制鞋匠,在业内也算是小有名气。

直到20世纪40年代,德拉瓦莱家的新掌门人迭戈·德拉瓦莱先生做了一件让所有人认为他疯了的事情:把作坊改名托德斯鞋廊,然后把每一双皮鞋提价30倍。

不是30块,而是30倍!

这个荒诞的消息马上传遍了各地,疯子迭戈成了托斯卡纳所有人笑话的对象。而迭戈的亲人也对他百般劝阻,但迭戈坚持他的价格。那两个月,托德斯皮鞋一双都没有卖出去。

两个月后,一个有钱的英国贵族来到佛罗伦萨(佛罗伦萨是托斯卡纳地区的首府)旅游,得知了托德斯皮鞋和德拉瓦莱家族的事,觉得有点意思,便来到了德氏作坊,冒充内行点评了一下,然后花大价钱买走了一双鞋。回到英国之后,这个贵族指着自己的脚对其他的小贵族说:"看,我的鞋比你的贵一百倍。"

此事不胫而走,越传越荒诞。很多人甚至说英王亨利五世陛下亲自买了一双托德斯皮鞋,并在英国的皇室舞会上对所有人大秀了一番。

而在意大利本地,得知此事的有钱人也越来越多,于是他们心甘情愿花贵一百倍的价钱买托德斯皮鞋,甚至很多人要求迭戈卖得再贵点。德拉瓦莱也趁机敛财,把有钱人的钱聚集到自己手里,然后把"托德斯皮鞋"这个牌子做得很大很大。

有多大呢?

仅2003年一年,托德斯皮鞋的营业额就高达3.87亿欧元,德拉瓦莱成为世界皮鞋销售之王。

当然,炫富是一种追求虚荣心的表现。也就像有些人发达之后,希望别人能承认自己是个文化人,所以摆了许多精装书籍在自己的办公室里,却从不看一眼。

但无论是炫富还是炫知识,这些都是虚荣心的表现。此时的人们往往不会去想为这虚荣心所付出的能不能得到实际的回报,自己的能力和素养是不是有实际的提高,他们只会一门心思满足自己的虚荣心,不惜一切代价。

庞氏骗局：巧妙利用人们的期待心理

> 微反应关键词 巧妙利用人们的期待心理，能够使用这种驾驭法的场合有很多，其条件是，对方期待的东西，你能让他拥有，或者说你让他觉得你能让他拥有。只要这样，你就可以利用对方的渴求，达成自己的目的了。

日常生活中，人们总是期待着各种各样的好事：一个选秀节目的入围通知书，一张头奖彩票，一个对自己一见钟情的完美情人……这些不太可能实现的东西，几乎每个人都在想。

而西方最著名的金融犯罪者，就是利用人们的这种情结——

查尔斯·庞兹是一个意大利人，1903年移民到美国。他在美国干过各种工作，包括油漆工，甚至，他曾因伪造罪在加拿大坐过牢，在美国亚特兰大因走私人口而蹲过监狱。经过美国式发财梦的熏陶，十几年后，庞兹发现最快速赚钱的方法就是金融。于是，从1919年起，庞兹隐瞒了自己的历史来到了波士顿，设计了一个投资计划，向美国大众兜售。

这个投资计划说起来很简单，就是投资一种东西，然后获得高额回报。但是，庞兹故意把这个计划弄得非常复杂，让普通人根本搞不清楚。1919年，第一次世界大战刚刚结束，世界经济体系一片混乱，庞兹便利用了这种混乱。他宣称，购买欧洲的某种邮政票据，再卖给美国，便可以赚钱。国家之间由于政策、汇率等等因素，很多经济行为普通人一般确实不容易搞清楚。其实，只要懂一点金融知识，就会明白，这种方式根本不可能赚钱。

庞兹一方面在金融方面故弄玄虚；另一方面还设置了巨大的诱饵。他宣称，所有的投资，在45天之内都可以获得50%的回报。而且，他还给人们提供了"眼见为实"的证据：最初的一批"投资者"的确在规定时间内拿到了庞兹所承诺的回报，于是，后面的"投资者"大量跟进。

在一年左右的时间里，差不多有4万名波士顿市民，像傻子一样变成庞

第十五章 驾驭人心的读心策略

兹赚钱计划的投资者,而且大部分是怀抱发财梦想的穷人。庞兹共收到约1500万美元的小额投资,平均每人"投资"几百美元。当时的庞兹被一些愚昧的美国人称为与哥伦布、马尔孔尼(无线电发明者)齐名的最伟大的三个意大利人之一,因为他像哥伦布发现新大陆一样"发现了钱"。

庞兹住上了有20个房间的别墅,买了100多套昂贵的西装,并配上专门的皮鞋,拥有数十根镶金的拐杖,还给他的妻子购买了无数昂贵的首饰,连他的烟斗都镶嵌着钻石。当某个金融专家揭露庞兹的投资骗术时,庞兹还在报纸上发表文章反驳金融专家,说金融专家什么都不懂。

1920年8月,庞兹破产了。他所收到的钱,按照他的许诺,可以购买几亿张欧洲邮政票据,但事实上,他只买过两张。此后,"庞氏骗局"成为一个专门名词,意思是指用后来的"投资者"的钱,给前面的"投资者"以回报。庞兹被判处5年刑期。出狱后,他又干了几件类似的勾当,因而蹲了更长时间的监狱。1934年被遣送回意大利,他又想办法去骗墨索里尼,但没能得逞。1949年,庞兹在巴西的一个慈善堂去世。去世时,这个"庞氏骗局"的发明者身无分文。

在20世纪初,拥有几千万美元的人,绝对是世界级的富豪。庞兹就是这样靠骗术变成了一个世界级的富豪,这种骗术,后来被称作"庞氏骗局"。虽然庞兹被抓,晚景凄惨,但庞氏骗局却流传了下来。2008年,纳斯达克前主席伯纳德·麦道夫,用一支不存在的对冲基金,卷走了投资者至少五百亿美元。在中国,庞氏骗局同样有另一个古老的名字——老鼠会,也就是非法传销的一种。

为什么这种古老的骗局能一而再再而三的得逞?使骗子发达穷人破产?很简单,就是人们那种"天上掉馅饼"的期待心理在作祟。每一个不对这种心态做检讨的人,都不只会上当一次。

虽然我们在道德上唾弃庞氏骗局,但辩证地说,这里面有我们需要学习的东西:当人们对某种事物产生过多的期待时,我们可以利用这种期待为我们的目的服务,轻松驾驭他人的心理。

我有一个在酒吧唱歌的女性朋友,晚上要很晚才下班,所以下班的时候也就不可能有公交车了。一天下班后,她伸手拦了一辆出租车,并坐在副驾驶位置上。司机师傅见女孩长得漂亮,便多看了两眼。女孩看在眼里,便和司机师傅聊了起来,之间她抱怨道:"唉,每天都下班这么晚,也没男朋友送,真的很吓人。"

司机师傅听后立即表示:"妹子,以后我来送你吧。"
女孩说:"那太谢谢了。大哥,我十二点下班,多少钱我照给。"
司机师傅大手一挥:"怎么能这样!还多收什么钱。"
两人推脱一番,最终,司机师傅答应给女孩打七折,每天定时接送她。
女孩"不小心"说自己没男朋友,司机师傅立即动了心。虽然他也知道,两人年纪差得大,不太可能,但人心里的期待并不是理智能压得下去的。女孩利用了这点,解决了问题。

而女孩儿更高明的地方是,她没有贪得无厌。试想,司机一时鬼迷心窍,要求免费接送女孩。女孩若答应了,等司机师傅热情消退,必然会对女孩产生怨怼,甚至可能发生不和谐的事情。

所以,利用人的期待时,千万不要贪得无厌,见好就收是关键。

负面情绪:用悲观驾驭他人心理

微反应关键词 悲观是人类诸多负面情绪中最难以控制的一个,人们的一切理智都会在悲观中化为虚无。所以只要你准备充分,气势强大,胜算就肯定掌握在你的手中。

卡梅隆探员负责审讯刚在阿富汗抓到的基地组织成员阿卜杜拉。

阿卜杜拉是个十恶不赦的恶棍和心理变态狂。据说,他是基地组织的刑讯高手,很多被俘虏的美国士兵都受过他的各种折磨。美军抓获他之后,希望能从他口中套出基地组织在美国本土安插的间谍名单。FBI确信阿卜杜拉掌握着这个消息。

但同时,探员们很清楚,基地组织成员都是仇美分子,不可能会那么配合他们,所以,一般的讯问方式是行不通的。

于是,他们选择了另一种讯问方式。

这一天,阿卜杜拉被带到一间小房间里,房间里有一张桌子,桌子上有

 第十五章　驾驭人心的读心策略

一张纸和一支笔，桌子两边是两把椅子。

阿卜杜拉被安排在一把椅子上坐下，不一会一名中年探员推门进来，紧跟着进来的，是三名拿着厚厚卷宗的年轻人。

年轻人把卷宗放在桌子上，就走出了房间，探员则在阿卜杜拉面前坐下。

探员看了阿卜杜拉一眼，随意的用阿拉伯语问道："姓名？"

阿卜杜拉没打算合作，探员自顾自的答道："阿卜杜拉·塔格尼·沙龙赫斯。年龄？合作一点嘛，不说，好吧，年龄四十一岁。信仰伊斯兰教逊尼派。未婚，但有三个私生女……这可是违反戒律了。嗯，1999年的时候，还在达格尔地区强奸过一名英格兰裔妇女……"

中年探员一连说了一大堆阿卜杜拉的事情，这些事知道的人并不多，其中的很多事情，阿卜杜拉自己都快忘记了。所以当这名探员用标准的阿拉伯语一项一项念出自己的"光辉事迹"时，他感觉到一阵阵战栗。

看到了阿卜杜拉的震惊，探员停止了继续念下去的意思，把身体抬起，靠在椅背上，抱着胳膊，指着桌上的三箱子卷宗，说道："这里面都是你的资料，从你出生到现在，我们了解了你的一切。所以，让我们敞开了说吧。我们知道你掌握着基地组织在美国本土某些间谍的联系方式，实际上这些联系方式我们也知道，但我们希望从你那里得到肯定。所以你不用认为自己背叛了组织，因为如我所说，我们早就知道这些信息。你的这种行为只是合作，而作为交换，我们将不把你送到关塔那摩去——你应该知道，那里对你来说意味着什么。"

阿卜杜拉想了想，便拿起纸和笔，在上面写下了三个电邮地址。FBI最终通过IP端口查询，抓获了基地组织在美国潜伏最深的间谍。

而实际上，FBI在阿卜杜拉被抓的那一刻起，就动用大量人力物力把他从出生到被抓这之间的一切信息搜罗了出来，当然远没有三箱子卷宗那么多。其实老探员说的那些阿卜杜拉的信息，已经是FBI能够获取的全部了。

FBI探员之所以可以让阿卜杜拉老实招供，并不在于他们取得了多少证据，也不在于他们运用了多么有力的威胁，而在于他们给阿卜杜拉灌输了一种负面的、悲观的情绪。通常情况下，当一个人在短时间内接受了大量不利于自己的信息，他的思路就会强迫形成一种惯性。这种惯性让他在短时间内迅速走向悲观和消极，使人面临崩溃边缘。

当一个人处于崩溃边缘时，对于他人的防备和抵触都会大大降低，处于这种状态的人，很容易被他人掌控住心理，这就是负面情绪攻心术能发挥效

果的最终原理。

在生活中，这种攻心术早就被广大人民教师所应用，我们小时候有什么把柄被老师抓住时，他们往往会这么说：你和某某谈恋爱了吧，别瞒着了，我都知道，你自己说说吧。

大多数情况，被"诓住"的学生都会诚惶诚恐地说出一切，以求宽大处理，因为我们已经被自己的负面情绪所击倒了。

这种负面情绪攻心术，很适合于用在生活之中，当我们手头掌握的资料不够，但却又想让他人听从我们的安排时，不妨使用一下负面情绪攻心术。

当然，在运用负面情绪攻心术的过程中，也需要注意两点：

第一，就是自身要拥有强势的、坚定的立场。只有满足了这一点，我们才能让他人觉得自己胜券在握，觉得他毫无胜算。因此，不管是多么没有底气，在运用这一技巧时，也一定要表现得无比自信。

第二，就是要着重培养出他人的悲观情绪，让他觉得一切都向最坏的方向发展。在运用这一点时，切记不可直接宣告对方的处境有多么的堪忧，有时候，简简单单的几个暗示，或是用言语透露出他未来可能的悲惨境地，就足以让对方陷入崩溃的情绪中。

协商诱导：让他人也参与其中，使其无法反对

> **微反应关键词** 当你处于"被操纵"一方时，千万不要因为弱势而处处讲大道理，以显得自己理由充分，这样做多半不会有什么好结果。学习一下协商诱导法，你会找到更好的窍门。

我有一个好朋友，她的父亲是一个非常固执的老头。固执到什么程度呢？我举一个小小的例子，大家就能明白了。

上中学那阵儿，老师要求周一升旗时每个人都必须穿着校服。可是，我那个朋友的父亲因为觉得校服的裙子太短，所以怎么也不肯让女儿穿到学校

 第十五章 驾驭人心的读心策略

来。为了这件事,他甚至亲自赶到学校,并向老师们抨击了裙子会露出膝盖的弊病。

对于我那个朋友,我还是蛮同情的。在这样古板的家庭教育下,她生活了二十多年,而今,已到了谈婚论嫁的年龄。

她交往的男朋友是一个生意人,为人本分,对她也很不错。可是,在谈到见家长的问题时,二人却总是不欢而散。因为我那个朋友很清楚,父亲是绝对不会同意他们结婚的,在他心目中,做生意不是铁饭碗,他绝对不会允许女儿嫁给一个没有"正当"职业的人。

"不试试看,怎么知道呢?"得知了女朋友的苦恼,她的男朋友这样说道。

我的朋友忐忑不安地带着男朋友回家,她本以为会经历一番狂风骤雨,随后男朋友被赶出来的局面。可是,父亲与他在房间里谈了一个多钟头,才先后出来,虽然父亲的脸色仍然不太好看,但是并不反对他们交往。

"我父亲跟你说了些什么?"男朋友一出门,她急切地问道。

"一开始,他听说我是做生意的,很干脆地就说不会同意我们交往。但是,我告诉他,对于人生我有着长远的规划,未必会比那些拥有铁饭碗的人差。"

她摇了摇头,这并不是答案,父亲不是这么容易就可以说服的。

"接下来,我跟他说了一下跟你结婚的打算和结婚后的安排。比如,在谈论到保险问题时,我说想把受益人的名字改成你父亲的名字,在今后有了孩子之后,再投一份以孩子名义的保险。说完这个计划之后,我还专门问了他:'您觉得这么办怎么样?或者,干脆由您说了算,我相信您会更详尽地为我们考虑好结婚之后的保障。'"

"那他的反应呢?"她迫不及待地问道。

"他点了点头,说了声好。接下来的过程,基本都是这个样子的。"

原来如此,她吁了口气,放下了心中的一块大石。只要父亲点了头,那么就代表他们之间已经被他肯定了。

纵观这位准女婿说服老岳父的技巧,无外乎只有一点,那就是他每说出自己的一个打算时,都要诚心诚意地问一下岳父的意见。这样一来,他们之间"结婚"和"过日子"的整件事,岳父也就参与其中,并且成了拿主意的人,最后,他就算是有心想要反对,自己的潜意识也不答应了。

这就是反向操纵的秘诀。当一件事关乎两个人的利益,而其中一个人单

方面作了决定时，无论这决定是对是错，都会引起另一个人的不满。因为这决定没有考虑过他的意愿，而是强加在他头上的。

如果是上司对下属，长辈对晚辈，这样的情况还可以调解，因为有着"威严"和"利益"。但是，如果是下属对上司，晚辈对长辈呢？想扭转情况就不那么容易了。

这时候，运用反向操纵，也就是协商诱导法，就能起到很好的效果。

协商诱导法，简单来说，就是把命令、强加的感觉变成是商量、协调，这样一来，被劝说方的抵触心理就会降到最低。而且，让被劝说方拿主意，这无疑是一种全心全意的信赖。当一个人被信赖时，自尊心和自我存在感都会前所未有地增强，心情也会变得格外舒畅，这时候，让他接受别人已经设定好的答案，可能性也要大得多。这种技巧，在说服固执和爱讲大道理的人时格外有效。当然，在很多场合，我们都可以用到协商诱导的技巧。

如果是在工作之中就一件事想要取得同事或上司的肯定时，那么不妨先提出相关的问题所在，然后讲出自己的建议，最后加上一句："您觉得这样办好不好呢？"

如果是妻子想要说服丈夫时，那么不妨先说出自己的见解，然后咨询丈夫的意见，说一些"你是一家之主，我都听你的"或是"家里你来作决定"之类的话，往往可以收到"你的意见也不错，就按你说的办吧"这样的回答。

如果是孩子，想要从"抠门儿"的父母那里得到零花钱，那么不妨先将零花钱的用途阐述一遍，然后对父母说："我是很想去，但是还是更尊重爸爸妈妈的意见。"这样一来，心情大悦的父母一般都会很痛快地掏钱的。

共谋意识：找到共同立场，可轻易拉拢对手

微反应关键词　想要说服一个人为自己所用也许并不难，但如果那个人是敌人呢？许多人会在这种情形下一筹莫展。其实，说服敌人也有着独特的心理策略，那就是共谋意识。

# 第十五章 驾驭人心的读心策略

织田信长与德川家康，想必大多数人对这两个名字都不陌生。

这两个人在日本历史上，都称得上是枭雄式的人物。织田信长在少年时就表现出桀骜不驯的特质，甚至在父亲的葬礼上向他的祭坛掷抹香；而德川家康，也不能够屈居人下，他曾对家臣说，人的这一生最重要的就是"向上看"，并且，还做出了垄断日本当时造币权的举动。

这样的两个人，领地又互相毗邻，按道理来说，在当时群雄割据的日本，应该是相互防备、互相攻击才对。可是，织田信长却凭借三寸不烂之舌，成功地说服了德川家康同自己联盟，共同对抗其他的敌人。

这一点，在史料上有着不同版本的记载，但总体说来大同小异。

传说织田信长去找德川家康，跟他分析了他们所处的形势之后，话题一转："如今殿下刚刚从今川家族的手中解放出来，想必也想干一番大事业。离你最近，又不够强大的我，自然是头一个目标。但是，不知殿下想过没有，你也许可以消灭我，但一定会大损气力，在你后方，斋藤家族也在虎视眈眈。"

"况且，殿下也是依据我的努力，在桶狭间杀了今川义元，才得以恢复自由。你我自小相识，彼此知根知底，倒不如结成同盟，联合起来一统天下。"

据说，在织田信长去找德川家康之前，德川本有着吞并他领土的念头，但考虑到自己国力衰弱，信长所说得又在理，于是便欣然接受与他同盟。

二人联合起来，日益壮大，这种同盟一直延续到信长去世，而德川也因此建立了强大的江户幕府。

世界上最难被说服的人是谁？

是敌人！

退一步来说，也就是有争斗目标，对自己存有非常强烈的戒心的人。

当一个人对你所存的戒心根本没有消除的可能，那么讲信任不过是空谈而已。引狼入室的错误，只要不笨的人都不会犯。要怎么样才能说服对自己抱有仇恨和偏见的人呢？

这并不是没有办法，说到关键点，其实很简单，那就是要找到你与对手之间的需要共同追求的利益，向他阐述"强强联手"能够取得的好处，这样一来，对手对抗和竞争的意识就会在不知不觉中转化成合作意识，从而受到你的掌控。

这种意识，在心理学中叫做"共谋意识"。

有一部很出名的电影，讲的是妻子协同第三者，谋夺了作为公司总裁的丈夫的全部财产。

在刚发现自己的丈夫有"小三"时，那位妻子也如同平常的妻子一样，怒不可遏。但是，很快，她就考虑到了才上小学的女儿，还有自己与丈夫辛辛苦苦打拼下来的基业。如果说此时离婚，那么苦的是自己和女儿，白白便宜了那个第三者。

为了维护家庭，她找了侦探社跟踪丈夫，并偷看了丈夫的电话，将那个女人约出来，决定跟她谈谈。

这次充满火药味的谈话，自然是不欢而散。然而，在这之后，事情又出现了新的情况，被妻子雇用跟踪丈夫的侦探发现他不止有一个小三，连小四、小五、小六……都齐全了。

得知这个消息的妻子心灰意冷，她决心报复负心的丈夫。可是，离婚同样不是让她心满意足的做法，即使是在婚姻中有出轨的过失，也只会失去大部分的财产，而不会像妻子所期望的那样，让那个负心汉什么都得不到而被扫地出门。

这时候，她想到了那个第三者。

第二次见面的谈话过程是愉快的。同样不知道他在外面还有那么多女人，被蒙在鼓里的"小三"看清了那个男人根本不会娶自己的嘴脸，答应帮妻子共同告倒那个男人。

在法院的审判席上，"小三"为妻子出庭作证，坚持说那个男人根本没有告诉她已婚的事实，自己已为他堕胎多次，还带着他回家见了父母，商量结婚事宜。这样一来，那个男人就存在着恶劣的欺诈嫌疑。

官司的结果一如那位妻子所料，丈夫"净身出户"，孩子与财产都归她所有，而那个"小三"也得到了让自己满意的报酬。

所以说，立场不同并不代表无法合作，只是因为你没有用对方法、找对策略而已。

在运用共谋意识时，有两个要素极为重要。

第一，就是要找到共同的利益点，力度不够或是方向不对都无法让对方形成共谋意识。

第二，就是在说服的过程当中，千万不要说"你"，而是说"我们"或者"咱们"。当耳朵里不断出现这样的词语时，即使是对手，也会不由自主地被激发出团体意识，因而就不会对接下来的谈话过度排斥了。

第十五章 驾驭人心的读心策略

因人施计：驾驭攻心术也要择人而异

> 微反应关键词 世界上任何两个人的指纹不可能完全一样，同样的道理，也不会有两个性格一模一样的人。针对不同性格的人，施展驾驭术的方式也要进行调整，这才能保证驭人术发挥到极致。

人是世界上最具复杂性的生物，一百万个人就有一百万个样子。所以，如果要细分的话，一百万个人实际上有一百万种驾驭方式。

三国演义中的刘备，是个看似忠厚善良，实则充满心机的君主。从煮酒论英雄开始，他的每一件事几乎都充满了政治智慧。直到临死，他还运用了一次史上最著名的托孤，将他的政治智慧演绎到底。

谈到这次托孤，就不能不说当时的历史背景。刘备以"为关羽报仇"为名义，兴兵四万，号称二十万讨伐东吴，两军在夷陵交战。吴国统帅陆逊，并非名将，刘备轻敌，摆出长蛇阵，被陆逊击破。死伤万人，刘备血本无归。最终三路蜀军退至白帝城，刘备病危。

这是三国三大战役中的最后一战——夷陵之战。本来，刘备打算利用对吴作战的胜利，来确立自己在蜀汉政权中的地位。虽然他是皇帝，但诸葛亮的功劳明显要高于他。但这场失利，使得刘备本来极高的人望跌至谷底，再加上刘备病危，很多人都有了这样的想法：或许丞相取而代之更好。

病床上的刘备对于臣子的想法一清二楚。他知道，自己死后诸葛亮必然全面接掌蜀国政权，到时候即使他没有二心，也难保其心腹不拥立诸葛亮。所以，若想巩固刘氏国祚，绝不是单单一副诏书能解决的。

所以，刘备想出了那句千古留名的托孤之言。在感到生命流逝，即将弥留之刻，刘备将诸葛亮、李严、赵云等忠臣唤至身边，对诸葛亮说："君才十倍曹丕，必能安国，终定大事。若嗣子可辅，辅之；如其不才，君可自取。"

相信意思大家都明白：若刘禅能扶起来就扶一把，扶不起来，孔明你取而代之也无妨。

孔明自然涕泣："臣敢竭股肱之力，效忠贞之节，继之以死！"

之后，刘备辞世，刘禅继位，诸葛亮尽全力辅佐刘禅，鞠躬尽瘁死而后已，无有二心。

很多人说，刘备的托孤是君臣不相疑的典范，这种说法难以成立：要知道皇权斗争自古以来就是血淋淋的，绝不是一句轻飘飘的"君可自取"就能取。刘备不可能真的期望诸葛亮取刘禅而代之。所以，如真的不相疑，刘备就绝不会说这番话。

他说这话的目的是什么？很简单，就是刘备临死都要让诸葛亮对刘氏鞠躬尽瘁，他实际上是在施展驭人术。

诸葛亮的需求，说出来其实很简单，那就是青史留名。那么想要青史留名，对于诸葛亮来说有两种方式，一是作为忠臣，成为大汉中兴之相；二是作为乱臣贼子，篡夺刘氏的三分天下。

这时候，李严、赵云的作用显示出来了，他们的忠诚使得诸葛亮会有这样一层疑虑：如果废掉刘禅自立，那些忠于刘氏的忠臣，是否会为自己卖命，答案是否定的。而一旦蜀汉内部出现分裂，本就是三国国力最弱的蜀国，将不会有任何作为。

所以，适合自己的舞台，必须是个团结统一稳定的蜀国。因此，诸葛亮也就通过了刘备的驾驭之术明白了一件事：时局只能让自己做忠臣，绝不适合做叛臣。

魏晋时期的文人，往往更认同出仕而非入世。在三顾茅庐的时候，诸葛亮做足了文人高士的姿态，最后刘备请了三次，诸葛亮才答应出山。这其实是个哄抬身价的暗示，意即是你求我我才帮你的，我看中的可不是功名利禄。

刘备非常聪明，他看出了孔明是个珍惜名望的人。所以，从诸葛亮的两个性格特质入手，白帝城托孤可说是史无前例的成功。而我们要学的则是刘备驭人的艺术。他抓住诸葛亮做人过于谨慎，珍惜名望，又想有一番作为的心理，计划了这次托孤。一方面，向诸葛亮暗示自己的仁德和真诚，使使其产生道德压力；另一方面，诸葛亮多疑，那么就让他和李严、赵云这样的忠臣互相怀疑。死后都能让自己的驭人之术继续生效，我们不得不佩服刘备的强大。

从另一个角度来说，诸葛亮也是一个攻心术高手。

三国时期，诸葛亮因错用马谡而失掉战略要地——街亭，魏将司马懿乘

 第十五章 驾驭人心的读心策略

势引十五万大军向诸葛亮所在的西城蜂拥而来。当时，诸葛亮身边没有大将，只有一班文官，所带领的五千军队，也有一半运粮草去了，只剩两千名士兵在城里。众人听到司马懿带兵前来的消息大惊失色。诸葛亮登城楼观望后，对众人说："大家不要惊慌，山人自有妙计。"

于是，诸葛亮传令，把所有的旌旗都藏起来，士兵原地不动，如果有私自外出以及大声喧哗的，立即斩首。又叫士兵把四个城门打开，每个城门之上派20名士兵扮成百姓模样，洒水扫街。诸葛亮自己披上鹤氅，戴上高高的纶巾，领着两个小书童，带上一张琴，到城上望敌楼前凭栏坐下，燃起香，然后慢慢弹起琴来。

司马懿的先头部队到达城下，见了这种气势，都不敢轻易入城，便急忙返回报告司马懿。司马懿听后，笑着说："这怎么可能呢？"于是便令三军停下，自己飞马前去观看。离城不远，他果然看见诸葛亮端坐在城楼上，笑容可掬，正在焚香弹琴。左面一个书童，手捧宝剑；右面也有一个书童，手里拿着拂尘。城门里外，20多个百姓模样的人在低头洒扫，旁若无人。司马懿看后，疑惑不已，便来到中军，令后军充作前军，前军作后军撤退。他的二子司马昭说："莫非是诸葛亮家中无兵，所以故意弄出这个样子来？父亲您为什么要退兵呢？"司马懿说："诸葛亮一生谨慎，不曾冒险。现在城门大开，里面必有埋伏，我军如果进去，正好中了他们的计策。还是快快撤退吧！"于是各路兵马都退了回去。诸葛亮的士兵问道："司马懿乃魏之名将，今统十五万精兵到此，见了丞相，便速退去，何也？"诸葛亮说："《孙子兵法》有云，知己知彼，百战不殆。如果是司马昭和曹操的话，我是绝对不敢实施此计的。"

空城计是三十六计之一，在历史上被兵家多次使用，而最著名的一例，无疑就是诸葛亮对司马懿的这一例。

司马懿与诸葛亮，堪称三国时期最著名的两名智将，他们互为对手，对对方研究得很透彻：司马懿知道诸葛亮谨慎无比，诸葛亮也知道司马懿了解自己，而且，司马懿向来以多疑著称。所以，诸葛亮便抓住了司马懿的性格，玩了一出非常成功的空城计。

顺便提一句，数年后，在五丈原，司马懿很确切地推出诸葛亮病危的结论，诸葛亮确实病危，他死前的最后一个指令，是命一部蜀军主动出击攻击魏军。而这一次试探性攻击，竟吓得司马懿不敢追击，蜀军抬着诸葛亮的尸体大摇大摆地回到了蜀中。

可见，诸葛亮对于司马懿的多疑，了解得甚是透彻，因此施展的攻心术，绝对是算得上因人施计了。

一个能够因人施计的人，才能把驾驭这门手艺发挥到极致。否则，即使是精妙的心理攻势，如果搞错了人物性格，也只能产生事倍功半的效果。

第十六章

婉言拒绝的读心策略

在一个重视人情的社会里,一次不当的拒绝,往往令对方心里不舒服,从而失去一个好朋友,或一个不错的机会。其实,拒绝他人的时候,有那么几个小窍门,可以把对方的怨恨度减到最低。

第十六章 婉言拒绝的读心策略

用客观理由而不是主观借口拒绝他人

> **微反应关键词** 在拒绝他人的时候，千万要记得，尽量用客观存在的理由，这会让别人毫无怨言地接受你的拒绝，而不会引起不必要的麻烦。

我有一个女性朋友，被她的男朋友甩了。当我赶去安慰她的时候，本以为会听到她的满腹怨言和对那个男人负心抛弃她的诅咒。可是没想到我赶到她那儿时，只看见她低低地哭泣，没听到她说一句关于那个男人的坏话。

"他为什么要跟你分手啊？难道你就一点都不怨恨他吗？"到最后，反而是我憋不住了，问出了这样的问题。

"怨恨有什么用呢？"她抬起哭红的眼睛，"他不是不爱我，只是迫于家庭的压力才跟我分手的。你知道的，他家里很富有，他的爸爸妈妈一直都看不惯我，这一次更是威胁他，如果不跟我分手的话，就跟他断绝关系。换做是我的话，恐怕也会这么选择，毕竟是有血缘关系的父母啊！"

这可真是一个狡猾的男人！听到这样的话，我不由得为这个女性朋友而感到悲哀。就在几天前，我曾看见那个男人跟另一个漂亮的女人卿卿我我，一副很亲密的样子，更何况，他跟我的朋友根本没有提到过关于结婚的问题，并且已经处了那么久了，他的父母怎么会突然干预呢？

他分明就是找到了新欢，然后利用了她的自卑心理，找了个冠冕堂皇的理由，顺顺利利地甩掉了旧女友。

在鄙视那个男人的同时，我不得不为他的机智感到一丝佩服。我的女性朋友虽然自卑，但绝不是一个软弱的人，如果那个男人在甩掉她时说的不是这个理由，而是"我不喜欢你了"或者"我们之间已经没感觉了"，那她一定不会善罢甘休，而是纠缠到底，从而发现他的外遇，将他闹个灰头土脸。

他运用了心理学上的一个技巧，就是在拒绝他人时，提出的理由一定要是客观上的理由，而非主观的感觉。

什么叫客观理由呢？就是不会因为说话人的主观情绪而改变的事情，这样的事情因为具有不可变性，并且明显存在着，所以更容易让人接受并信服。

而建立在主观感觉上的理由，会让人觉得是把他人的想法强加在了自己的头上，何况，主观的感觉本来就未必正确，这也给了别人可以怀疑并加以反驳的机会。

刚进入一家宾馆工作的小琳就犯了这个错误。

做宾馆的接待员，最怕碰见的就是喝醉酒的顾客。这些顾客会大吵大闹，蛮不讲理不说，还有可能将房间吐得一塌糊涂，为保洁人员的工作增添很多困难。

所以，一般遇到喝了酒的顾客，宾馆都会拒之门外。

这一天，轮到小琳当班，恰好就遇到了一个醉鬼。

"开……开个房。"那个醉鬼歪歪斜斜地走了进来，往吧台边一靠，一股酒臭味扑面而来。

"我们这儿谢绝喝醉者入住。"小琳本就讨厌喝酒，再闻见那难闻的味道，不由地捂住鼻子板起脸来。

"怎么着？怕老子没……没钱是吧？"醉鬼勃然大怒，拍着吧台拿出钱包，抽出几张票子甩在了小琳脸上。

"你……"小琳被气得花容失色，差点哭了出来。

"开宾馆是干嘛的？不就是给人住的吗？你这种服务态度，小心我找你们老板投诉你！"那醉鬼不依不饶地喊叫。

吵闹声把客房部的经理引了出来。看清了面前所发生的状况，她心中有了数。

经理为那个醉鬼倒了一杯水，先安抚了一下他的情绪，紧接着拿起住宿登记表来，说："她是新来的，您别跟她一般见识，我现在就为您安排房间……哎呀，真是不好意思，她刚才可能没有跟您说清楚，今天客房住满了。"

"满了？"那醉鬼有些狐疑。

"是啊，不信您看。"经理将登记簿翻到星期日那一页，在醉鬼面前晃了一下。

"满了的话，那没办法了，我去找下一家好了。"喝得酩酊大醉的人当然不会注意到日期这种小事，略略扫了一眼，他摇晃着走了出去。

这就是用客观理由和用主观借口说服一个人之间的差别。喝醉的人是最

第十六章 婉言拒绝的读心策略

不讲道理的，可是只要不是不省人事，都会认同客观存在的理由；而主观上的理由，却会在第一时间内引起轩然大波。

所以说，想要拒绝别人时，最好是用一些物理性的，带有时间、空间或是其他不可抗因素的理由，这样才不至于遭到对方的反感。

狐假虎威：借助"高人"威势巧妙拒绝

> 微反应关键词 大人物的威势，其实是一种主观而非客观的存在，它顽固地存在于我们每个人心中。所以当我们利用这种威势拒绝他人时，总能成功地平衡各方面的关系，而不至于担心给任何人留下坏印象。

当其他人向我们提出要求时，他们必定是带着一定程度的期望的，期望我们能够答应他的要求，而拒绝他的要求，则是让这种期望落空的行为。所以，拒绝他人很有可能让对方对我们产生失望、抱怨等负面情绪。

那么，有没有一种方式能够转嫁这种负面情绪呢？当然有，那就是利用"高人"的威势拒绝对方。

张磊是个在异地读书的大学生，他参加了学校的志愿者社团，假期要在大学所在城市做一段时间义工，所以回家陪父母的时间往往只有半个月。

而在家乡的城市，张磊还有一些从小玩到大的朋友。这些朋友今天来几个叫他出去玩，明天来几个叫他出去玩，还有不少家庭聚会要参加。他经常上午参加了高中同学的聚会，下午要去参加家里某位长辈的生日宴，忙得不亦乐乎。他自己经常感叹：别人放假都是休息，只有我，放假比上学还累。

他的父母看儿子这样辛苦，自然不忍心。于是找他谈心："小磊啊，你每次回家就十几天的样子，天天这样往外面跑，多累啊。你看别人家孩子假期都胖一圈，只有你假期瘦一圈。而且，一年就回两次家，多少也要陪陪爸爸妈妈啊。"

张磊苦恼的说："我也想啊。可是毕竟是以前的同学，大家聚会，要是我不去的话，显得太孤僻了吧，而且这样也得罪人啊。"

爸爸灵机一动："这样，下次如果再有同学找你。而你又不是十分想去的话，就推说家里面有事，我们不让你出门，这不就万事大吉了嘛。"

张磊想了想，觉得是个好办法。

第二天，张磊的小学同学搞了个聚会，打电话让张磊参加。张磊说："不好意思啊，老同学，最近家里在粉刷墙壁，爸爸妈妈需要我帮忙，所以可能去不了了。"

对方一听，觉得都已经上大学的人了帮家里干活也是应该的，于是点了点头，也没多计较什么。

之后，张磊又以类似的理由拒绝了几个邀请，对方都很平静地接受了。

当张磊以自己的名义拒绝朋友时，事情会变得很难开口。而当他以父母的名义拒绝，那么一切就顺理成章了。

而这种拒绝策略之所以奏效的原因，是因为你的拒绝成了一种"代理"行为，而不是你本身的行为。所以，即便对方想埋怨，也会把这种埋怨投射到你"代理"拒绝的那个人身上。

孙浩是某大型国企的采购部部长，他认真负责、年轻有为，深得高层赏识和信任。

王鹏是他的中学同学，两人在高中的时候都是班里篮球队队员，但除此之外就没有太多交集。高中毕业之后，也没再联系。

一天，孙浩忽然接到了王鹏的电话，一阵寒暄之后，王鹏介绍了自己的情况。他现在在一家电子企业做销售，听说孙浩的公司准备订购三百台台式机，于是找到了孙浩，希望能"走走后门"。

孙浩不动声色地点着头，答应会为王鹏努力。

然而私底下，他暗中调查了王鹏所在的公司，得到了很多负面结论：虽然卖的便宜但质量极差，操作系统用的是盗版软件、噪声大、有安全隐患……

孙浩本来的想法是，只要王鹏的品牌跟同类品牌相比，差不了太多，那么他是可以卖给王鹏这个人情的。可现在调查的结果是，这牌子差了不是一点半点，实在是难以交差。所以，就算不为了公司利益，为了自己的饭碗不被砸掉，他也只能拒绝王鹏。

但怎么开口呢？孙浩犯了难：虽然两人平时没有联系，但每年一次的聚会毕竟要见上一面，如果太不给人面子的话，一则尴尬，二则很有可能对自

第十六章 婉言拒绝的读心策略

己在老同学们心里的名声造成不好的影响。

于是他稍微想了想,拨通了王鹏的电话:"喂,王鹏,是我,你的事情当天我就跟我们领导说了。"

王鹏难掩兴奋:"太谢谢了!老同学。怎么样?你们领导什么意思?"

孙浩:"别提了!我那位领导,早越过我把这份订单给他亲戚了。"

王鹏:"唉?这也太……还有什么余地没?"

孙浩:"唉,我也是跟人家里里外外求了很多次情,但我们领导不松口啊。这次可能真帮不上你了,老同学,实在不好意思。"

王鹏:"唉,千万别这么说,这事本来就是我麻烦你,而且你也尽力了。过几天等有空了出来聚聚吧,把球队里其他人也叫上。"

孙浩:"好。"

不难看出,利用领导、长辈等高层人物去拒绝他人,不但不会让对方埋怨你,反而会认为你是在帮他忙的同伴。

要知道,人的潜意识中,对所谓"领导人物"、"高人"往往是充满敬畏的。即使对具体人物不了解,大多数人也会认为这些人是有一定权威的,很难说服的。所以,当你以他们为借口拒绝对方的时候,对方其实既不会对你也不会对你的领导产生什么负面心思。

当然,这招虽然很管用,但当你把"高人"抬出来的时候,选择的理由一定要谨慎。

首先,不能敷衍。张磊拒绝同学邀请的时候,如果说"我父母不让我出门"然后不作任何解释,那么谁都能看出来他是在敷衍人了。

其次,这个理由要合情合理,要能够让人信服。帮父母刷油漆,领导照顾亲戚的生意,这些都是既合逻辑又合情理。

最后,选择拒绝的理由不要触碰对方的伤疤。比如,孙浩拒绝王鹏的时候,即使用领导做了挡箭牌,也决不能说"不好意思,我们领导说了你的产品实在太滥,所以我们不予考虑"这样的话,不然不仅会让人觉得你不热心帮忙,还落井下石。

运用分割法，拒绝不能接受的部分

> **微反应关键词** 如果提要求的"漫天要价"，那么我们就"坐地还钱"。这既是一种博弈又是一种合作：找到一条既能让对方接受又能让自己接受的路。所以，需要你谨慎地找到那个最恰当的分割点，以最有诚意的方式表达出来，那么万事就OK了！

当他人对我们提出过分的要求时，怎样拒绝是一个大难题。但是，与其绞尽脑汁地想拒绝的方法，倒不如另辟蹊径。在拒绝他人要求之前，我们可以想一想，对方的要求真的是完全不能接受吗？

比如，我们的晚辈或弟弟妹妹跟我们要零花钱，如果张口就要一张百元大钞，你势必觉得太多，但如果孩子改口为五元呢？

道理就这样的简单。每一个你拒绝的条件，里面似乎都有一些可以接受的部分。所以呢，我们在拒绝的时候，可以不那么完整的拒绝，而是稍微分割一下对方的要求，把我们接受不了的拒绝掉，如果有能接受的部分，我们不妨答应下来。

郭向是一个电子礼品生产公司的总经理，他的客户大多是各地区的小商品批发商。一天，他正在办公室查账，华中地区的一位大客户给他打来一个电话。

接通电话之后，对方毫不客气地说道："郭总，我是某某公司的高经理。你上批给我发过来的1000件圣诞荧光笔里，至少有三成是不合格的。"

郭向心里咯噔一声："件"是批发单位，一件指的是一个流水线一个批次作业所产出的产品。数量视产品体积而定。那种圣诞荧光笔，一件有1200支，1000件就是120万支。这种笔虽然小，但用料考究，做工精美，科技含量高，所以成本并不低，如果对方要求全批次退货的话，那年底只能用其他产品带来的利润填补这个空白。

# 第十六章 婉言拒绝的读心策略

一边算计着,他一边反问:"都是些什么问题呢?"

高经理:"弱电线路板那有几个电子管没焊牢,所以十字架的明暗灯光效果根本看不出来,录音功能也有问题。我要求全部退单。"

现在已经是12月份了,这种圣诞笔的热销档期马上就要到了,如果这时候高经理要求全部退单的话,那么根本来不及处理这1000件货物。可如果全盘拒绝的话,那就太得罪人了,毕竟是自己这一方有失误在先,弄不好会损失华中地区的稳定出货渠道。这样对企业长久发展太过不利。

所以,郭向慢条斯理地说道:"全部退单,这个问题太大,毕竟只是1/3的货物有问题,剩下的是符合合同要求的。这样吧,高经理,我们可以暂且对那1/3进行退单。然后我们会抓紧时间对这批退掉的产品进行抢修。如果在本月十五日之前,能够把这批货抢修完毕,我希望您能按原价继续包下这300多件。"

高经理想了想:现在能够生产这种礼品的只有郭向的工厂,而且市场前景肯定紧俏,几乎是有多少货市场都能消化。所以也就答应了郭向的要求。

如果完全答应高经理的请求,那么郭向势必损失严重,而如果完全拒绝,那么可能就要损失一个渠道。这时候,怎么办呢?很简单:把对方的条件中,你无法接受的那一部分拒绝掉。拒绝的标准是:一是不会给你造成过大的损失;二是对方也能较好地接受。

但有些时候,对方提出的要求看似无法分割,不过遇到这种情况也不要紧,我们可以灵活变通,比如,从时间上去分割它。

孙萌是一名网络写手,她出道于一家知名言情小说网站。三个月前,她被国内最大的一家言情小说网站看重,并以高薪挖了过去。

三个月过去,孙萌的老东家联系上她,声称准备实体出版一个系列的中篇小说集,而孙萌的三部中篇都入选了这个小说集。但实体出版和电子书出版有很大区别,所以这家网站希望孙萌能够把这三部中篇小说进行修改,变成适合实体书出版的形式。

这让孙萌犯了难。她现在在写一本长篇小说,并已经进入收费状态,需要她每天至少完成八千字的更新。在这种工作强度下,在短时间内修改其他小说是不可能的事。

但又不能断然拒绝,因为她在刚入行的时候,这家公司老板和编辑都很照顾她,她如果就这么撒手不管的话,是忘恩负义的行为。

想了想,她说:"如果实体出版的话,周期是很长的,至少三个月。我这

个月很忙，至少要到从下个月才能腾出时间来。所以你看能不能等到下个月再进行修改呢？"

对方说："好吧，我们可以先整理其他人的文章，最后再要你的。这次的事实在麻烦你了。"

很多时候，对方的条件并没有什么可以分割的余地。比如，修改自己的作品，要知道文学创作是一件私人性较强的事，两个人去做的话是很容易出纰漏的，所以孙萌不能说"我只改一篇，另外两篇你交给别人好不好"，但是从另一方面来说，她有理由可以拖延。因为这件事也是对方突然提出的要求，从情理上来说，也应该给人一定的缓冲期，所以孙萌说一个月后再进行这项工作，并不过分。

在运用分割拒绝法时，切记不要过分。像上面的例子，无论如何，孙萌都不能说"我最近很忙，三年后再帮你修改吧"，要知道三年后黄花菜都凉了，这么说并不是分割拒绝，而是一种比直接拒绝更伤人的"嘲讽式拒绝"。

换句话说，你分割之后的结果，一定要让对方觉得你想答应他，但实在力所不能及，所以请做一些退让。这样一来，人家感受到你的诚意，对你的拒绝也就不那么排斥了。

所以，运用分割拒绝法：第一要注意的，就是千万不能过分，以免引起不必要的冲突；第二要注意的，就是让人感受到你的诚意，这样一来，即使是拒绝，也能让人舒舒服服地接受。

转嫁拒绝：用其他条件让对方自己收回成命

微反应关键词 转嫁拒绝，其实转嫁的不是拒绝本身，而是我们拒绝所带来的怨恼。这也是转嫁拒绝强大的地方，它让对方自己拒绝自己，既然放弃的决定是自己自愿的，那么对方便不会埋怨我们了，何乐而不为呢？

在传统的东方文化里，直截了当地拒绝他人，是一件很伤感情甚至很粗

第十六章　婉言拒绝的读心策略

鲁的事情。所以，我们会尽量客气地拒绝对方。不过，有时候仅仅客气是不够的。所以，有没有一种方法，可以让我们在面对那种"无法拒绝的拒绝"时，依然能够不伤面子地拒绝呢？

刘莉是一名资深娱乐经济人。由于她的包装手法纯熟，所以事业很成功，不少刚入道的歌手、演员或模特都希望能够投在她的门下。

她对自己手下的艺人要求其实相当高，所以，主动找上门的艺人，至少有百分之九十八被挡在门外。因为这些新艺人，大多数并没有真本事，有的只是一张看起来不错的脸蛋，就开始妄想起明星梦来。

刘莉虽然并不打算包装他们，但自己也有这层顾虑：在光怪陆离的娱乐圈，说不好哪个今天还是小角色的艺人明天就变成了大明星。所以，不能得罪人是必须遵守的法则。

于是，对于那些她骨子里瞧不起，但又不能断然拒绝的年轻艺人，刘莉从来都是和蔼有加。

一次，一个自认为有才华的"原创歌手"找到了刘莉，说自己从小喜爱音乐，从十一岁开始学吉他，现在已经吉他九级等等。

刘莉接触过一批很棒的吉他手，知道真正厉害的吉他手很少拿所谓的级别当资本，她一眼就看穿了这个原创歌手的本质。她让这位歌手自弹自唱表演了一段，觉得实在乏善可陈，于是，刘莉耐心等这位歌手说完，便提出了一个确认性的问题："你是原创歌手是吧？"

对方一愣，马上点头："是的，我精通爵士乐。"

刘莉继续说道："好，我们可以包装你。"

歌手欣喜若狂："真的吗？放心，我一定会努力拼搏！"

刘莉摆了摆手："但是你要经过一个考试测验。我们这里的每位艺人，都必须通过相关的测验才能成为公司旗下的一员。而原创歌手的测验，就是在一星期内写出两百首流行歌曲。要求统一风格，主旋律不能有重复，每首歌都要有一段像样的乐器伴奏……总之，一首可以发行的流行音乐标准，你应该也知道，就按着这个标准，写两百首，如果一星期内写出来了，咱们马上签合同。我保证你三年内红遍大江南北。"

"原创歌手"做梦般地点了点头，走了。而刘莉知道他是不会回来的了。

一星期写两百首歌，并非是一件不可能的事，对一个真正具有一定音乐素养的人，并不是一件难事。而包装这样一位艺人，刘莉应该还是很感兴趣的，可问题是，那位年轻的小伙并不具备这样的能力，但又不能随便拒绝对方,所以刘莉想到了这样一个办法,简单地说,就是先答应对方,然后再提出一个对方无法完成的要求,让对方自己知难而退。

我们称这种拒绝方式为转嫁拒绝,也就是,对方提出了一个我们无法接受却又无法拒绝的问题,那我们也提一个这样的问题,他自然完成不了,那么他向你提出的非分要求,也只能自己默默地收回了。

当然,除了提对方完不成的要求之外,还有一种提要求的方式,那就是提出对方不愿意完成的要求。

宋梅梅是一家著名伞具用品公司的网络批发专员,她负责通过网络渠道联系客户。由于交际能力强,待人和善,宋梅梅谈下了很多客户。而且她卖的伞具确实价格公道,所以这些客户一来二去也一直都在她这里批发伞具,成了老客户了。

大多数老客户,都是很爽快的,毕竟双方大宗交易不是一次两次了。但也有例外,雷总就是一个例外。雷总经营一家零售日杂商场,由于是个体,价格弹性较大,他也习惯了和顾客之间的讨价还价。但最近他把这种讨价还价的习惯带到了宋梅梅那里。

"梅梅啊,你看,我在你那里拿了几百把伞了,周围的日杂店跟我关系不错的,我也都介绍到你那里拿货,所以啊,你看能不能给我个优惠呢?"

宋梅梅很爽快地回复道:"您说!"

雷总:"是这样,有几把伞呢,被顾客买走之后,可能是由于使用不当,马上就坏掉了。但由于商场规定一星期内可以无条件退货,所以我手头现在有将近二十把这类伞。我知道这不是你们的质量责任,可是压在我手里也卖不出去啊。所以你看能不能把它们返个厂呢?"

宋梅梅想了想,虽然雷总的要求有些无礼,但毕竟对方低声下气,又是老客户,所以脑子一转,很爽快地说道:"可以啊。"

雷总正要开心的时候,宋梅梅又说了句:"把钱打到工行卡上吧,卡号是62220……。"

雷总惊问:"什么钱?不是免费换吗?"

宋梅梅:"是啊,返厂我们可以出于交情给您免费,但是配送费用总不能也让我们承担吧。"

雷总一想,宋梅梅说的也是。但问题是配送费用一来一回就要近200元,这二十把伞的进货价也才不到500元,这么折腾实在没有必要。所以,稍微思考了一下,就说道:"哎哎,你说的也对。要不就算了,我也不太好意思麻

第十六章 婉言拒绝的读心策略

烦你们。你的好意，我心领了。"

其实，有时候转嫁拒绝的时候，并不需要用对方难以完成的要求转嫁，偶尔也可以尝试用对方不愿意去完成的要求。因为，前者虽然不会让对方直接怨恨我们，但提出了他根本不能完成的事，会让对方产生一定的无理感。如果是心胸狭窄的人，很可能从此开始记恨我们。

所以，我们不妨提出一个他不愿意去完成的条件，就像宋梅梅提的"负担配送费用"，这个条件雷总是有能力做到的，但他从利益角度考虑，觉得这样做"甜头"就不大了。于是，放弃了自己最初的要求。

最后，一定要注意的是，提出的要求必须合理。刘莉和宋梅梅提的要求，都是站得住脚的，不会让人以为是故意刁难。而我们在使用转嫁拒绝反提条件的时候，也一定记得，千万不能让对方认为你的条件是无理取闹。

如何拒绝非分要求：不把对方的话当真

控制情绪，是不把对方的话当真的关键。很多人听到实在不合情理的要求，难免觉得对方是无理取闹，立即红起一张脸甚至大打出手。事情谈不成不说，反倒显得没风度。反过来，不任由情绪蔓延，用无视的态度拒绝对方，才是王道。

我们在生活中常会碰到这种人：信口开河地向你提出一些很难以完成的要求，这类要求要么完成难度极大，要么不合情理，要么甚至违法。

面对这种人的时候，我们苦不堪言。拒绝得太直接吧，伤和气；拒绝得不直接吧，又容易让对方心存侥幸……

其实面对这种人的时候，有一个很简单却有效的处理方法：无论他们提什么非分要求，都不要把他们的话当真，用开玩笑的方式，让他们的希望落空。

明嘉靖年间，特权横行，陋习遍地。"打秋风"就是其中的一项陋习。何谓"打秋风"呢?

朝中权贵的亲戚,会利用家里的权势,到各地"视察"。地方官员除了要好好接待之外,还必须给以真金白银的贿赂。这就是打秋风的实质。

海瑞在做淳安知县的时候,浙江福建总督胡宗宪的儿子,到江浙福建各县打秋风。一天,就把秋风打到了淳安县。按说,堂堂总督的儿子,到一个县城,首先要在驿站有一场盛大的接待会,然后安排一顿山珍海味,然后住进驿站里最好的房间。

但海瑞不仅自己为官清廉,而且在自己治理的区域内,也绝对禁止一切乱用民脂民膏的行为。胡公子虽为权贵之子,但并无功名在身。按照明律,驿站不应该免费接待他。当胡公子到淳安县的时候,发现接待会和山珍海味竟然都没有,驿站工作人员竟然用接待普通百姓的规格,接待了自己。胡公子大怒,命手下把驿站服务员吊起来打。

海瑞闻讯后,马上赶到现场,见状大怒,吩咐手下衙役强行制服胡公子及其手下。手下不敢,怕惹杀身之祸,海瑞承诺一切后果由他承担。

衙役闻言,鼓起勇气制服了胡公子一行人。

胡公子大怒,一直叫喊:"我乃胡宗宪之子,尔等胆大包天……"

海瑞丝毫不理会胡公子,他命手下把胡公子一行人在一路上搜刮的所有财物全部没收充公,然后打了胡公子几板子,把他驱逐出境。

他随即修书一封给胡宗宪总督,大概内容是:有人自称胡家公子沿途仗势欺民,海瑞想,胡公英明,膝下必无此等不肖子,显系假冒。为免其败坏总督清名,我已没收其金银,并将之驱逐出境。

这位胡公子的父亲胡宗宪总督是抗倭名将,戚继光就是他一手提拔起来的。为了东南抗倭,中央可以说把浙江福建两省的军政大权全部交给了他。胡宗宪可以说是当地的土皇帝,而海瑞的淳安县恰恰在福建境内。两人地位差了十来级,但胡宗宪看到信之后,只得苦笑:一方面他确实是个明事理的人,另一方面即便他想要报复,也得考虑自己的名声和海瑞的影响力。于是胡宗宪不但没有替儿子出气,反而狠狠训斥了儿子一顿,并罚他禁足三个月。

海瑞是明代大清官,他对得起黎民百姓和天下社稷。人们记住他,大多是他铁骨铮铮耿直精忠的一面,甚至很多人认为他是个死脑筋,其实,这是个大大的误解。试想,在明代,一介举人能成为右佥都御史兼吏部侍郎,绝不是死脑筋或榆木脑袋可以胜任的。

海瑞在处理胡公子一事上,就显示了很高的智慧。他真地认为胡公子是

 第十六章 婉言拒绝的读心策略

假的吗？恐怕不可能。但胡公子提出的要求，在海瑞看来真的很过分，是自己根本无法办到的。可如果正面跟胡公子讲道理，教导他不要打秋风，即显得迂腐，又不可能管用，还不如根本不拿胡公子当胡公子。

在生活中，我们不可能不把对方当成对方，但却可以从海瑞的办法里学到一些道理，那就是不把对方的非分要求当真。这样，你其实根本不用拒绝。但要注意你的态度，既然我们不把对方的话当真，那么如果对方的要求很过分，我们也不能动怒。因为带上动怒一类的小情绪，就等于你当真了。

所以，我们不妨就当对方的要求是个笑话，同样用一个笑话搪塞过去。

比如：

"这批货给我打八折吧。"

"别开玩笑了，您财大气粗怎么会在乎这些小钱。咱谈谈进货量吧。"

总而言之，就是轻描淡写地不把对方的主张当回事。在绝大多数时候，对方也知道自己是过分的，所以看到你的态度之后，也不会再提了。

拒绝之后立刻提要求，让对方也拒绝一次

> 微反应关键词 几乎一切社交心理诡计，都是利用人对平衡心理的追求，这一节所要讲的也不例外。所以，想要拒绝了对方也不会被憎恨，那么就给对方一次拒绝你的机会吧。等量交换，最公平不过。

很多时候，我们可能会陷入这样的窘境，那就是无论如何，不能含糊其辞地拒绝对方，必须明确地拒绝。而明确地拒绝又可能给对方造成伤害，让对方对我们有怨恨。这时候，我们怎么办呢？

徐涵刚刚升任一家大型超市的采购部主任，超市需要购买的硬件设施都要通过他的审批。

钱衡是徐涵的大学同学，现在是一家大型空调集团的总代理商。

两人在大学期间颇有交情，毕业后也时常联系。由于两人都是高尔夫球

迷，都喜欢单品咖啡，俩人在一起要么选择打高尔夫球，要么选择喝咖啡。

有一天，钱衡给徐涵打电话，约他出来喝咖啡。徐涵当然知道老朋友的目的，实际上钱衡早就跟徐涵暗示过，如果他的超市准备订购中央空调，徐涵能不能在超市领导层那里游说一下，劝说他们从自己的公司选购。

徐涵并不是不想帮老朋友，他知道钱衡公司的产品其实品质是不错的。但公司现在正在体制改革，以后所有超过万元的大宗采购，都必须招标完成。也就是说，自己这个采购部主任，对于较为昂贵的设备的购入，已经没有了决定权。

由于两人关系很不错，徐涵并不打算敷衍钱衡。喝了一口咖啡，他很明确地作了拒绝："对不住啊，老同学。现在换了新总裁，搞改革，从此以后，昂贵的设备采购，我就不能一个人作决定啦。"

钱衡有些沮丧："唉，本来指望你升官之后，能拉兄弟一把，没想到竟然这么不凑巧。"

徐涵知道，钱衡虽然没明说，但心里对自己多少事有点埋怨的。于是他灵机一动，说道："对了。听说你上个月去丹麦旅游，收了一套托马斯·比约恩的训练球杆？"

钱衡一愣："是啊，有他的签名。"

徐涵搓着手掌，问道："这么多年交情，能不能借我用俩月。"

钱衡立即拒绝道："怎么可能！那套球杆可是我的命根子。最多下次一起的时候让你挥两杆。你知道现在我把那套球杆挂在我家客厅中央位置上……"

徐涵笑着倾听着钱衡拒绝中带着的炫耀，时不时附和一两句，他知道两人之间的不和谐小插曲已经过去了。

在生活中，朋友之间提要求，会随着亲密程度而递增。最简单的例子，中国的婚礼有"送礼"的习惯，而关系越好的送礼就越多。倘若是从小玩到大的交情，在对方结婚的时候只送一份薄礼，会觉得没面子的。

所以，人们在衡量他人价值的时候，心里往往有一杆秤。一面是两人的亲密程度，另一面是对方能为自己做的。如果哪一边过重，都会产生心理失衡。

钱衡知道徐涵要升职，所以一直期待着对方能在空调订购的事情上帮自己一次，这种期待如果落空的话，即便是知道徐涵力所不及，他可能也多少会有些心里不舒服。

而这种不舒服会使钱衡的心里失衡：我们关系这么好，那么你是不是应

# 第十六章　婉言拒绝的读心策略

该答应我这个小小的请求呢？如果你拒绝了，我们的关系……

所以，想要维系这段关系，重点其实在于扭转这种心理失衡，让对方心理重新平衡。怎么办呢？徐涵其实已经给大家展示了一个很实用的技巧了——让对方也拒绝自己一次。

所谓解铃还须系铃人，既然我用拒绝使你失衡，也让你拒绝我一次，那么这种平衡就重新回来了，对方的心理也不会再有什么影响了。

豪尔赫是一名小学老师，现在就职巴西的一所平民学校。这类学校的生源一般都来自黑人街区和平民窟，所以这些孩子从小跟街头混混以及毒贩子厮混，自然不会有太好的性格。

因此豪尔赫的学校也是附近有名的问题学校，大多数老师对于学生来说只是一个陌路人。但豪尔赫确实是个例外。

他是一名历史教师，博闻广识自不必说，更可贵的是他能把枯燥的历史变成一连串很有意思的故事。在他的教导下，虽然很多学生仍然恶习难改，但每个星期二、三的上午九点，以及星期五的下午一点，大家都会准时坐在他的历史课堂上。

当然，他还有其他受欢迎的原因，比如，他从来不歧视那些所谓的"流氓学生"。

有一次，他的一个问题学生、黑人男孩拉米雷斯惹了大祸。

当时是在历史课堂上，他和另一名同学争论"切·格瓦拉是个好人还是坏人"的时候，因为说不过对方，情急之下掏出了一把手枪顶在对方额头上。虽然没开枪，但这个场景仍然吓坏了一群只有十二三岁的小孩。

好在，经过豪尔赫的劝阻，拉米雷斯把枪给了豪尔赫，并没有惹出更多的事情。放学后，拉米雷斯来到豪尔赫的办公室找到他，问道："嘿，豪尔赫先生，我知道我犯了大错，但当时我只是被愤怒冲昏了头脑。你知道我有多喜欢格瓦拉，而那个混蛋……"

"注意措辞！拉米雷斯。"豪尔赫打断了拉米雷斯的喋喋不休，"说吧，来找我有什么事？"

拉米雷斯不好意思地问道："能不能……我是说……如果你用不上的话，能不能把那支枪还给我。"

豪尔赫立即回绝道："当然不能！"

拉米雷斯："可是豪尔赫先生，我是因为你劝我才把枪放下，我当时真的很生气！我没脑子，我知道！但我保证绝对没有下次了，永远！没有……"

"拉米雷斯先生",豪尔赫再次打断他,"你马上要长成一个男人,而男人,就要为自己做的事情负责,你知道的。"

拉米雷斯垂头丧气的不知道该说什么,比划了一番无意义的动作之后,准备转身离开办公室。

豪尔赫知道拉米雷斯可能有些记恨自己,于是叫住拉米雷斯:"拉米雷斯,你能告诉我,这把枪你是从哪里弄到的,能告诉我吗?"

其实豪尔赫知道,拉米雷斯这些"野孩子",或多或少都跟当地黑帮团伙有些联系,而这些组织虽然松散,但却有些不能触碰的禁区,比如,出卖你的商家。所以,他知道拉米雷斯会拒绝自己。

果然拉米雷斯仔细想了想,很抱歉的说:"实在对不起,豪尔赫先生,我不能告诉你。我只能向你保证,他们不会找你麻烦。"

豪尔赫点了点头,挥手示意拉米雷斯可以离开了。

豪尔赫最后询问拉米雷斯枪支来源,其实就是为了弥补马丁内斯内心的不平衡。给他机会也拒绝自己一次,这样就不会有怨恨了。

所以在生活中,当我们必须直接拒绝对方的时候,不妨也给对方一个拒绝我们的机会,提出一个你明知道对方会拒绝的问题。这样,对方在拒绝你之后,对你的排斥感就会小很多。

第十七章

化解敌意的读心策略

你是否常常会因为对方心怀莫名的敌意而手足无措？其实大可不必如此，要知道敌意的来源是心理，只要你将对方的心理需求看破，那么化解敌意也变得易如反掌。

第十七章 化解敌意的读心策略

有效的沟通是化敌为友的最好方法

> 微反应关键词 生活中，很多误会的产生是因为没有得到有效的沟通。一个一个的小误会多了，就变成了大矛盾。不要等待了，主动去接近对手，多跟他进行有效的沟通，就能消除误会，得到一个朋友。

一天，美国知名主持人林克莱特访问一位小朋友，问他说："你长大后想干什么啊？"

小朋友天真地回答："嗯……我要当飞机驾驶员。"

林克莱特又问他："如果有一天，你的飞机飞到太平洋上空后所有引擎都熄火了，你会怎么办？"

小朋友想了想："我会让坐飞机的人先绑好安全带，然后我打开降落伞跳出去。"

当时，现场的观众都觉得这是一个自私的孩子，林克莱特也这么认为。不过，他从内心相信，人性本善，也许大家误解了这个孩子。

带着这样的想法，他接着问孩子："为什么要这样做？"

没想到，小朋友两行热泪夺眶而出，给出的答案透露出一个孩子最美好的心灵："我要去拿燃料，回来救大家。"

林克莱特很庆幸自己追问了一句，让观众看到了一个孩子最纯净的心灵。

很多时候，我们都犯像观众一样的错误，听人说话甚至只听到一半就再也没有耐心听下去，很多误会就是因此而产生的！

在生活中，这样或那样的误会在所难免，但很少有人像主持人林克莱特一样多追加一个机会给对方解释，也很少有人愿意主动去解释，这导致人们经常因为误会而产生敌意。但实际上，很多对立的人之间其实并没有什么大矛盾。他们的关系之所以僵硬，唯一欠缺的就是有效的沟通。

甲和乙是一对关系不错的室友。甲爱整洁，平日里把屋子里的东西整理得井井有条。乙有点邋遢，东西经常乱扔乱放。甲觉得自己大乙几岁，经常以姐姐教训妹妹的口气教育乙要把东西摆放整齐，乙也比较听话，嘻嘻哈哈地就照做了。但几次下来，只要甲一不高兴，乙就觉得是不是自己哪里做错了，惹着她了？这样想着，乙也觉得委屈，不问原因就独自在一旁生闷气，谁也不搭理。其实，甲不高兴并不是因为乙，只是看她那个样子，也懒得跟她解释。

这样住了一段时间之后，她们都觉得很不舒服，于是房租到期后，就分开了，而且从此很少联系。

实际上，只要乙多问一句，或者甲多解释一句，这样的误会完全可以消除，然而她们都没那样做。所以怨气越积越多，终于难以调和。

美国最伟大的总统之一——亚伯拉罕·林肯说："无论人们怎么仇视我，只要他们肯给我一个略说几句话的机会，我就可以把他们征服，跟他们化敌为友！"

这给了我们一个重要的启示，那就是：如果遇到与你作对的敌人，不妨多找他聊天，有效的沟通是消除误会、化解敌意最好的方法！

一个年轻的工程师，在施工中遇到一位在工人中相当有威望的老工头。老工头自认为比工程师年龄大、有经验，他担心工程师来了之后轻视自己，夺走自己的指挥权。在这种心理影响下，他渐渐对其产生了敌意，几乎什么事情都跟工程师为难，使得工程师做起事来十分吃力。

实际上，工程师是一个很谦虚的人，他原本打算多向老工头请教，可是，往往没等他说完话，就受到了老工头冷漠的嘲笑。

一次，他制订了一份工程计划，送到老工头那里，希望听听他的意见。没想到，老工头拿起表来还没怎么看就一顿狂批，还闹到了总经理那里，说工程师根本什么都不懂。

工程师也不傻，他渐渐看出了端倪。为了打消老工头这种顾虑心理，他分三个步骤进行攻关。首先，他请总经理出面，将老工头请出来喝酒。在酒席上，他把老工头敬为和总经理一样的上宾。借着酒劲，他说明了自己对建筑专业是多么热爱，但是，刚刚毕业不久，毕竟没有经验，希望能得到老工头的指点；并且，请总经理见证，以后一定要像尊重老师一样尊重老工头。老工头被他的诚意打动了，主动向他道歉，说自己有些地方确实做得不够大方。

在这之后，老工头非常支持他的工作，还在总经理面前夸奖他，说他是

第十七章 化解敌意的读心策略

建筑行业了不起的天才。

消灭"敌人"最好的办法是什么？主动接近他，与他进行有效的沟通，沟通多了，就能消除误会，冰释前嫌。当他成了你的朋友，你也就少了一个敌人！

霍桑效应：满足对方发泄的欲望，化解其敌意

> **微反应关键词** 霍桑效应就是让员工将心中的不满发泄出来，有效疏导情绪，提高工作效率。在人际关系中，面对敌人的挑衅，使用霍桑效应，故意让敌人将怒气发出来，能有效化解对方的敌意。

霍桑效应又称宣泄效应，是指让员工将自己心中的不满发泄出来，能有效疏导情绪，提高工作效率。关于霍桑效应说法的来历，有这样一个小故事。

美国芝加哥市的郊外有一个霍桑工厂，这是一家制造电话交换机的工厂。厂里为工人提供了完善的娱乐设施、医疗制度和养老金制度等等，尽管如此，工人们依然觉得工作没有动力。为了提高工作效率，工厂领导请来了包括心理学家在内的许多方面的专家，在大约两年的时间里，找工人谈话两万余人次。

在谈话的过程中，专家们耐心地听取工人对管理层的意见和抱怨，还认真地做了记录。

结果，工人们长期积累的不良情绪得到了发泄，工人们面对工作重新找回了活力。霍桑工厂的工作效率大大提高。

这就是著名的霍桑效应。它作为疏导情绪的良药，在很多企业都有应用。

日本的松下工厂所有的分厂都设有吸烟室，里面摆放着一个松下幸之助的人体模型，在这里，工人可以随便用竹竿抽打他，以发泄工作中的不满。等工人们打够了，喇叭里会响起松下幸之助的声音，鼓励工人们为了美好生活好好工作。

在美国的一些企业，每个月会专门划出一天给员工发泄不满。在这天，员工可以对同事开玩笑，甚至顶撞上级都是允许的。

这两种形式都能使下属平日积攒的不满情绪得到发泄，从而大大缓解他们的压力，使他们自始至终保持工作热情。

其实，不单单是企业管理的过程中应该好好利用霍桑效应，在人际交往的过程中，对于每个人来讲，适当地用一下这个效应，也有助于缓解紧张的人际关系。

我们在处理人际关系的过程中，难免会因为某些事情处理不到位，触碰了某些人的利益，引起对方的敌意，甚至要面对对方一些挑衅行为。这个时候我们应该怎么办呢？最好的方法，就是想办法让对方把心里的不满和意见说出来。

也就是说，遇到对自己有敌意的人，不能逃避，也不能硬碰硬，只需要用适当的方法鼓励他，让他把对你的不满发泄出来，他的敌意就能减少，甚至消失。

安静是一个很优秀的女孩儿，她现在就职于一家私企，已经升到了管理层。但就在半年前，她还面临着被辞退的危险。

她的上司叫陆斌，陆斌从来没有学过广告专业，很多时候，对于安静的创意都持保留态度，他既不反对，也不支持。一个创意在不声不响中就被遗忘在角落，安静也得不到明确的答复，这让安静非常头疼，她总是处于自己的创意实现不了，还要处理陆斌分配下来的琐碎工作当中。她忍不住跟同事抱怨："工作真是糟糕透了，领导在这个领域并不专业，所以，很多好创意都被埋没了。"

她的这些埋怨最终还是让陆斌知道了。安静非常纠结：一方面，她不想失去这份工作；另一方面，她时刻担心陆斌会给自己穿小鞋，为难自己。她每天如坐针毡，矛盾而无助。后来，她找到一个学心理学的朋友聊天，朋友给她出了一个主意，让她走出了困境。

第二天，她敲开陆斌的办公室，质问他为什么上个月提交的方案至今没有答复。陆斌显然没想到下属会如此嚣张地跟自己说话，而且就在几天前，她还在其他下属面前抱怨自己。

陆斌的怒火一下子被点燃了，怒骂道："方案？你还好意思跟我提什么方案？你连最基本的关注客户需求都没做好，只顾自己所谓的创意！还自以为很了不起，我告诉你，你出的东西就是垃圾！到了客户那里，只能给我们公

第十七章 化解敌意的读心策略

司丢人！……"安静一句话都不说，任由他发泄了十来分钟。最后，陆斌也说累了，挥了挥手让她出去工作。

出了办公室，安静长长舒了口气，她终于不再整天提心吊胆了。果然，接下来，陆斌并没有找安静的不是，而且，还经常把安静叫到办公室，指点她工作上的不足之处。安静的业务水平也是突飞猛进，半年之后，因为一个方案非常成功受到大领导的赏识，她得到了提拔。

安静成功地打了个翻身仗，就在于她利用霍桑效应，巧妙地逼领导发泄出了心中的怒气。

其实，人的怒气就像水库里的水，越积越多，积得越多对你的敌意就越浓。而某一天，当对方把心里的不满发泄出来之后，对你的敌意和挑衅也许就消失了。所以，如果我们能够尽量满足对方发泄怒气的欲望，就能够化解对方的敌意，同时，也能从中找到解决矛盾的方法和策略了。

适当降低自己，以降低对方的戒心

> 敬畏感一方面让人表面服从，另一方面也会产生彼此间心灵上的戒备和隔阂。而在信息时代，是实实在在的消息重要，还是虚无缥缈的敬畏感重要，不言而喻！

FBI探员在办案的时候，常常有"装新手"的习惯。

一个有了十多年办案经验的老探员，由于"脸嫩"，在审问犯罪嫌疑人的时候，常戴一副金丝眼镜，装扮成小心翼翼举轻若重的新人。这种角色扮演，当然不是出于探员们的恶趣味，而是因为犯罪嫌疑人的弱势心理可能会让他对探员产生戒惧，而这种戒惧会让整个套话过程变得很难。所以，有经验的审讯员在面对胁从犯或罪轻证人的时候，往往不会那么咄咄逼人。

这种审讯方式，放在生活中其实也很实用。

仔细想想，你的朋友是不是有时候会因为你的强势，而对你欲言又止？

这就是过于强势所引起的戒心在作祟。

如何打消这种戒心呢？

爱尔兰大诗人威廉·叶芝是个极为重视在民间的"采风"活动的人。爱尔兰的深山老林、大街小巷，都遍布着他的足迹。

但很多时候，当对方认出他就是大名鼎鼎的叶芝的时候，不免会有些紧张。每当叶芝希望从这些社会最底层民众口中问出一两句流落乡间的诗句的时候，对方总有些不自在。

而诗歌朗诵是需要真性情的，当情感被某种东西压抑住，就很难精确的表达。

有一次，叶芝在科克城皇后大学旁边的酒吧里结识了一位吟游歌手，这名歌手的嗓音很一般，但叶芝觉得他的唱词很有诗意，便马上上前礼貌地攀谈起来。

刚聊了几句，对方竟一眼认出叶芝，激动地请求叶芝在自己的曼陀铃上签字。叶芝只得满足他的条件。但对方在激动之下，竟然记不清自己平日里熟练吟唱的小调，这让叶芝哭笑不得。稍微考虑了一下，他便知道问题出在哪里，然后马上不提诗歌，转而谦虚地询问对方这几年在英伦三岛的所见所闻。

讲故事可是吟游诗人的强项，他一连说了一大堆自己经历过的奇闻异事。就这样，歌手的紧张感慢慢消失，最后还和叶芝一起整理了近十首十分有价值的爱尔兰民间诗歌。

还有一次，叶芝在乡下听到一个苍老的声音在哼一段优美的调子，他循声走去，发现是一位白发苍苍的老妪，便非常有风度地询问这段调子的出处。

老妪倒没有认出叶芝，但从他的穿着和举止便感觉到此人是"大人物"，不免紧张，结结巴巴地说道："您是城里的爵士？这样的小曲是我们这祖传的调子，教堂的牧师老爷们很不喜欢，说我们这玩意跟圣诗不符。"

叶芝当然不会被天主教的思想禁锢，他十分和蔼地说道："夫人，我想听听这优美的曲子。在城里我被那些沙龙里的音乐烦透了，您就当当我的老师，教教我这些小调吧。"

老妇人听着叶芝耐心的解释，紧张感也就没有了，十分自然地又给叶芝吟诵了这段小调。由于年代久远，小调里只剩下了残缺的几个单词，叶芝根据这段旋律以及这几个单词的意象，重新写了一首诗，就是著名的《萨利花园》。

 第十七章　化解敌意的读心策略

叶芝聪明的地方就在于，他看清了对方为什么不告诉自己那些信息。他们并不是因为不想，而是因为被其他情绪压抑，从而造成了潜意识的戒备。而他则用简单却有效的办法打消了这种潜意识的戒备——放低自己的姿态，把对方当做老师。

而这也就告诉我们：一个过于在意身份的人，若时刻处于居高临下的状态，那么别人不可能对他什么都说。慑服于权力，可能会说一些不得不说的事，但绝对不会说出心里话。

所以，在生活中，我们与人交谈接触的时候，切忌摆出一副高高在上的架势，一来让人不喜欢，二来确实无法从对方嘴里听到什么心里话。待人宽厚亲和，才是打消他人戒心的王道。

突破心理防卫，化解陌生人的敌意

> 微反应关键词 要想化解陌生人的敌意，就要对他心理的潜在活动和需求加以引导。只要能突破他人的心理防卫，那么对方的敌意对你来说就不堪一击了。

每个人心里都有防卫机制，它是我们保护自己不受威胁，并且能缓解自己因为冲突而产生的紧张、焦虑感的"防火墙"。每个人在遇到对自己有威胁的人或事物时，自然会竖起心理防卫机制，也正是因为这样，他们的"敌意"表现得才更加明显。所以，突破他人的心理防卫，是化解他人敌意的最根本的办法。

卡尔塔是加州公路巡警，他当了二十多年的警察，经验丰富。

这一天，他照常巡逻，却发现前面有一辆车正在超速行驶，而且路线有些飘忽。根据卡尔塔多年的经验观察，这名驾驶员应该是酒后驾车。

于是他马上拉响警笛，向那辆车奔了过去。

那辆车听见警笛，没开多远就靠路边停了下来。

卡尔塔也停好车，然后拿出乙醇探测器，准备给驾驶员探测口腔乙醇浓度，但这时探测器的指示灯灭了——这台乙醇探测器无法正常工作了。这让卡尔塔很挠头，这意味着除非那位司机自己承认，否则卡尔塔无法得到他酒驾的证据。想到这里，卡尔塔灵机一动，忽然有了办法。

他拿着乙醇探测器走到那辆违章车的旁边，示意司机拿出证件。

司机是位三十多岁的青年人，他旁边坐着一位年龄相仿的美艳女孩，看样子两人应该刚从酒席或饭桌上退下来。

卡尔塔一边检查着驾照，一边用闲聊的口气问道："这个时间出城，是刚在城里吃晚饭吧？让我猜猜……日本菜？"

司机见卡尔塔很友好，也不好意思不答话："不，法国菜。"

卡尔塔笑道："哦，那太棒了，一定很棒吧，先生，相信我，我老婆就是个做法国菜的厨子。法国菜太棒了，只是蜗牛我不敢吃，真不知道法国人怎么想的，蜗牛都可以吃。"

那位司机也说道："哦，老兄你也不敢吃蜗牛？哈哈，我也是，我妻子也是。但蜗牛是那家餐厅的主打菜，所以我们晚上也只能吃点牛排和牡蛎了，我们俩都爱吃牡蛎。真不知道那些外国人怎么想的，看在上帝的份上，据说韩国人连狗都吃。"

卡尔塔把驾照还给司机，又说道："你们也喜欢吃牡蛎？我和我老婆也迷死牡蛎了，那东西配上一杯红酒简直是一级棒。"

司机点点头："嗯，今晚我和老婆开了一瓶86年的勃垦地红酒，我们喝了整整大半瓶，剩下的下次去再喝，呃……"

卡尔塔狡猾地笑着看着司机："这可是你自己承认的，看在你诚实的份上，先生，我有个提议。我给你开一张罚单，参加十个星期的学习班，或者……"

卡尔塔晃了晃手里的乙醇探测器："或者你往这东西上吹一口气，作为证据，你会在三天内接到夜间法庭的传票。你选哪个，老兄？"

司机无奈地笑了笑："好吧，十个星期，我会在百忙之中抽出时间的。警察先生，你要知道你让我每星期陪家人的时间又少了三个小时……"

一个人聚精会神的时候，他的心理防卫往往很难突破，而在他失去戒备时，他就会夸夸其谈，透露出许多意料之外的信息来。

当一个酒驾的司机被一位警官拦下来，此时就是处于心理戒备的状态，他会提起百分之百的戒心。而卡尔塔警官很清楚司机的心态，但是他的仪器

 第十七章　化解敌意的读心策略

坏了,那么就必须让司机自己承认才行。于是,他巧妙地把话题引开,又利用和蔼的态度进一步打消司机的戒备。

要知道,人在酒足饭饱的时候,心理状态是最满足的,卡尔塔警官把话题引到那个方向,刚刚享受过美食的司机毫无压力和戒备。因此,当卡尔塔警官再把话题引到酒上时,司机一下就中招了。

除了利用人安适的心态之外,还有很多情绪可以帮你打消对方的心理防卫压力。比如骄傲、悲伤、惊奇。

中国有一个神话故事,也说明了这一道理。

在古时候,有个寿命特别长的人,叫彭祖,据说活了八百岁。这一天,阎王清点生死簿,发现这个叫彭祖的人竟然活了八百岁,大怒,叫来小鬼询问。原来,这彭祖除了寿命长之外,还有一身逆天遁地的本事,如果他自己不站出来,那么没人能找到他。

可什么人会自己站出来送死呢?所以,彭祖一直活到了现在。

阎王于是派遣了最得力的两个小鬼去拘彭祖的魂。

两个小鬼来到彭祖常住的河边,其中一个在河边洗煤,另一个则到处宣扬这件事。

果然,听到这种奇闻的彭祖在好奇心的驱使下,来到河边,看着那个洗煤的小鬼,问另一个小鬼道:"他在干什么?"

小鬼答道:"在洗煤。"

彭祖又问:"煤为什么要洗?"

小鬼答:"想要把煤洗白。"

彭祖大笑:"我彭祖活了八百年也没见到谁能把煤洗白。"

小鬼眼睛一亮,抓住彭祖大喝:"找你找得好苦。"便把彭祖抓走了。

这个神话有些无稽,但里面的寓意却很好。每个人的心里都会有戒备,想要打破戒备,就必须不让对方紧张。小鬼利用了一种名为"惊奇"的情绪,让彭祖被惊奇冲昏头脑,暂时放下戒备,自己说了实话,小鬼圆满地完成了任务。

所以,只要能打破对方的心理防线,他自己就会放下防备,降低敌意,对你无话不谈。

忍耐三分钟，用安抚法为暴躁者减压

微反应关键词 当一方莫名其妙地发脾气时，你一定要沉着淡定。注意，这是关键，因为这种事情闹翻的朋友，百分之九十九是因为自己也忍不住发火。

章先生和章太太结婚近十年了，两人有一女一子。十年来，章先生在外面忙事业，章太太一个人在家相夫教子，是典型的男主外女主内式的家庭。

章太太性格温婉，是个典型的贤内助。很多人都羡慕章先生娶了个好太太，章先生也一直对章太太很满意。

然而，最近章太太有些不太正常了。她忽然变得越来越暴躁，有一天章先生吃早餐，发现馒头有些难嚼，于是随口说道："老婆，馒头有点硬，下次蒸的时候，切片试一下。"

章太太听完不知从哪窜起来一股邪火，把手中的碗重重地摔在桌子上，说道："爱吃不吃。"

章先生有些挂不住："没怪你，至于发这么大火嘛，就让你切个片。"

章太太拍桌子喊道："每天伺候你吃喝，还有错啦！有意见你换一个老婆！"

章先生的火气也上来了，指着章太太喊道："不可理喻！"

两人于是越吵越厉害，最后大打出手，闹的差点离婚。

在生活中，你是否有过这种经历：对方的脾气忽然变得急躁，无论你说什么，他都听不进去。绝大多数人都难以忍受这样的人，很多时候，两个性情相投的朋友，往往就是因为这样一次冲突，变得双方都不愉快。

所以，对于人际关系而言，这种暴躁情绪影响很大。那么如何控制这种情绪呢？有一种对谈话环境的控制，能有效给对方"减压"，我们来看一看FBI探员的做法。

埃德蒙德探员是个慢脾气，他每次审犯罪嫌疑人之前，都要与其聊上至

 第十七章　化解敌意的读心策略

少三分钟的闲话。年轻探员很看不惯他这一点，认为这个老头子把 BFI 的雷厉风行的作风与威严的形象搞得一团糟。

直到有一次，一个暴躁的杀人犯被带进了 BFI 的审讯室，审讯员们赫然发现竟然没人能审得了这个人，因为不管面对谁，他都用极为恶毒的语言谩骂一阵才肯罢休。几个人甚至差点大打出手。

直到埃德蒙德探员走进审讯室。

犯人看着这个糟老头子，马上又搬出了老一套。而埃德蒙德探员却好像他不存在一样，慢悠悠地从兜里拿出一袋红茶放在茶杯里，在饮水机下面接了一杯热水。几秒钟后，他开始眯着眼睛品茶。

而这边的犯人仍然大声斥骂着埃德蒙德，仿佛两人有深仇大恨。

犯人足足骂了五分钟，五分钟后，他觉得自己一个人自说自话，而对方悠哉地喝茶，这样显得自己似乎很傻，就闭了嘴。

两人于是又沉默了五分钟。

五分钟后，埃德蒙德说道："现在我们能谈问题了？"

犯人一愣，条件反射般地说道："什么？"

埃德蒙德慢悠悠地翻开一组档案，问道："九月十七日晚上你在哪？"

犯人一愣，又吼道："我在那个婊子家！是的，我在她家，她背着我偷汉子以为我不知道！狗娘养的，我用猎枪打爆了那婊子的脑袋，哈哈！"

埃德蒙德向门外的人使了个眼色，示意他们可以进来收尾了。

暴躁，产生的原因多种多样：有的人是性格使然，比如，那位暴躁的杀人犯；有的人则是生理使然，比如，那位进入了更年期的章太太。但无论哪种暴躁的脾气，他们都需要一个暴躁的受体。

说得简单点，就是每一个脾气大的人，都潜意识地期待着一个吵架的对象。而如果满足他的这种愿望，就会跟他的吵架对象越吵越凶。很多撕破脸的朋友，都是这个原因。

怎么办呢？我们要向埃德蒙德探员学习，让对方找不到吵架的对象。这不啻于一计釜底抽薪。具体的操作特别简单，那就是不搭理对方，任由他自己乱发脾气，用不了多久，他就能平静下来了。

至于有的时候，对方的身份或许并不是我们不能不搭理的，那么就顺着他的话来，敷衍他。

总之，再有朋友对你发脾气的时候，忍耐一下，晾他三分钟，当他知道这场架永远吵不起来的时候，你就赢了。

隐藏意图,平复谎言暴露后的敌意

> 微反应关键词 克服在谎言被揭穿时的尴尬,用无比真诚的态度去解释眼下的烂摊子——这是隐藏谎言意图的两个秘诀。熟练地做到了这两点,相信你从此便不需要为谎言被拆穿而感到苦恼了。

生活中,无论我们愿不愿意,总要撒一些小谎。有些是善意的谎言,有些不是。但无论哪种,谎言总有被揭穿的一刻。而那一刻,恐怕无论谎言的大小,场面都必定很尴尬,更有甚者,被骗者会对我们投之以极大的愤怒。

如何在谎言暴露之后,消除这些负面影响呢?

孙姗姗是一家大型裘皮商场最能干的销售员。她去年的业绩分红有将近三万,这令其他裘皮销售员羡慕不已,于是大家开始仔细观察孙姗姗的套路,并发现了其中的一些小窍门。

原来,每当有客人来到店里的时候,往往都会讲价——"三万七?不行,太贵了,能给我让两千吗?可以的话我就带走"——这样的话几乎是每个客人必讲的。

其他店员每每遇到这种情况,都是这么对待的:如果这件裘皮的价格可以在这个范围内浮动,那么自然可以给顾客优惠;但如果这件裘皮没有参与这种活动,这些店员会很客气地拒绝道:"对不起,女士,我们现在无法给你打这么大幅度的折扣。"客人往往沉吟片刻,就离开了。

而孙姗姗绝不这样做,每当客人要求对不能减价的商品减价时,孙姗姗都皱着眉头,装模作样地认真思考片刻,然后说道:"嗯,应该是可以的。"

然后客人很满意地去试衣间试这件裘皮,越看越满意,最后准备打包结账的时候,孙姗姗仿佛忽然想起了什么似的,说:"对不起啊,女士!我刚才搞错了!十分抱歉。这件裘皮是热销产品,不可以打折的,但样式跟另一件

第十七章 化解敌意的读心策略

一样！所以我弄混了。求您原谅我！要不这样，我把另一件裘皮拿出来给您看看，只是毛色不一样，其他的很像……"

顾客一开始听到不能打折，正准备发脾气，但见到孙姗姗解释得如此诚恳，气便消了一半。至于另一件毛色不同的裘皮，根本不在她考虑范围之内。

就这样，大多数顾客在这种时候最多埋怨几句，也就乖乖付账了。毕竟看到那件裘皮穿在自己身上的时候，心里喜欢也不舍得放手了。并且，能花几万块钱买裘皮的人实际上都能再拿出几千，只是想占个便宜罢了……

我记得某届日本首相，上任两年对日本经济的糟糕状况毫无办法，当选前对选民许下的诺言几乎一个没有实现。不仅如此，其任期内腐败案横生，几乎每两个月就有副部级官员被特搜处请去喝茶。

第二次大选时，被选民起哄，该首相深情地说道："诸位……过去的两年来，我们在霞关披星戴月，却没有取得好的成效，我万分抱歉。我的同事们，我以与你们一起工作两年为毕生的自豪。"

这段演讲之后，选民们竟然还会继续信任他，差点让他取得了连任！

可以说，这就是典型的隐藏意图法。就是在自己的所有诺言宣告无法完成，谎言被揭穿之后，用最诚恳的态度，向对方表示发生了这样的事情，并不是因为我欺骗你，而是因为我能力有限，或是发生了事故，或是大意马虎。

设身处地地想一想，一个蓄意欺骗你的人，和一个因为某些原因把事情办砸了的人，你更憎恨哪一个？自然是前者。而我们要做的，就是把我们在对方心目中的形象，从说谎者，变成把事情办砸的人。

不要觉得这是个很难的事情，事实证明，当有两个指向相反的判断摆在人面前时，绝大多数人们会选择那个有利于自己的判断。所以，只要在被揭穿的时候，做得真诚，对方一般是不会怀疑你故意欺骗他，而是会相信你的话，认为你只是单纯地搞砸了，或者只是一场事故。

反方向表达：换个角度，让敌意扑空

> **微反应关键词** 没人是天生的语言大师，这种反方向表达，看似很有技巧，其实也是可以学会的。只要你在说话的时候，抽空想一想你的话对方是否喜欢，就行了。

首先，请大家设想一个语言上的窘境：

某场合下，轮到你表态，你必须表态，但你的表态会让在座某人感到愤怒，你不想让他愤怒，你又不想说谎。这时候怎么办？

或者我们把这个窘境带入一个比较生动的场景里：

得知你要请几位远道而来的老同学吃饭，你的同事推荐给你一个餐馆。进餐之后，发现极为难吃，这时候推荐给你这个餐馆的同事打来了电话，询问就餐是否愉快。

如果你说很好，那么在场的其他老同学势必认为你是个虚伪的人。

如果你说不好，那么你的同事就会觉得很没面子。

你甚至不能说"这里的菜不合我口味"，因为同事作为你的熟人，理应照顾到你的口味，如果你这么说，会让对方觉得你认为他在推荐的时候没有尽心。

聪明的人会这样回答：我刚才听说，这里似乎换厨师了。

同样表达了"这里的食物不好吃"这层意思，不同的表达却有着截然不同的情感。而最令推荐者满意的答案，自然是既要承认他的品味，又要承认他对于推荐饭馆这件事的认真态度。

其实这就是反方向表达。换个表达方向，让对方敌意全无。即，在表达某种可能会让对方不高兴的信息时，坚决绕开让对方不高兴的区域，用另一种让对方能够接受的方式，表达出同一个意思。

清末重臣曾国藩，曾在一封奏折中，完美地诠释了反方向表达的厉害

第十七章　化解敌意的读心策略

之处。

清末太平天国运动之时，八旗军糜烂，朝中无可调之兵。清室无奈，只得鼓励各地大地主自备团练乡勇，镇压太平天国。

曾国藩的湘军就是这样一支由曾家自己筹备起来的乡勇部队。虽然湖南人尚武善战，但太平天国运动毕竟由洪秀全等人策划已久，且兵势浩大，曾国藩的湘军筹备仓促，备战不及时，所以，一开始，几乎没打过胜仗。

而给朝廷写战报的时候，曾国藩的幕僚如实地记载了这一切，最后的总结是"臣等屡战屡败"。

曾国藩过目了一遍战报，马上把起草战报的幕僚训斥了一顿，说他没脑子。最后他只改了四个字，把"屡战屡败"改为"臣等屡败屡战"。

咸丰皇帝看到奏章后，对曾国藩的坚持和忠心很感动，加派了几十万两银子给他用于筹备军用物资。

设想，如果曾国藩没有看这封奏折，那么咸丰看到的将是曾国藩和湘军的无能，可能就不会给湘军如此充足的军费，湘军或许会从此一蹶不振，被天平天国消灭。中国近代史可能就会被改写。

但语序稍一改动，曾国藩立即把自己的形象，从一个不断失败的败将立变成了忠心耿耿的忠臣。可以说，这是神来之笔。

《增广贤文》说：出言要顺人心。

很多人说这话是教人溜须拍马——不能说完全没有这层意思，但如果只看到溜须拍马，那未免太过浅薄。所谓"出言要顺人心"，在我看来更是让人学会说话的艺术。同样一件事，如何能通过不同的角度，叙述得让它变得更让人喜欢呢？

其实很简单，我们只要站在对方的角度去思考怎样表达能会让对方感到愉悦。如果答案是否定的，那么立即换一种表达方式——直到换到那种不会让对方反感的方式为止。

相传在古代不列颠，亚瑟王带领骑士们围猎。围猎结束后，两名斥候分别向东边的臣民和西边的臣民宣告亚瑟王的围猎结果。

东边的斥候说：骑士们将猎物围起来，但仍然有一些鹿跑出了包围圈。

西边的斥候说：骑士们奋勇争先，猎杀了无数兔子和猛禽。

于是东边的部落认为亚瑟王指挥能力很差，西边的部落则认为亚瑟王和他们的骑士们很勇武。亚瑟王得知此事后，狠狠地责罚了东边的斥候，奖赏了西边的斥候。

可见，无论是东方西方，反方向表达，都是极为重要的。

最后我们讲一个法国的笑话。

某公寓招租，告示牌上写着：拒绝租给带小孩的人，他们让邻居头疼。

几天后一个抱小孩的女人来求租，公寓主人说："不是说了不租给带小孩的人吗？"

小孩指着女人："我确实没有小孩呀，我只有妈妈！"

同样，这个小笑话也表达了反向思维所带来的效果，为了让别人听到你说的更符合他的心意，那就多尝试尝试反方向表达的方式吧！

第十八章

避免结怨的读心策略

谁都知道,在社会上打拼不要轻易结怨,以免以后对自己不利,但实际上做到这点并不容易。其实,当你认真读完本章内容以后,就会发现,只要认真观察,躲过对方怨恨的雷区并不难。

第十八章 避免结怨的读心策略

谦虚谨慎的人，处处都会受人欢迎

> 微反应关键词 谦卑是一种行为、一种态度，一种文化。人们喜欢和谦卑的人交往，因为和这些人在一起感受不到压力。所以，做个谦卑的人吧，你会发现谦卑的人走到哪里都受欢迎。

有一天，苏格拉底和他的学生们共进午餐，其中一名学生家境非常富有，于是他向其他人炫耀："我们家在雅典附近有一片广大而肥沃的土地。"正当他大肆吹嘘的时候，苏格拉底从书桌下面拿出一幅当时的世界地图，问那位学生："麻烦你给我指出，亚洲在哪里？"

学生指着地图右侧，说道："那边的一大片全是亚洲。"

苏格拉底点点头："很好，答对了。那你再告诉我，希腊在哪里？"

学生用手在左边比划了一块地方，和广袤的亚洲相比，希腊实在太小了。

苏格拉底又问："那雅典在哪里？"

学生于是聚精会神地在地图上测量起来，最终在雅典中部点了个点，说："这里好像就是雅典。"

最后，苏格拉底站起来问他："现在，请你告诉我，你家里的那片土地在哪里？"

那位学生急得满头大汗，只能尴尬地说道："对不起，老师，我找不到。"

这位学生从此一改骄傲的性情，变得谦虚谨慎，不再炫耀无用的东西，最终成了和他的老师齐名的哲学家，他就是柏拉图。

从古至今，无数文人墨客以及大思想家引经据典来论证谦虚对于治学的重要性。然而今天我们谈论另一个话题，那就是谦虚对于社交的重要性。

仔细想想，生活中那些盛气凌人的人，或许在财富、名望、权力方面取得了令人瞩目的成就，然而通常他们的朋友并不多，而能成为他们朋友的人，在与他们相处时，必然有着相对平等的心态。

因为人们不喜欢和盛气凌人的人交朋友，如果和他们相处，首先要做的就是抵御这些人身上惯有的傲气，所以很累。

但是，谦虚可以让一个成功的人变得平易近人，变得让人们乐于接近；谦虚可以消除他们的傲气，让他们在与人相处时不再释放压力，自然更好相处。

冯异是东汉开国名将，"云台二十八将"之一，在刘秀统一天下的过程中，担任最为重要和艰难的西线战场的统帅。

冯异深受刘秀信任，除了熟稔兵法之外，更重要的就是谦卑。

在那个战乱纷纷的年代，可以说是武将最受重用的年代，因此，各级将领养成了飞扬跋扈、瞧不起文官和国家法度的恶习。但冯异从不如此，在洛阳大街上，每当有其他大臣的车驾与冯异相对时，冯异都让车夫先给对方让路。

武将靠武勋进身提位，所以每次打了胜仗，各级将领都聚在刘秀帐内，或炫耀功劳，或吹嘘战绩，只有冯异，一声不响地走到一棵大槐树下静坐。刘秀一开始没有注意他，后来从侍从口中听说了此事，还得知冯异有个"大树将军"的混号在军中流传，就更加信任他。

后来冯异率领大军西征，他的政敌为了打击他，散布了"冯异要在长安自立"的谣言。冯异听后很不安，就把妻儿从长安送回到洛阳，表面上是让妻儿远离战场，实际上是以妻儿为人质，向刘秀表明自己的忠心。刘秀得知此事后，大怒，马上斩了几个散播谣言的人，并把冯异的妻儿送回到他身边，还带了一封信：我不疑将军，将军焉可疑我？

我们可以很确切地说，刘秀对于冯异的信任，就是源自冯异那一份特有的谦卑品质。

好大喜功，是现代大多数人都有的缺点，他们在各个场合炫耀自己，在职场炫耀自己的能力，在家人面前炫耀自己的成功。

经常自夸自己有多优秀的人是不会受到大众喜欢的。所以我们要谦虚、谦逊、谦卑。凡事要用事实去说明，而不是语言。

追女孩的时候送她一件名贵的礼物，千万不要炫耀这件礼物花了你多少钱，要让她自己去发掘礼物的价值。在家里请朋友吃饭，倘若朋友们夸奖你的手艺，千万不要得寸进尺，你可以矜持地笑笑，然后告诉他们这没什么。在职场，无论是对上级还是对下级，都要明白他们是你的同事，对上级不要炫耀功劳，对下级不要盛气凌人。还有其他的场合，你只要做到了处世谦

第十八章 避免结怨的读心策略

卑,就会发现人们越来越喜欢你。

预约补偿:要懂得做事前"诸葛亮"

> 微反应关键词 别人都说,事后诸葛亮好做,实际上,事前诸葛亮更好做。不但好做,而且效果良好。可以有效地预防因为搞砸了某件事而被对方苛责。

在工作中,每个人都是从新手一步一步变成了老手甚至专家。而事实上,那些没有成为专家的人,都是在还是新手的时候就放弃了。其中绝大多数放弃的理由是由于失败,害怕面对其他同伴的苛责。

我们知道这种消极情绪不对,但当真地面临这种悲剧性的窘境时,面对同事的冷言冷语时,这些励志的话似乎全变成了空话。

难道,对于新手的失败,就没有一条拯救之路了吗?

王宏是一名很有天分的电子竞技职业玩家,他的主攻游戏名为 dota,游戏的双方各有五名成员。这款游戏除了个人技术之外,还很看重五名队友之间的默契程度。

王宏虽然有天分,但却是一名不折不扣的新人。而所有需要配合的游戏,玩家在新手阶段都很容易出现问题:因为缺乏经验,缺乏跟其他队友的默契度。

所以,很多新人因为出现失误,又受不了队友的埋怨,早早地就退出了。

好在王宏很聪明。在刚加入这个团队的时候,他就和队友参加了一场重要的选拔赛。

在比赛之前,由于害怕自己出问题,王宏提前跟队友们说:"各位!小生初来乍到,手段生疏,唯恐误了大事,还请原谅!到时若有岔子出在我身上,必请各位吃火锅!"

团队里最幽默的队友马上接话道:"嗨,这话说的。为了你这顿火锅,哥几个宁可输一局了。三个月没吃肉了!"

没多久，这场对战开始。果然如同王宏预料的，不到半个小时，就犯了三个大错，让对方确立了不可逆转的优势。其他四名队友苦苦支撑，却难以抵挡对方，最后自然输掉了比赛。

王宏很有挫败感，反倒是其他几名队友却连连安慰，队长带头说："别垂头丧气的，我们刚玩的时候比你差多了，你很有天分，只是缺乏练习。毕竟你刚加入。但这顿火锅我们可记住了啊，发工资就开伙！"

磨合了两个月后，王宏完全能够跟得上全队步调，成功地融入了团队。不久，就与团队拿下了一场大型比赛，赢得了十万元奖金。

给团队拖后腿，几乎是每个新手都干过的事。很多人与王宏的区别是，出现问题之后，被队友苛责几句就会选择放弃。

为什么王宏不但没有因为拖后腿而被苛责，反而受到鼓励了呢？难道是 dota 玩家的素质高，因为他们比较温柔？

当然不是，在网吧或大学寝室里，打 dota 的玩家们几乎是说话声音最大的一批人。只要有 dota 玩家聚集的地方，因互相埋怨而说脏话不足为奇。

王宏的队友也不会例外，但为什么王宏没有受到苛责呢？

其实，一顿火锅是小事，关键是做到事先声明，这就表现出了你的诚意。而以请大家吃火锅作为谢罪方式。这其中包含着两个心理现象。

第一个心理现象，就是落差后产生的反应。大多数人因为失败而暴跳如雷，就是因为落差太大而无法适应。我们看影视剧，总有很厉害的反派在临死前对主角愤怒地嘶吼"你怎么可能XXX"。这种心态，解释起来其实就是：本来成功的把握性很大，一旦失败，心里一时之间就会接受不了，于是就会对出现问题的队友进行苛责。

而打一剂预防针呢，可以让对方心里有数：虽然是努力做了，但还是可能失败，到时候不要抓狂。这样，当真的因自己而失败的时候，队友就不会抱怨自己了。

第二个心理现象，就是先行道歉获得的赦免权。什么意思呢？说白了就是，如果事情真被搞砸了，那么你先道歉了，这种道歉会让对方无法说什么。因为在事前，对方已经接受道歉了，意思其实就是原谅对方。所以，人们很难责怪一个事先道歉的人。

所以，到现在你可能发现了，那顿火锅的作用其实并不大，起作用的是事先道歉，而火锅在这里只是加深道歉的诚意。

还有一点，这种预约式道歉，绝不仅仅只适用于队友之间。想想，如果

 第十八章 避免结怨的读心策略

一个朋友托你办事,但你未必能圆满完成,有了事先声明,如果办不到,对方也不会怪罪你了。

乾坤大挪移:传达噩耗时也要避免引起仇恨

> 微反应关键词 传达噩耗,谁都不愿意做这个人,但有些时候我们不得不做。为了既能传达信息,又不被记恨,学会这招"乾坤大挪移"就很有必要了。

人人都不爱听噩耗,所以每个人也都不爱传达噩耗,于是有了"报喜不报忧"的说法。

可是,在生活中,我们有时必须要扮演噩耗的传达者这个令人不愉快的角色。迫于形势,我们没办法不传达噩耗。只是很多时候,往往在我们传达噩耗的同时,对方就会将他们失望低落的情绪转嫁到我们头上。因此,在必须要说的情况下,就需要想出一个办法,既不让对方过于难过,又可以使自己不被牵连。

2008年,美国经济危机,很多企业纷纷裁员。于是,一个新兴职业诞生了:裁员专家。

所谓裁员专家,就是当老板打算裁员的时候,为了不让员工对自己心生怨恨,所以找来一帮人,帮助自己裁员,使员工可以心平气和地离开。

雷恩就是一名裁员专家。他受雇于西雅图一家大型"裁员公司",这家公司几乎承揽了当时西海岸所有的裁员业务。

这一天,雷恩接到新任务,去菲尼克斯一家纸箱制造厂,跟一名干了19年工作的工人谈解约的事情。这家纸箱制造厂,在2008年以前的全盛时期,几乎整个亚利桑那州的纸箱都由他们生产。由于经济危机,导致经济快速下滑,纸箱的需求量下降了许多,订单缩减了1/3。

订单减少就意味着收入减少,也就意味着必须缩减开支。而在人工昂贵的美国,所有的车间里最大的一笔开支,就是工人的工资。所以,对于这些

工厂来说，最有效的节流方式，就是裁员。

当然这是站在工厂主的利益角度来考虑的，而站在这位要被裁掉的工人——安德鲁·巴勃罗的角度来看，自己辛辛苦苦为老板工作8年，忽然就毫无征兆地被炒了鱿鱼，这是绝对不能接受的。

雷恩的任务，就是让安德鲁·巴勃罗先生接受这个宿命，但的确很难。现在雷恩和巴勃罗在工厂特意为他们辟出的办公室里，后者对着前者大吼："我为他卖命8年！他竟敢炒我鱿鱼！我会告他的！让他等着吧！"

雷恩的任务，就是平息巴勃罗对工厂主的愤怒，于是他说："嘿嘿，老兄，别恨你的老板。与你解约的并不是你们老板，而是我们。"

巴勃罗愣了："什么？"

雷恩："一旦你们老板和我的公司签署委托解约合同，我们公司就会审查贵公司的所有员工，找出哪位员工的离开对贵公司的发展更有益处。"

巴勃罗："这么说是你们这群混蛋！你们……"巴勃罗闻言暴跳如雷，直接从椅子上站了起来，隔着桌子扯住雷恩的领子，正准备报之以老拳。

雷恩大喝道："巴勃罗先生！我们并不认识你！"

巴勃罗："你说什么，你这个婊……"

"我们根本不认识你"，雷恩继续说，"在我来见你之前，我们根本不认识你！没有人对你有仇，没人想伤害你！"

巴勃罗仍然气愤："那我是什么？只是你们和我老板交易的一个牺牲品？"

雷恩继续说道："你是一个人，巴勃罗先生，我们都知道你是一个人，一个好员工。所以我们公司派遣我来找你谈话，而不是给你寄过去一张冷冰冰的解雇通知。相信我，我们在作决定之前，对你了解了很多。你今年36岁，有两个可爱的女儿，一个小儿子。你负责公司的销售扩展，为公司增加订单。所以我要问问你巴勃罗先生，你已经多久没有为公司拿到新订单了？"

巴勃罗松开了雷恩，但仍然没有坐下，神情激动："该死，难道我们老板嫌我工作业绩不够！该死！确实有三个月没拿到新订单了，但这并不怨我！这是这个该死的经济危机，这是……"

"说的对！"雷恩打断巴勃罗，"你的努力和成绩人所共知，没人能否定这一点，实际上我们决定解雇你的时候，你的老板一直在询问我们能不能通融。但就像你说的，这场该死的经济危机让你们公司损失了大部分订单。现在摆在你们老板面前的，只有两条路：一条是工厂关闭，大家一起去喝西北风；另一条就是解雇你，然后艰难地带着剩下的人挺过这场危机。如果是

 第十八章　避免结怨的读心策略

你,你怎么选?"

巴勃罗一下子坐在椅子上,失神地说道:"斯密先生是个好人,我知道的,我一直知道,如果是我,我也会解雇我自己。"

雷恩:"现在你不恨他了。"

巴勃罗弯下腰把脸埋在双手中,声音有些发闷:"不恨他了,也不恨你们了。我谁都不恨,可是我要怎么办……"

雷恩看到巴勃罗落魄的样子,并没有放弃这次谈话,他继续说:"巴勃罗先生,我说了,我们在作决定之前,会努力了解每一个人。所以我们知道,你在进入贵公司之前的梦想,是开一家热狗店。能讲讲吗?"

巴勃罗意外地抬起头,但还是继续说道:"我喜欢大学生。我想在大学城前面开一家热狗店,只卖咖啡和热狗。我喜欢看那些年轻人的幸福,我看着他们脸上的表情,仿佛自己也年轻了。"

雷恩:"那为什么不完成梦想。"

巴勃罗:"梦想?别逗了,我要养家,如果生意不好怎么办?"

雷恩话锋一转:"巴勃罗先生,你知道为什么孩子们喜欢运动明星吗?"

巴勃罗:"因为有漂亮女孩倒贴?"

雷恩:"那是我们喜欢运动明星的原因,不是孩子们喜欢他们的原因。"

巴勃罗:"那是?"

雷恩:"因为他们时刻在追求梦想。通过运动致富也好,喜欢运动本身也好,他们在为自己的梦想拼搏。孩子们或许说不出来这些话,但我想他们觉得运动员很帅的原因,就在这里。"

巴勃罗默然无语。

雷恩继续说:"巴勃罗先生,您被解雇后,将拿到70000块钱,这是你们老板能提供给你的极限。足够你开一辆早餐车去大学城卖热狗了。请做一些让你孩子们喜欢的事情。说到这,我的母校就在菲尼克斯大学城那边,明年我回去参加八十年校庆的时候,希望能吃到你的热狗。这不是开玩笑,也不是客气话。再见,巴勃罗先生。"

一年后,一位在菲尼克斯大学城忙活得来不及看顾客样貌的热狗餐车老板,把热狗递给一位客人之后,发现客人迟迟没有离开窗口。正准备撵人的时候,却发现对方越来越面熟。这位客人赶在巴勃罗想起来之前说道:"记得我吗?巴勃罗先生,我来赴一年前的约定了。"

雷恩不能让巴勃罗憎恨他的老板,因为这就是他的工作。但他同样不想

让巴勃罗憎恨自己,所以,他让雷恩知道这次裁员是因为"该死的经济危机",而非老板,更不是自己。

因此,矛盾被成功转嫁到"经济危机"上,而不是他们中的任何一个人身上。

生活中,总有类似的令对方不愉快的话要从我们口中说出,最典型的就是医生说"我们尽力了"。这种语言,一定会给对方留下坏印象,怎样才能不被记恨呢?

那就是找到责任的第三方,把他们拉出来当做挡箭牌。当对方的仇恨都被吸引到这上面时,我们也就安全了。

当然,令人不快的话是从我们口中说出的,所以再怎么说,对方对我们的印象也不会好。这时候怎么扭转呢?雷恩先生为我们做了很好的示范,在转嫁仇恨之后,真诚地给对方提供一个解决困境的办法,所以才有了之后关于梦想的对话,让巴勃罗相信雷恩的善意,从此不再记恨他。

尽量避开"雷区",让对方的心态处于积极状态

> 微反应关键词 踩雷区,是让人无法继续把话说下去的最大障碍。在社交场合,这么做无异于给这次谈话画上了句号。所以只有善于躲避对方雷区的人,才能在与人交谈的过程中如鱼得水。

想想你有没有这样的体验:在一次交谈中,本来一方说得很开心,但另一方忽然问了一个问题,或说了一句话,这人立即闭嘴不说了。

很明显,另一方的那句话让说话者心理很不愉快,所以不打算继续说了。可以想象,在正常的社交场合中,如果我们想要套一个人的话,自然需要对方多说话。而一旦我们不小心说了某句让对方无法接受的话,那么对方自然谈兴全无,我们的套话计划也无从下手了。

所以,我们要避免在说话的时候触及对方"雷区"。

# 第十八章　避免结怨的读心策略

每个人的经历和客观条件不同，这些不同的经历给他们造成了不同的"雷区"，如果你和一个人说话的时候触犯到了这些雷区，那么此人很难再保持积极的状态，你的套话可能也就没了着落。

什么是"雷区"呢？

所谓"雷区"就是一个人忌讳的领域。比如，千万不要问伊斯兰教徒"为什么你们穆斯林不吃猪肉"，也千万不要问犹太人"为什么你们认为耶稣是人，不是神"，更不要和基督徒较真"根据历史耶稣生在夏天，所以圣诞节应该在五月，而不是十二月二十五号，对不对"。说了这样的话，你就等于直接为这次谈话亲自判了死刑，接下来想要再继续交谈下去，无疑是难于登天。

不只是宗教，一个人在很多方面都有禁区，不要跟离过婚的人谈婚姻，不要跟单亲家庭长大的孩子炫耀自己的家庭幸福，不要跟一个不富裕且敏感的人炫耀财富。

总之一个人的雷区多种多样，在谈话前，要开动你的脑筋，推理此人的雷区在哪。甚至在谈话过程中，你也可以通过各种信息得到此人的雷区。比如，去一对夫妻家里做客，你在他们的照片上找不到他们孩子的痕迹，而他们又结婚很多年。这样的话，这对夫妻就可能有孕育方面的生理障碍，或者他们的孩子在某次事故中死去——不管如何，不要跟他们谈论孩子——当然，如果你想套的话就是这个方向的，那可以例外。

但是，不管我们再怎么小心，总有一些雷区可能在不小心之中碰到。这时候，需要我们马上诚心诚意的道歉。而道歉之后，对方会重新接纳你，继续对你吐露真言。记住，没有人愿意和一个踩了自己雷区又不愿道歉的人交谈。

说到这，我们其实只说了一种雷区，这种犯人忌讳的雷区是硬性雷区，还有一种"软性"雷区。

就在2011年，"呵呵"和"哦"这两个信息的回复被广大网民评为最不愿意看到的话。我们可以想象，当一个男孩通过聊天软件对他心仪已久的女孩说："天凉了，多穿点衣服。"

女孩只回答一个："哦。"

男孩再说："我给你寄了一张明信片，记得查收。"

女孩："呵呵。"

这个时候，大多数男孩恐怕都会有一种凄凉感从心里产生。

在生活中，很多语言实际上失去了原本的意思，变成了单纯的客气话。而这种客气话，其实并不客气，像"呵呵"和"哦"这种语气词，在大多时

候表达的潜台词是：我懒得和你说话。

在生活中，很多类似的语气词都有这种"威力"，看上去无害甚至无辜，但实际上却伤人心于无形之中。这种话让对方很不舒服，却又无法责怪什么。这种"呵呵"和"哦"式的语言，对于绝大多数人来说都是软性雷区。当对方收到了你这种答复后，很难再有心情和你讲什么有价值的话。不客气的说，这种语言的出现，是逼着对方和我们说同样的客气话。而以此毫无诚意的对话，很难套到什么有用的东西。

这种软性雷区更可怕的地方在于，他对对方的伤害格外持久，即使你道歉也没用。而事实上你也无法道歉，谁会因为一句客套话而道歉呢。而下次，如果你再想和对方说什么，可能就轮到对方让我们尝尝"呵呵"和"哦"的滋味了。

所以，这种话能不说就不要说。

又有人问了，如果我们确实很忙而对方又想和我们说话的时候，该怎么办呢？

这其实也很简单，把实话说出来就行："对不起啊，老朋友，我也想跟你多说一会，但是实在太忙，等我一段时间好吗？"

这样的话会让对方感觉心里很舒服，不会计较这次的失礼。以后，如果你想在此人身上套话，也是行得通的。

总而言之，人的语言雷区，就只分这么两大类：硬性雷区和软性雷区。硬性的雷区，我们能避免要尽量避免，避免不了一定要及时道歉；软性的雷区，绝对不要踩到，如果有踩的可能，就换一种温情的方式绕开雷区。

责备他人时，要懂得照顾对方情绪

微反应关键词 好的上司，决不会在不必要的情况下，对下属进行训斥。他们的话往往温和而毫无痕迹，而实际上每一句话都能敲打在对方的错误上。所以，如果你想要责备他人的时候，一定要组织好语言。一次良好的沟通能令对方重整旗鼓，反之，则只会让对方继续沉沦。

# 第十八章 避免结怨的读心策略

做一个上司、一位老师、一位家长……免不了要对下级提出责备。而自古以来，处于被责备位置的人，对于责备自己的人天生就有抵触。这种抵触的心理，造就了许多不和谐的上下级关系。而在这种不和谐关系里，上级所承担的责任就是，没有准确地估计到对方的情绪，命令没有下达到"点子"上。

在最近很流行的古装电视剧中，我看到过这样的一个情节：

皇太子的母亲，也就是皇后过世了，太子被交给宫中有名望而没有子嗣的贵妃抚养。

太子是一个顽劣的孩子，而皇上因为其生母早逝，非常疼爱他，因此，他不把任何人放在眼里。太学的先生叫他做功课，他非但不听，还捉弄先生，将砚台放在先生常坐的椅子上。白发苍苍的太傅被气得胡须直抖，但却拿太子无可奈何，最终，只有告到担负着太子抚养权的贵妃那儿去。

按理说，任何孩子对于取代自己生母而成为自己母亲的人，都会有着发自内心的排斥感，这位当然也不例外。在御花园玩耍的太子被抓到时，脸上明显一副天不怕地不怕的神情。

可是，贵妃并没有训斥甚至是喝骂他，而是和颜悦色地问了一句："太子殿下，功课做得怎么样了？"

太子的脸瞬间红了起来，向贵妃身后的太傅吐了吐舌头，扮了个鬼脸，乖乖地跑去做功课了。

其实，所有人都像孩子一样，本身就有逆反心理。所以说，如果对方犯了过错，而你追着过错不放，那么他因为犯错而产生的愧疚会烟消云散，取而代之的是更强的逆反心理，对你更加怨恨。

但是，现实生活中，我们又不得不面对着需要责备他人的情况，那么遇到这种情况，该怎么办呢？

首先，需要我们自己有一个理性的认识，我们责备他人的目的是为了让他人不再犯错。就像贵妃，她的目的在于让太子做功课，而不是责骂他。于是，她并没有像一般的长辈那样训斥太子，纠缠于太子所犯的的错误，而是直奔主题——做功课了吗？这样一来，语气中的责备之意显而易见，却又不会让太子产生逆反心理。

在年幼的太子经不住玩闹诱惑的时候，他心里虽然仍然觉得读书是没意思的事，但却同时也对自己贪玩不读书，具有一定的愧疚感。

所以，贵妃的一句话，就达到了他人打骂也不能及的效果，这无疑得归功于她对太子情绪的良好掌握。

我还认识一位领导，责备下属的方式与那位贵妃颇为相似。

孙嘉良是广告公司创意部总监，在工作中，他算得上优秀，但难称拔尖。他被公司高层看上眼的，实际上是他对人的协调能力。

关于设计，最令团队领袖头疼的，就是设计师们的速度。由于这是一个需要天分和灵感的行业，所以当设计师们毫无灵感的时候，他们的上司很头痛：如果不说，设计师们不会太着急；如果说重了，设计师们会觉得委屈，更影响创作心情。怎么办？

而孙嘉良正是解决这种问题的高手。有一次，他手下的一名设计师把一个完成的企划交上来，实际上比预定时间晚了足足一个星期。孙嘉良仔细看了一遍，然后赞许的对这名设计师说："很棒，十分棒，但是过于细致了，下次可以考虑适当的粗犷些。"

这名设计师脸色一红，知道自己拖延的时间太长了。

纠缠于手下的错误，对一位上司来说是毫无益处的事。下属犯的错误不会因为你的纠缠而改变，改变的只是他本来就不多的愧疚感。犯错的下属，心里并不是一点不知错的，只是难以说出口，而他期待的是，上级也不要说，得过且过，这通常也是下属们最令人头疼的地方。

所以，要向孙嘉良那样，隐晦地点出对方的错误。你做得太细致了，其实言外之意就是你太慢了。

但这种隐晦的说法，会有效地令对方的逆反心理降低，提升他的愧疚感，用一种不伤和气的方式提醒对方下次不要这样做了。

做事应当留有余地，才不会自绝后路

微反应关键词 任何一个久居领导地位的人都懂得一个道理，那就是不要把所有的鸡蛋放在一个篮子里。我们或许没有居于领导地位，但这条人生经验不可不学：做事只做七分满，才能任何时候都留有退路。

 第十八章　避免结怨的读心策略

韩国农村在采集柿子的时候有一个习惯，就是并不把所有的柿子采集完，而是留一些成熟的在树上。

游人不解，问这些采集者，采集者只是笑笑，说这是给喜鹊们的食物。

这个解释反而让游人更不解了，再三追问之下，采集者才告诉他们原委。

原来在二十几年前，农民采柿子时也是把成熟的柿子全部采集干净的。而这一年冬天，忽然降起了大雪，林子里的喜鹊无法在雪地里找到食物，于是全部被饿死了。

第二年，由于没有喜鹊，柿子园虫灾泛滥，那年秋天果园里没有收获到一枚柿子。

从此以后，人们才养成留些柿子在树上的习惯。

《菜根谭》里说过这样一句话："路留一步，味让三分。"韩国的采集者们或许没听过这句话，但确确实实做到了。

要知道，世间万物周而复始，却少有圆满的。任何一件事情，当你拼尽力气做到极致，自己已经找不出半点毛病的时候，却不知道真正的漏洞可能就藏在眼下。正如那年把柿子采光的农民，当时他们心中有的只是丰收的喜悦，谁也想不到第二年会颗粒无收。

所以做事需当尽全力，但不可毕全功。

这两年随着古董市场的日益兴旺，有一个行业也随着发展起来，叫做"制赝"，顾名思义，就是模仿赝品。

要知道，做工精美的古董往往价格不菲，非巨富是玩不起的。而很多小康之家也喜欢把家居布置得古香古色点，那就只能去购置那些物美价廉的赝品了。

制造赝品这个行业在我国已经有了数百年的历史，经过多年的传承与发展，业内人士的技术也越来越精湛。临摹、描摹、塑性、胡浆、雕琢、上彩、烤色、做旧……一系列的技巧让人叹为观止。以假乱真是小意思，个别国宝级的赝品师傅能够把赝品做得比真品还要巧夺天工。

简寸师傅就是这样一位国宝级的制赝大师，他的几个弟子都已经在业内闯出了名堂，足以独当一面，他的地位可想而知。

不过但凡他这一派走出来的制赝师，都有个习惯，或者说规矩：无论他们制作的赝品有多么出色，他们都会在不起眼的地方留下自己的名号。没碰

过古董的人看不出什么，而内行人一瞧就知道这是简师傅门下的作品。

很多人对此不解：明明是可以以假乱真的完美作品，为什么非要主动留下瑕疵呢？

国内有个著名的收藏家曾经问过简师傅这个问题，简师傅想了一瞬间，淡然地说："造假也应该留有余地，以示敬畏。"

故事里的简师傅说要敬畏，他敬畏的是什么？想必就是他所看破的天地之理。设想一下，他若真的把赝品做得天衣无缝，不带瑕疵，万一被犯罪分子拿来，冒充真品卖，责任算是谁的？

《增广贤文》里也有一句话，曰："三十年河东，三十年河西。"

这句话的意思是人们永远不知道以后的际遇会怎样。生活中也该这样，无论我们做什么，都不要把事情做到绝对化。绝对化代表着不留余地，而不留余地就代表事情再也无法矫正。这时候一旦发生变数，吃亏的恐怕就是我们自己。

法国某地有一个教堂。一天，人们正在祷告，忽然天上掉下来一块大石头砸漏了教堂的天顶，落在人们面前。老百姓对此啧啧称奇，马上把这块石头送到科学院去，说是天上的石头。当地镇长甚至在上面签了小镇的名字。

但科学院的院士们认为陨石不可能那么巧落在教堂上，也不可能会保持那么大的体积，同所以他们断定此物为假，对百姓大加讽刺，还说"这些乡下人真是想出名想疯了"之类难听的话。

镇长只得带着百姓羞愧地回去，而那块大石头就扔在巴黎的市郊。

一年后，一位天文学家去郊游，发现了陨石，马上把它带回去研究，声称找到了世界上最大的陨石，其他院士纷纷对天文学家道喜。就在研究的时候，发现石头上刻着一个小镇的名字，这才有人想起一年前的事，那几个嘲笑百姓的院士羞愧难当。

而当科学院通知百姓们领奖金时，百姓们想起了一年前的侮辱，便一致投票拒绝领取资金，然后冲进科学院，拉走巨陨，声称这是他们镇子的财产，不属于科学院。

倘若院士们在一年前对百姓的态度好一点，一年后百姓们肯定不会那么不合作。

我们在生活中要避免做和那几位院士相同的事，无论是说话还是做事的时候，都要给自己留一条退路，万一事情有所变故，也好应急转弯。

有一个出色的雕塑家，他的手艺远近闻名。

# 第十八章 避免结怨的读心策略

一天，一个雕像爱好者向他请教秘诀。

雕塑家毫不隐瞒地说："没什么秘诀，只要做到以下两点就行了：一是把鼻子雕大一点；二是把眼睛雕小一点。鼻子大了，还可以往小修改；眼睛小了，还可以扩大。如果一开始鼻子雕小了，就再也无法加大了；眼睛一开始雕大了，也就没办法改小了。"

雕像爱好者听后茅塞顿开。

我们留的那一点余地，其实正是鼻子大出来的那一点和眼睛缩进去的那一点。这点余地可以帮助我们调整方向，应对更多的变数。